从云端到边缘

边缘计算的产业链与行业应用

吴冬升 / 主编

From The Cloud to The Edge
The Industry Chain and Industry Application of Edge Computing

U0281459

人民邮电出版社

北京

图书在版编目（CIP）数据

从云端到边缘：边缘计算的产业链与行业应用 / 吴
冬升主编. -- 北京：人民邮电出版社，2021.10（2022.8重印）
ISBN 978-7-115-57029-1

Ⅰ. ①从… Ⅱ. ①吴… Ⅲ. ①无线电通信－移动通信
－计算－研究②通信企业－产业链－研究－中国 Ⅳ.
①TN929.5②F632.4

中国版本图书馆CIP数据核字(2021)第149313号

内 容 提 要

本书在介绍 5G 时代边缘计算内涵和核心技术的基础上，分析了边缘计算产业链的基本情况，涵盖上游云服务商和硬件设备厂商、中游电信运营商及边缘计算运营和管理服务提供商、下游 OTT 厂商及智能终端和应用开发商等。本书重点聚焦 5G 时代边缘计算可重点应用的行业，包括交通行业（涵盖自动驾驶、智能网联、智能交通、智慧道路）、安防行业、云游戏行业、工业互联网、能源互联网、智慧城市和智能家居等，结合这些行业的发展趋势，深入阐述边缘计算在其中的实践进展和典型案例。

本书适合通信行业、边缘计算相关行业的人员阅读，也适合相关专业在校本科生、硕士生以及对边缘计算感兴趣的读者阅读。

◆ 主　　编　吴冬升
责任编辑　李　强
责任印制　陈　犇

◆ 人民邮电出版社出版发行　　北京市丰台区成寿寺路 11 号
邮编　100164　电子邮件　315@ptpress.com.cn
网址　https://www.ptpress.com.cn

北京天宇星印刷厂印刷

◆ 开本：800×1000　1/16
印张：20　　　　　　　　　　2021 年 10 月第 1 版
字数：308 千字　　　　　　　2022 年 8 月北京第 3 次印刷

定价：99.80 元

读者服务热线：(010)81055493　　印装质量热线：(010)81055316
反盗版热线：(010)81055315
广告经营许可证：京东市监广登字 20170147 号

边缘计算是当下学术界和产业界的研究热点之一。随着 5G 商业化进程加速，作为 5G 原生使能技术之一的边缘计算获得了极大的关注。

各个行业的应用均需要计算资源，传统云计算方式已经无法满足众多行业的需求。边缘计算是对云计算的有效协同和补充，二者并非替代关系。边缘计算与云计算通过紧密协同能更好地满足各种场景的需求，从而放大边缘计算和云计算各自的应用价值。

推进边缘计算发展的主要力量来自通信、互联网、工业物联网等众多产业，从 CT、IT 和 OT 这 3 个不同的维度形成典型应用场景。初期边缘计算主要解决边缘互联问题，即海量异构终端实时互联、网络自动部署和运维等。后来边缘计算开始解决边缘智能问题，即网络边缘侧智能数据分析、智能网络控制、智能业务处理等，从而大幅度提高效率并降低成本。未来，边缘计算将进一步解决边缘自治问题，即实现边缘侧自主业务逻辑分析和自我优化等。

行业数字化转型是当下的另外一个热点，传统企业纷纷加入转型升级的浪潮，数字化逐渐渗透到各行各业。在众多行业，从生产到运营，从产品到服务，数字化转型正全方位地提升行业的创新能力，转变行业的业务模式。而边缘计算的出现恰逢其时，给各行各业的数字化转型赋予了新的技术手段和动能。

边缘计算正在从技术理论走向实践应用，尤其是如何和行业应用深度融合，这是非常有意义的课题。本书着重分析和介绍边缘计算产业链的情况和边缘计算典型行业的应用情况。

边缘计算产业链大致分为上游、中游、下游 3 个部分，上游主要包括云服务商和硬件设备厂商，中游主要包括电信运营商、边缘计算运营和管理服务提供商，下游主要包括 OTT 厂商以及一些智能终端和应用开发商。产业链上、中、下游企业之间紧密协同，共同推进边缘计算产业快速发展。

边缘计算的行业应用和人们的出行、安全、娱乐息息相关，具体体现在边缘计算和交通、安防、云游戏等行业的融合发展。除此之外，在工业和能源两大产业的发展进程中，边缘计算也将发挥关键作用，具体体现在边缘计算和工业互联网、能源互联网的深度融合。另外，城市生活中也用到越来越多的边缘计算技术和产品，具体体现在边缘计算和智慧城市、智能家居的融合应用。

（1）边缘计算和交通行业。当下交通行业正发生重大变革，除了传统智能交通外，自动驾驶、智能网联均赋予智慧交通新的内涵。边缘计算将赋予智能交通、自动驾驶和智能网联发展新的动能。

（2）边缘计算和安防行业。云计算中心执行人工智能的训练任务，边缘计算节点执行人工智能的推论，二者协同可实现本地决策、实时响应，可实现安防行业多种人工智能典型应用。

（3）边缘计算和云游戏行业。边缘计算可以为 CDN 提供丰富的存储、计算和网络资源，并在更加靠近用户的位置提供音 / 视频的渲染功能，让云游戏业务模式成为可能。

（4）边缘计算和工业互联网。工业互联网凭借其新一代信息技术与工业系统全方位深度融合的特点，成为工业企业向智能化转型的关键综合信息基础设施，而边缘计算是实现工业互联网必不可少的技术手段之一。

（5）边缘计算和能源互联网。能源互联网是一种互联网与能源生产、传输、存储、消费以及能源市场深度融合的能源产业发展新形态，边缘计算同样是实现能源互联网必不可少的技术手段之一。

（6）边缘计算和智慧城市。从较广义的层面看，智慧城市包含城市治理、产业发展与公共服务等 3 个领域。智慧城市边缘计算将聚焦城市基础治理与公共服务领域。

（7）边缘计算和智能家居。智能家居经历 3 个发展阶段，分别为以产品为中心的单品智能阶段、以场景为中心的场景智能阶段、以用户为中心的智慧家庭阶段。边缘计算将以智能家居网关等典型产品形态出现，并在智能家居各个发展阶段发挥作用。

当然，边缘计算的发展依然面临着诸多挑战。需求和用例多样性导致针对移动通信网、消费物联网、工业物联网等不同网络的接入和承载技术和边缘计算的技术实现存在差异。边缘计算需要跨越计算、网络、存储等多方面进行长链条技术方案整合，难度大。另外，由于边缘计算更贴近万物互联边缘侧，突破了传统数据中心安全的可见性和控制范围，因此其访问控制与威胁防护的广度和难度大幅提升。

尽管边缘计算的发展有这些挑战，但依然无法阻挡边缘计算产业的蓬勃发展。期待本书能对边缘计算行业的从业者有所裨益，并对边缘计算产业发展贡献绵薄之力。囿于作者水平的限制，本书难免有错误和不足之处，恳请广大读者谅解。

CONTENTS

目录

第 1 章
边缘计算的概念与趋势

1.1 边缘计算的内涵

1.1.1 边缘计算的概念

边缘计算是指在靠近人、物或数据源的网络边缘侧，通过融合了网络、计算、存储、应用等核心能力的开放平台，就近提供边缘智能服务，产生更快的网络服务响应，满足行业数字化在敏捷连接、实时业务、数据优化、应用智能、安全与隐私保护等方面的关键需求，极大地支持未来车联网、工业控制、智能制造、大视频等众多业务。未来的5G网络架构已经明确支持边缘计算的诸多特性。

Gartner 在 *Top 10 Strategic Technology Trends for 2018: Cloud to the Edge* 中提出，到 2022 年，随着数字业务的不断发展，75% 的企业生成数据将会在传统的集中式数据中心或云计算中心之外的位置创建并得到处理。2017 年 12 月，Gartner IT 基础架构、运营管理与数据中心大会发布的调研数据显示，84% 的企业将在 4 年内将边缘计算纳入企业规划。国际数据公司 IDC 预测，到 2022 年，超过 40% 的云部署架构将具备边缘计算能力。

未来，随着百亿级别的设备联网，大部分数据都将在靠近人、物或数据源的一侧完成收集、处理、分析、决策。边缘智能可以实现设备侧、数据源头的数据收集与决策，既可以减轻云计算的计算负载，也可以完成某些场景对数据处理与执行的苛刻要求。具体来看，边缘计算可以满足如下需求。

低时延的需求：云计算模型的系统性能瓶颈在于网络带宽的有限性，通过网络传输海量数据需要一定的时间，云计算中心处理数据也需要一定的时间，这些都会增加业务请求响应时间。而车联网、工业控制、智能制造、大视频等业务对实时性要求较高，部分场景实时性要求时延在 10ms 以内甚至更低，如果数据处理、分析和决策全部在云端实现，难以满足某些业务（如实时语音翻译、远程驾驶等）对实时性的要求，无法提供安全、可靠、有 QoS（Quality of Service，服务质量）保证的实时业务，最终会严重影响终端用户的业务体验。

缓解网络带宽和云计算中心压力的需求：云计算中心具有强大的处理性能，海量物联网设备，尤其是各类高清、AR/VR 视频终端的接入，占用了大量的带宽。另外，未来自动驾驶汽车每秒会产生 1GB 的各种车辆状态和运行数据，物联网数据量将呈现爆发式增长的态势，这些数据全部被传输到云计算中心，网络带宽和云计算中心压力巨大。而全球设备产生的数据中，只有 10% 是关键数据，其余 90% 都是临时数据，无须长期存储。采用边缘计算技术，可以很好地缓解网络带宽和云计算中心的压力。

海量异构连接的需求：随着物联网的快速发展，连接设备数量剧增，网络灵活扩展、低成本运维和可靠性保障面临巨大挑战。同时，工业现场长期以来存在大量异构总线连接，多种制式的工业以太网并存，兼容多种连接并且确保连接的实时可靠是必须要解决的现实问题。边缘计算可以提供跨层协议转换功能，实现碎片化工业网络的统一接入，乃至协同控制等。

数据优化的需求：当前工业现场与物联网末端存在大量多样化异构数据，需要通过数据优化实现数据的聚合、数据的统一呈现与开放，以便灵活、高效地服务于边缘应用。

边缘侧智能的需求：与人工智能结合，可以使每个边缘计算节点都具有计算和决策的能力。利用局域范围内的数据服务，实现本地业务的可靠运行、本地智能决策等。边缘智能是边缘计算发展的下一个阶段，更注重与产业应用的结合，促进产业的落地与实现。边缘智能可以更大限度地利用数据，让数据变得更有价值。边缘计算是弥补云计算不足的一种手段。

安全与隐私保护的需求：相比云计算模型，边缘计算模型可以在网络边缘完成一部分数据处理工作，这降低了用户隐私信息在云计算中心或过长的传输链路上被滥用和被窃取的风险。不过，边缘计算中多类别、多数量设备的接入也带来了新的隐私及安全问题。

1.1.2 边缘计算标准组织和产业联盟

目前国内外各大标准化组织和产业联盟均在开展边缘计算技术的标准化工作。

1. ETSI

ETSI（European Telecommunications Standards Institute，欧洲电信标准化组织）在 2014 年率先启动 MEC（Mobile Edge Computing，移动边缘计算）标准项目，旨在移动网络边缘为应用开发商与内容提供商搭建一个云化计算与 IT（Information Technology，信息技术）环境的服务平台，并通过该平台开放无线侧网络信息，实现高带宽、低时延业务支撑与本地管理。联盟的初创成员包括惠普、沃达丰、华为、诺基亚、英特尔以及 Viavi。目前 ETSI 的 MEC 标准项目已经吸引了数百家运营商、设备商、软件开发商、内容提供商参与其中，影响力也逐渐扩大。

2017 年，ETSI 的 MEC 标准项目完成了第一阶段，基于传统 4G 网络架构部署定义边缘计算系统应用场景、参考架构、边缘计算平台应用支撑 API（Application Program Interface，应用程序接口）、应用生命周期管理与运维框架以及无线侧能力服务（无线网络信息服务 / 定位 / 带宽管理）API 等。

2018 年，ETSI 的 MEC 标准项目完成了第二阶段，主要聚焦在包括 5G、Wi-Fi、固网在内的多接入边缘计算系统，重点覆盖 MEC 在 NFV 中的参考架构、端到端边缘应用移动性、网络切片支撑、合法监听、基于容器的应用部署、V2X 支持、Wi-Fi 与固网能力开放等研究项目，从而更好地支撑 MEC 商业化部署与固移融合需求。

ETSI 的 MEC 标准项目的内容主要包括研究 MEC 需求、平台架构、编排管理、接口规范、应用场景研究等 [1]。

2. 3GPP

3GPP（3rd Generation Partnership Project，第三代合作伙伴计划）在 4G CUPS（Control and User Plane Separation，控制和用户面分离）与 5G 新核心网引入控制面与转发面分离架构，转发面支持分布式部署到无线网络边缘，控制面集中部署并控制转发面，从而实现业务在本地按需分流。SA2 5G 系统架构在本地路由与业务操纵、会话与服务连续性、网络能力开放、QoS 与计费等各方面给予边缘计算全面支持。

此外，SA5 网络功能管理与 SA6 北向通用 API 框架研究也将进一步考虑边缘计算需求。作为 ETSI 的 MEC 标准项目的有效补充，3GPP 正在加速 MEC 商用化进程。3GPP 对 MEC 的标准化主要集中在 23.501~23.502 协议中。与此同时，伴随固移融合趋势，BBF（Broadband Forum，宽带论坛）正利用统一核心网与网络切片技术融合有线与无线网络。通过定义接入网和核心网的统一接口，使能 5G 新核心网支持有线与无线业务融合。而这将进一步扩展多接入边缘计算平台的使能能力，并支撑固移融合的边缘计算业务[2]。

3. CCSA

CCSA（China Communications Standards Association，中国通信标准化协会）作为国内的通信标准化组织，在 2017 年也开启了边缘计算相关的标准化工作。CCSA TC5 无线通信技术组和 CCSA ST8 工业互联网特殊组都分别立项了有关边缘计算的项目。在 CCSA TC5 无线通信技术工作委员会中，三大运营商分别立项边缘计算领域，涉及边缘计算平台架构、场景需求、关键技术研究和总体技术要求等。中国联通发起并主导的"边缘计算平台能力开放技术研究"项目，将结合边缘计算平台架构以及移动网络能力，进行 5G 边缘计算平台能力开放的场景分析和方案研究，进一步标准化网络信息开放框架与内容。中国移动和中国电信也分别牵头立项"边缘计算总体技术要求"和"5G 边缘计算核心网关键技术研究"，内容涵盖了 5G MEC 的关键技术，包括本地分流、业务缓存和加速、本地内容计费、智能化感知与分析、网络能力开放、移动性管理和业务连续性保障等。在 CCSA ST8 工业互联网特设任务组中，重点讨论面向工业互联网的边缘计算和边缘云标准化的内容[2]。

CCSA 在研或已立项的边缘计算相关标准和研究报告如表 1-1 所示。

表1-1 CCSA 在研或已立项的边缘计算相关标准和研究报告

标准技术工作委员会	工作组	相关标准和研究报告
TC1：互联网与应用	WG5：云计算	互联网边缘云平台架构及接口规范
		边缘云与云计算协同技术标准与规范

标准技术工作委员会	工作组	相关标准和研究报告
TC3：网络与业务能力	WG1：网络总体	边缘云关键技术研究
		边缘云切片技术研究报告
TC5：无线通信	WG12：移动通信核心网	5G 边缘计算核心网关键技术研究
		面向 MEC 的 5G 核心网增强技术研究
		边缘计算平台能力开放技术研究
		5G 边缘计算平台技术要求
		5G 边缘计算总体技术要求
		基于 LTE 网络的边缘计算总体技术要求
		边缘计算设备测试规范要求
		基于 5G 网络的边缘计算测试方法
TC10：物联网	WG1：总体	车路协同 MEC 数据融合应用服务能力及开放 API 技术要求
		基于 LTE 的车联网无线通信技术 MEC 平台测试方法
		基于 LTE 的车联网无线通信技术 MEC 平台技术要求
		面向 LTE-V2X 的多接入边缘计算业务架构和总体需求
		面向 LTE C-V2X 的 MEC 边缘云平台能力及业务使能接口规范
		MEC 应用于 C-V2X 业务的场景分析和能力部署
	WG4：感知/延伸	物联网边缘计算技术研究
		车联网中的边缘计算技术研究
		融合边缘计算的车联网总体技术研究
		融合移动边缘计算的 NB-IoT 演进网络架构与技术要求
		物联网边缘计算应用场景和实例研究
ST8：工业互联网	WG1：总体与应用	工业互联网边缘计算技术研究
		工业互联网边缘计算总体架构与要求
		工业互联网边缘计算边缘计算节点模型边缘网关
		工业互联网边缘计算边缘计算节点模型边缘云
		工业互联网应用场景和业务需求

续表

标准技术工作委员会	工作组	相关标准和研究报告
ST8：工业互联网	WG1：总体与应用	边缘计算边缘控制器模型与技术要求
		边缘计算参考架构
		边缘计算需求
		边缘计算边缘网关模型与技术要求
		边缘计算总体功能架构与技术要求

4. IEC

2017 年，IEC（International Electrotechnical Commission，国际电工委员会）发布了 VEI（Vertical Edge Intelligence，垂直边缘智能）白皮书，介绍了边缘计算对于制造业等垂直行业的重要价值。ISO/IEC JTC1/SC41（物联网及相关技术分技术委员会）成立了边缘计算研究小组，以推动边缘计算标准化工作。在 IEC 标准化管理局（SMB）中，建立了智慧工厂、虚拟电厂的测试床。边缘计算在国际标准组织中的影响力得到进一步推广。

5. IEEE

在 IEEE（Institute of Electrical and Electronics Engineers，电气与电子工程师学会）P2413 物联网体系框架标准（Standard for an Architectural Framework for the Internet of Things Working Group）中，边缘计算成为该架构的重要内涵。

除了以上标准化组织外，ECC（Edge Computing Consortium，边缘计算产业联盟）、AII（Alliance of Industrial Internet，中国工业互联网产业联盟）、5GAA（5G Automotive Association，5G 汽车协会）等边缘云产业联盟和垂直行业联盟，也深入挖掘边缘计算行业应用场景，并通过运营商整合产业资源，将应用需求与边缘计算平台标准联合起来，共同推进边缘计算产业发展。

6. ECC

ECC 于 2016 年 11 月由华为、中国科学院沈阳自动化研究所、中国信息通信研究院、英特尔、ARM 和软通动力联合发起。现 ECC 已成为边缘计算领域最大的组织，公司或研究机构等成员超过 200 家。

ECC 已与 AII、IIC（Industrial Internet Consortium，工业互联网联盟）、SDN/NFV 产业联盟、CAA（Chinese Association of Automation，中国自动化学会）、AVnu 联盟等组织建立正式合作关系，将在标准制定、联合创新、商业推广等方面开展全方位合作。

在垂直行业方面，ECC 和 ISA（International Solid State Lighting Alliance，国际半导体照明联盟）、TIAA（Telematics Industry Application Alliance，车载信息服务产业应用联盟）签订战略合作协议，共同推动边缘计算在智慧照明、智能车载领域的应用创新、标准制定和商业落地。

1.1.3　边缘计算体系架构

基于物理世界和数字世界的协作、跨产业的生态协作、减少系统异构性、简化跨平台移植、有效支撑系统的全生命周期活动等理念，ECC 提出了边缘计算参考架构 3.0，如图 1-1 所示 [3]。

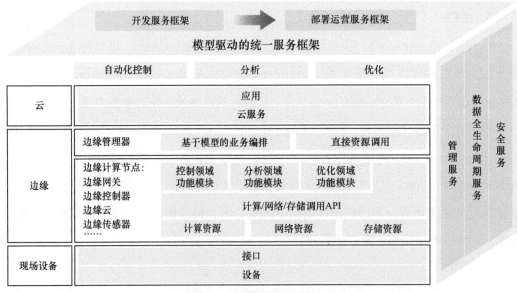

图 1-1　边缘计算参考架构 3.0

整个架构分为云、边缘和现场设备 3 层。边缘层位于云层和现场设备层之间，向下支持各种现场设备的接入，向上可以与云端对接。边缘层包括边缘计算节点和边缘管理器两个主要部分。

边缘计算节点是硬件实体，是承载边缘计算业务的核心。边缘计算节点根据业务侧重点和硬件特点的不同，包括以网络协议处理和转换为重点的边缘网关、以支持实时闭环控制业务为重点的边缘控制器、以大规模数据处理为重点的边缘云、以低功耗信息采集和处理为重点的边缘传感器等。

具体来说，边缘网关是通过网络连接、协议转换等功能连接物理世界和数字世界的，提供轻量化的连接管理、实时数据分析及应用管理功能；边缘控制器融合网络、计算、存储等ICT（Information and Communication Technology，信息通信技术）功能，具有自主化和协作化能力；边缘云基于多个分布式智能网关或服务器的协同构成智能系统，提供弹性扩展的网络、计算、存储功能；边缘传感器在感知末端不仅仅是一个转换元件，它与MCU集成，能对采集信息进行加工和处理，按照一定的策略对信息进行采集、加工、判断、传输。

边缘计算节点一般具有计算、网络和存储资源。边缘计算系统对资源的使用有两种方式：一种是直接将计算、网络和存储资源封装，提供调用接口，边缘管理器通过代码下载、网络策略配置和数据库操作等方式使用边缘计算节点资源；另一种是进一步将边缘计算节点的资源按功能领域封装成功能模块，边缘管理器通过基于模型的业务编排方式组合和调用功能模块，实现边缘计算业务的一体化开发和敏捷部署。

边缘管理器的呈现核心是软件，主要功能是对边缘计算节点进行统一的管理。

边缘计算的功能视图如图1-2所示[3]。

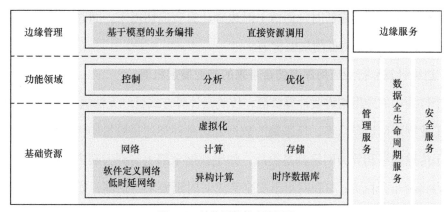

图1-2　边缘计算的功能视图

1.1.4　边缘计算的机遇和挑战

物联网、云计算等推动了边缘计算的发展，总体来看，边缘计算仍处于起步阶段。尽管在实现边缘计算的过程中遭遇了不少挑战，但毋庸置疑的是，边缘计算将会带来更多的发展机遇。

1．跨产业融合带来的边缘计算发展机遇

推进边缘计算产业发展的力量来自通信产业、互联网产业、工业物联网产业等。通信企业希望以边缘计算为契机，盘活网络连接设备剩余价值，开放接入侧网络能力，挺进消费物联网和工业物联网等阵地；互联网企业希望以消费物联网为主要阵地，将公有云服务能力扩展到边缘侧，使云能力下沉，从而抢夺更多市场空间；工业物联网企业希望以工业物联网等为主要阵地，发挥自身在工业网络连接和工业互联网平台服务领域的优势。

2．5G 发展带来的技术变革机遇

随着 5G 时代的来临，一方面，5G 将为用户提供 4K/8K 视频、AR/VR 等更加真切的业务体验；另一方面，以物联网、智慧城市等为代表的典型应用场景与移动通信网络深度融合，海量机器设备将会接入 5G 网络。5G 三大应用场景，即 eMBB（enhanced Mobile Broadband，增强移动宽带）、mMTC（massive Machine Type Communication，海量机器类通信）和 uRLLC（ultra Reliable Low Latency Communication，超可靠低时延通信）对边缘计算有迫切需求。同时运营商可以依托边缘计算避免自身网络沦为低附加值管道。

3．边缘计算和行业应用深度结合带来的产业发展机遇

各个行业中的应用均需要计算资源，传统云计算方式已经无法满足众多行业的需求。例如，工业物联网设备众多，所采集的数据无论是种类还是数量均特别多，数据传输和处理对于传输网络和算力网络都是挑战，如果数据全部上传到云端进行处理，云端所承受的压力将会十分巨大；车联网出于安全考虑对时延要求特别高，如果数据全部上传到云端进行处理，无法满足车联网安全类业务的需求。正是不同行业对边缘计算的真实需求带来了产业发展新机遇，这也是本书重点阐述的内容。

在看到机遇的同时，我们也看到边缘计算的发展同样面临诸多挑战。

1. 技术体系架构复杂性

针对移动通信网、消费物联网、工业物联网等不同网络的接入和承载技术，边缘计算的技术实现存在差异，涉及的技术体系架构均不相同。

造成这个问题的主要原因是边缘计算面临的需求和用例的多样性（人、企业和事物之间的交互多种多样）。不同网络对技术、拓扑结构、环境条件、电源可用性、连接的事物和人员、重数据处理与轻数据处理、数据存储与否、数据治理约束、分析样式、时延要求等都有不同的要求。通常边缘计算越接近端点，它就越具有特殊用途。

从边缘计算产业长期发展来看，边缘计算技术理念需要强调系统的通用性、网络的实时性、应用的智能性、服务的安全性，需要从标准层面构建统一的体系架构对顶层设计进行指导。

2. 产业发展的多样性

从实施角度看，边缘计算设备有边缘网关、边缘控制器、边缘云、边缘传感器等多种产品形态，行业设备专用化程度高，各行业差异大；从产业角度看，工业物联网、消费物联网技术方案碎片化情况非常严重，跨厂商的互联互通和互操作一直是很大的挑战，边缘计算需要跨越计算、网络、存储等多方面进行长链条的技术方案整合，难度更大；从业务角度看，不同的服务有差异化的优先级，例如，有关事物判断和故障警报这样的关键服务的优先级要高于其他一般服务，人类身体健康（如心跳检测）相关的服务要比娱乐类相关服务的优先级高一些；从商业模式角度看，不同的边缘计算设备提供的功能和服务、计费规则等均存在较大差异；从边缘计算产业长期发展来看，需要从边缘计算设备的通用计算能力、数据存储和管理、QoS 和 QoE（Quality of Experience，体验质量）、计费规则等方面考虑产业化落地工作。

3. 安全隐私

安全横跨云计算和边缘计算，需要实施端到端防护。边缘计算安全主要包含设备安全、网络安全、数据安全与应用安全。此外，关键数据的完整性、保密性是安全领域需要重点关注的内容。

边缘计算需要坚决杜绝不受信任的终端及移动边缘应用开发者的非法接入。因此需要在用户、边缘计算节点、边缘计算服务之间建立新的访问控制机制和安全通信机制，以保证数据的保密性和完整性，以及用户的隐私。

1.2 5G 时代的边缘计算

1.2.1 移动边缘计算概念

MEC 概念最初于 2013 年提出，可利用无线接入网络就近提供电信用户所需 IT 服务和云端计算功能，创造一个具备高性能、低时延与高带宽的电信级服务环境，加速网络中各项内容、服务及应用的下载，让消费者享有不间断的、高质量的网络体验。IBM 与 Nokia Siemens 在 2013 年共同推出了一个计算平台，可在无线基站内部运行应用程序，向移动用户提供业务。

MEC 一方面可以改善用户体验，节省带宽资源，另一方面通过将计算能力下沉到移动边缘计算节点，可以集成第三方应用，为移动边缘入口的服务创新提供无限可能。移动网络和移动应用的无缝结合，将为应对各种 OTT（Over The Top）应用提供有力武器。

ETSI 于 2014 年成立移动边缘计算规范工作组（Mobile Edge Computing Industry Specification Group），正式宣布推动移动边缘计算标准化工作。其基本思想是把云计算平台从移动核心网络内部迁移到移动接入网边缘，实现计算及存储资源的弹性利用。这一概念将传统电信蜂窝网络与互联网业务进行了深度融合，旨在减少移动业务交付的端到端时延，发掘无线网络的潜在能力，从而提升用户体验，给电信运营商的运作模式带来全新变革。

移动边缘计算设备所应具备的一些特性包括 NFV（Network Functions Virtualization 网络功能虚拟化）、SDN（Software Defined Network，软件定义网络）、边缘计算存储、高带宽、绿色节能等。这些设备源于数据中心技术，但某些需求（如可靠性和通信带宽等）又高于数据中心。

无论 5G 网络采用 C-RAN（Centralized/Cloud Radio Access Network，集中化 /云化无线接入网）架构或者 D-RAN（Distributed Radio Access Network，分布式无线接入网）架构，都将引入移动边缘计算。5G 网络通过 UPF（User Plane Function，用户面功能）在网络边缘的灵活部署，实现数据流量本地卸载。5G UPF 受 5G 核心网控制面统一管理，其分流策略由 5G 核心网统一配置。5G 网络还通过引入 3 种业务与会话连续性模式来支持边缘计算，保证终端高移动性场景下的用户体验，如车联网场景等。

5G 网络能力开放支持将网络能力开放给边缘应用。边缘计算体系中已经定义了无线网络信息服务、位置服务、QoS 服务等 API，这些 API 封装后，将通过边缘计算 PaaS（Platform as a Service，平台即服务）平台开放给应用。用户面网元的灵活下沉部署使 5G 网络可以灵活地接入边缘计算资源，促进边缘计算的发展。同时，边缘计算为 5G 低时延、大带宽、大连接的典型业务提供了重要的技术基础 [4]。

2016 年，ETSI 把 MEC 的概念扩展为多接入边缘计算（Multi-Access Edge Computing），将边缘计算从电信蜂窝网络进一步延伸至其他无线接入网络（如 Wi-Fi）。MEC 可以看作一个运行在移动网络边缘的、运行特定任务的云服务器。

MEC 将密集型计算任务迁移到附近的网络边缘服务器，可降低核心网和传输网的拥塞，减小负担，缓解网络带宽压力，实现低时延，带来高带宽，提高万物互联时代的数据处理效率，快速响应用户请求并提升服务质量。同时通过网络能力开放，应用能实时调用访问网络信息，有助于用户体验的提升。

多接入边缘计算可以满足 5G 新业务需求，首先是应用本地化，园区、企业、场馆等自己的数据在本地闭环，实现数据不出场，满足数据安全要求；其次是内容分布化，将高带宽内容从中心到区域分布式部署，网联汽车、智能驾驶等大量数据分流在 MEC 边缘云进行实时分析和协同，避免核心网带宽限制；最后是计算边缘化，新型超低时延业务在边缘才能满足业务诉求，MEC App 靠近用户部署，缩短数据到中心云处理的时间，满足业务低时延要求。

1.2.2　移动边缘计算体系架构

MEC 分主机级和系统级两个层次，其中 MEC 系统级包含 MEC 编排器、OSS（Operations Support System，操作支持系统）、应用生命周期管理代理，主机级包含 MEC 主机和 MEC 主机级管理器，如图 1-3 所示。

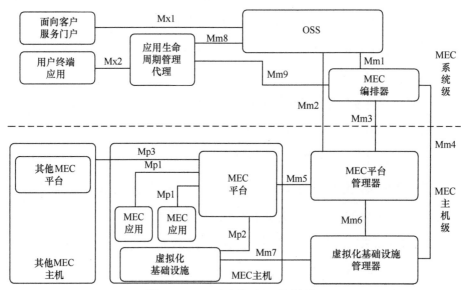

图 1-3　ETSI 定义的 MEC 体系架构

MEC 主机由虚拟化基础设施、MEC 平台、MEC 应用组成，其中 MEC 平台为 MEC 应用发现和使用提供内部或外部服务的环境，并通过对第三方 MEC 应用的开放，加强网络与业务的深度融合。

MEC 主机级管理器包含 MEC 平台管理器和虚拟化基础设施管理器。

随着 5G 和垂直行业的深度融合，网络需要接入更多设备、处理海量数据、满足低时延业务需求，传统核心网集中式部署模式已不能满足新业务需求，网络随业务流向边缘迁移已是产业趋势。

5G 网络原生采用云化建设，更加轻盈和灵活，以中心 DC（大区中心机房）、区域 DC（省层面机房）、核心 DC（本地网核心机房）、边缘 DC（本地网汇聚机房）、接入局房 DC、基站机房为基础架构的分层 DC 化机房布局模式成为各运营商传统机房改造和演进的共同路线。MEC 系统级管理器需要协调不同 MEC 主机之间以及主机与 5G 核心网之间的操作（如选择主机、应用迁移、策略交互等），一般部署在区域 DC 或者中心 DC。

通常所说的 MEC 部署主要针对 MEC 系统的主机级部分，MEC 对低时延业务的支持能力以及对流量和计算分流的能力，使其在 5G 的三大业务场景中都有用武之地，三大业务场景及不同应用、不同用户对时延、带宽和计算分流的要求不相同，对应 MEC 的部署要求也不尽相同。

MEC 主机应以业务为导向按需部署，并与 UPF 的下沉和分布式部署相互协同。在实际组网中，根据对操作性、性能或安全的相关需求，MEC 可以灵活地部署在从基站附近到中央数据网络的不同位置。但是不管如何部署，都需要由 UPF 来控制流量指向 MEC 应用或指向网络。

1.2.3　边缘计算和云计算

云计算是一种利用互联网实现随时随地、按需、便捷地使用共享计算设施、存储设备、应用程序等资源的计算模式。云计算系统由云平台、云存储、云终端、云安全 4 个基本部分组成。

云平台从用户的角度可分为公有云、私有云、混合云等。如果云的服务对象是社会上的客户，该云就是公有云。而一个云如果只为单位（企业或机构）自己使用，该云就是私有云。如果一个云，既为单位自己使用，也对外开放资源服务，该云就是混合云。两个或多个私有云的联合也叫混合云。

云计算从提供服务的层次可分为 IaaS（Infrastructure as a Service，基础设施即服务）、PaaS 和 SaaS（Software as a Service，软件即服务）。

云计算最为显著的特点是采用虚拟化技术，突破了时间、空间界限。虚拟化技术包括应用虚拟和资源虚拟两种。云计算支持用户在任意位置、使用各种终端获取应用服务。用户并不需要关注具体的硬件实体，只需要选择一家云服务商，注册一个账号，登录它们的云控制台，去购买和配置需要的服务（如云服务器、云存储、内容分发网络等），再为需要的应用做一些简单的配置，就可以让自己的应用对外服务了。这比传统在企业的数据中心部署一套应用要简单、方便得多，而且可以随时随地通过自己的 PC（Personal Computer，个人计算机）或移动设备来控制资源，像云服务商为每一个用户都提供了一个互联网数据中心一样。

云计算还具有以下优点：

云计算支持动态可扩展。云计算具有高效的计算能力，在原有服务器的基础上增加云计算功能能够使计算速度迅速提高。基于云服务的应用可以对外提供 7×24 小时的服务，云的规模可以动态伸缩，来满足应用和用户规模增长的需要。而资源动态流转意味着在云计算平台下实现资源调度机制后，资源可以流转到需要的地方。例如，在系统业务负载高的情况下，可以启动闲置资源，纳入系统中，提高整个云平台的承载能力，而在整个系统业务负载低的情况下，可以将业务集中起来，将其他闲置的资源转入节能模式，从而在提高部分资源利用率的情况下，达到绿色、低碳的应用效果。

云计算支持按需部署。计算机包含许多应用、程序软件等，不同的应用对应的数据资源库不同。云计算平台通过虚拟分拆技术，可以实现计算资源的同构化和可度量化，可以提供小到一台计算机、多到千台计算机的计算能力，根据用户的需求快速分配计算能力及资源。在云计算平台实现按需分配后，按量计费也成为云计算平台向外提供服务时的有效收费形式。用户可以根据自己的需要来购买服务，甚至可以按使用量来进行精确计费。这能大大节省 IT 成本，而资源的整体利用率也将得到明显改善。

云计算可靠性高。云计算可以实现基础资源的网络冗余，这意味着添加、删除、修改云计算环境的任一资源节点，或任一资源节点异常宕机，都不会导致云环境中各类业务的中断，也不会导致用户数据的丢失。这里的资源节点可以是计算节点、存储节点和网络节点。因为云计算一般会采用数据多副本容错、计算节点同构可互换等措施来保障服务的高可靠性，单点服务器出现故障可以通过虚拟化技术对分布在不同物理服务器上的应用进行恢复或利用动态扩展功能部署新的服务器进行计算。

云计算可应对安全威胁。网络安全已经成为所有企业或个人必须面对的问题，企业的 IT 团队或个人很难应对那些来自网络的恶意攻击，而使用云服务则可以借助更专业的安全团队来有效降低安全风险。

当然云计算除了以上优点外，也面临诸多挑战。首先是实时性，传感器接收到数据以后，云计算需要通过网络将数据传输到数据中心，数据经过分析和处理后再由网络反馈到终端设备，这样数据来回传输就造成了较高的时延；其次云计算对带宽的要求也越来越高，例如在公共安全领域，每一个高清摄像头需要 2Mbit/s 的带宽来传输视频，这样一个摄像头一天就可以产生超过 10GB 的数据，如果这样的数据全部传输到数据中心进行分析和存储，带宽消耗将非常大；然后是能耗，现在数据中心的能耗在业界已经占据了非常高的比例，国家也不断对数据中心的能耗指标做出要求；最后是数据安全和隐私，数据经由网络上传到云端经历了众多环节，每个环节数据都有可能被泄露。

边缘计算则可以完美地解决以上诸多问题，在网络边缘就可以完成对数据的分析和处理，数据甚至都不必上传至云端，大幅缩短数据传输时间，减轻通信网络的带宽压力，数据在边缘处理和存储也更加高效、安全。

实际上，云计算与边缘计算的关系更像大脑与神经中枢、神经元的关系，大脑即云计算中心，神经中枢与神经元则代表下沉到不同程度的边缘计算。传感器从边缘设备对数据进行初始采集，到边缘层对一部分数据进行实时处理，再传输到核心层进行深度的计算和分析，最后将分析结果反馈到边缘，对边缘智能进行优化和完善。两者构成了一套完整的系统，云计算负责对全局性、非实时、长周期的数据进行处理与分析，在长周期维护、业务决策支撑等领域发挥优势，而边缘计算根据特定的需求对局部性、实时、短周期的数据进行处理与分析，能更好地支撑本地业务的实时智能化决策与执行 [5]。

1.2.4　边缘计算和云边协同

云边协同可实现中心云与边缘侧的协同，包括资源协同、数据协同、智能协同、应用管理协同、业务管理协同、服务协同、安全策略协同等多种协同。

边缘计算是云计算的协同和补充，两者并非替代关系。边缘计算与云计算只有通过紧密协同才能更好地满足各种场景的需求，从而放大边缘计算和云计算各自的应用价值。边缘计算靠近执行单元，也是云端所需高价值数据的采集和初步处理单元，可以更好地支撑云端应用。反之,云计算通过大数据分析优化输出的业务规则或模型并下发到边缘侧，边缘计算基于新的业务规则或模型运行。

云边协同将放大边缘计算与云计算的应用价值。边缘计算服务于云计算，云计算通过为边缘侧提供更新来实现反哺，两者相辅相成，形成一个闭环。以物联网为例，云计算与边缘计算相互协同，可以获取更大的效益。数据是物联网中最为重要的资源之一，数据处理水平对物联网的发展具有限制作用。从数据产生的角度来看，物联网中设备众多，所采集的数据无论是种类还是数量都很多，数据传输和处理对于传输网络和算力网络都是一种挑战。在缺少边缘计算的情况下，数据需要全部上传到云端进行处理，在这种情况下，云端面临的压力十分巨大。通过云边协同，边缘计算节点能完成自己管辖范围内的数据计算和存储工作，这对分担云计算压力起到积极作用。在数据应用上，大部分数据并非一次性数据，数据经过边缘计算节点处理后仍要汇聚到中心云，在中心云进行进一步的处理。云计算在进行数据分析和挖掘、数据共享的同时会进行算法模型的训练和升级，并将结果传输到前端，前端设备得以升级和更新，完成自主学习闭环。数据传输到中心云后，会进行备份以避免边缘计算节点出现意外而造成数据丢失的情况。在云边协同下，物联网实现自主学习闭环，达到最佳的效益 [6]。

云边协同涉及 IaaS、PaaS、SaaS 各层面的全面协同。边缘计算 IaaS 与云端 IaaS 可实现对网络、虚拟化资源、安全等的资源协同；边缘计算 PaaS 与云端 PaaS 可实现数据协同、智能协同、应用管理协同、业务管理协同等；边缘计算 SaaS 与云端 SaaS 可实现服务协同。云边协同的内涵如图 1-4 所示 [7]。

（1）资源协同：边缘计算节点提供计算、存储、网络、虚拟化等基础设施资源，具有本地资源调度管理能力，同时可与云端协同，接受并执行云端资源调度管理策略，包括边缘计算节点的设备管理、资源管理以及网络连接管理。其中计算资源协同指的是在边缘云资源不足的情况下，可以调用中心云的资源进行补充，并满足边缘侧应用对资源的需要，中心云可以提供的资源包括裸机、虚拟机和容器等；网络资源协同指的是边缘侧与中心云的连接网络可能存在多条，在距离最近的网络发生拥塞的时候，网络控制器可以进行感知，并将流量引入较为空闲的链路上，而控制器通常部署在中心云上，网络探针部署在云的边缘；存储资源协同指的是当边缘云中的存储不足时，将一部分数据存储到中心云，在应用需要的时候通过网络将其传输至客户端，从而节省边缘侧的存储资源。

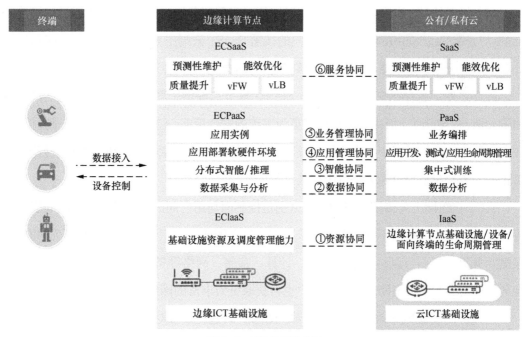

图1-4　云边协同的内涵

（2）数据协同：边缘计算节点主要负责现场／终端数据的采集，按照规则或数据模型对数据进行初步的处理与分析，并将处理结果以及相关数据上传到云端；云端提供海量数据的存储、分析与价值挖掘。边缘与云的数据协同，支持数据在边缘与云之间可控、有序地流动，形成完整的数据流转路径，高效、低成本地对数据进行生命周期管理与价值挖掘。

（3）智能协同：边缘计算节点按照 AI（Artificial Intelligence，人工智能）模型执行推理，实现分布式智能；云端开展 AI 的集中式模型训练，并将模型下发至边缘计算节点。

（4）应用管理协同：边缘计算节点提供应用部署与运行环境，并对本节点多个应用的生命周期进行管理和调度；云端主要提供应用开发、测试环境，以及应用的生命周期管理能力，包括应用的推送、安装、卸载、更新、监控及日志等。

（5）业务管理协同：边缘计算节点主要提供模块化、微服务化的应用／数字孪生／

网络等实例；云端主要提供按照客户需求实现应用／数字孪生／网络等的业务编排能力，按需为客户提供相关网络增值业务。

（6）服务协同：边缘计算节点按照云端策略实现部分边缘计算 SaaS，通过边缘计算 SaaS 与云端 SaaS 的协同实现面向客户的按需 SaaS；云端主要提供 SaaS 在云端和边缘计算节点的服务分布策略，以及云端承担的 SaaS 能力。

除此之外，还存在安全策略协同。边缘计算节点提供了部分安全策略，包括接入端的防火墙、安全组等，而中心云提供了更为完善的安全策略，包括流量清洗、流量分析等。在安全策略协同的过程中，中心云若发现某个边缘云存在恶意流量，可以对其进行阻断，防止恶意流量在整个边缘云平台中扩散。

MEC 在组网上与传统网络的本质区别是控制面与用户面的分离，一般控制面集中部署在云端，用户面根据不同的业务需求下沉到接入侧或区域汇聚侧。用户面下沉的同时，根据业务具体需要可以将云服务环境、计算、存储、网络等资源部署到网络边缘侧，实现各类应用和网络更紧密的结合，用户也将获取更为丰富的网络资源和业务服务。

云边协同能够更好地支撑强调视频、图像辨识处理或者对网络低时延、高带宽要求苛刻的各类新应用场景业务的实现，如自动驾驶、无人机、AR/VR、智慧城市等，支撑运营商逐渐从管道提供商转变为产业整合商，最终成为业务提供商；同时客户利用云边协同能力，能够根据网络边缘侧更加详细的无线网络条件对各项指标进行优化，利用运营商提供的丰富的边缘资源实现业务定制化开发，从而大幅提升业务性能，最终实现商业价值。

1.2.5　边缘计算和网络切片

3GPP 从 R14 开始进行网络切片的研究。网络切片是提供特定网络能力的、端到端的逻辑专用网络，通过在同一个物理网络上构建端到端、按需定制和隔离的逻辑网络，提供不同的功能、性能、成本、连接关系的组合，支持独立运维，为不同的业务和用户群提供差异化的网络服务。这样一来，就将原本 QoS 的"业务类别／业务特性"二维扩充成了"网络切片／业务类别／业务特性"三维，同时解决了行业用户对网络的安全隔离和独立运维的要求。借助网络切片端到端的设计、监控和保障，可以实现对网络 SLA（Service-Level Agreement，服务等级协定）的可保障服务，不会因为公共网络资源竞争方式影响业务质量，满足行业用户对通信可靠性的要求。

网络切片能够实现按需定制、端到端保障、安全隔离，是由 5G 诸多关键技术支撑的。

SBA（Serviced-Based Architecture，服务化架构）：基于 SDN/NFV 的核心网 SBA 架构实现了软硬件解耦、网元功能解耦，使核心网具备极大的灵活性和弹性，缩短了新业务上线的时间，降低了成本。要实现网络切片，NFV 是先决条件。NFV 是将网络中专用设备的软硬件功能如核心网中的 MME（Mobility Management Enitity，移动管理节点）、S-GW（Serving GateWay，服务网关）、P-GW（PND GateWay，PDN 网关）和 PCRF（Policy and Charging Rule Function，策略和计费规则功能），无线接入网中的数字单元等）转移到 VMs（Virtual Machines，虚拟主机）上。这些虚拟主机是基于行业标准实现的商用服务器，低成本且安装简便。简单地说，就是用基于行业标准的服务器、存储和网络设备来取代网络中专用的网元设备。网络经过功能虚拟化后，无线接入网部分叫边缘云（Edge Cloud），而核心网部分叫核心云（Core Cloud）。边缘云中的 VMs 和核心云中的 VMs 通过 SDN 互联互通。

CPUS（Control and User Plane Separation，控制面与用户面分离）：目的是让网络用户面功能摆脱"中心化"的方式，使其既可灵活部署于核心网（中心数据中心），又可部署于接入网（边缘数据中心），最终实现分布式部署。网络切片结合 CUPS，可以灵活地进行分流，实现不同的组网性能和满足不同的安全隔离要求。

CU/DU（Centralized Unit/Distributed Unit，中心单元 / 分布式单元）分离：NG-RAN 在架构上的功能，将 BBU（Building Baseband Unit，基带处理单元）重构为 CU 和 DU，以对处理内容的实时性进行区分。CU/DU 分离对网络切片来说，提供了一种满足不同组网性能的方式，可有效降低前传的带宽需求；RAN CU 内部的移动性不可见，从而降低 CN 的信令开销和复杂度；采用 CU 控制协议和安全协议集中化后，CU 的出现更有利于 NFV 架构实现 Cloud RAN，扩展了 RAN 侧的功能。

NG-RAN 资源保障：接入网提供灵活的资源保障机制，包括基于 5QI（5G QoS

Identifier，5G QoS 识别码）的调度、基于 DRB（Data Resource Bearer，终端与基站之间的数据承载）的接纳控制和基于 PRB（Physical Resource Block，物理资源模块）的物理资源比例保障、频谱隔离、AAU（Active Antenna Unit，有源天线单元）隔离等多种方式，提供不同的业务资源隔离和硬件隔离的组合，满足不同安全和业务质量保障的需求。

传输网切片支持：利用 VPN（Virtual Private Network，虚拟专用网络）技术实现软隔离，业务流量在虚拟网络中传输；QoS 技术通过流量监管和流量整形应对网络拥塞等实现不同业务的差分服务，通过"VPN+QoS"可以实现传输网的软切片。FlexE 技术在承载设备的 MAC（Medium Access Control，介质访问控制）层和 PHY（Physical Layer，物理层）之间定义一个 FlexE shim 子层，对物理端口带宽进行基于时间片的切分，划分出若干个子通道端口，把这些子通道端口切片划分到不同的网络切片，通过硬件的时隙复用将各个切片之间的业务在转发层面上完全隔离，实现传输网硬切片。

网络切片端到端编排与管理：引入 CSMF（Communication Service Management Function，通信服务管理功能）、NSMF（Network Slice Management Function，网络切片管理功能）、NSSMF（Network Slice Subnet Management Function，网络切片子网络管理功能）等几个管理功能。CSMF 接收用户的通信服务需求，并将之转化为对网络切片的需求，向 NSMF 下发；NSMF 将对网络切片的需求转化为核心网、接入网、承载网的切片需求，并下发至各子网的 NSSMF；各 NSSMF 将需求转化为对网络服务的要求，下发给各子网的 NFVO（NFV Orchestrator，NFV 编排器）/SDNO（SDN Orchestrator，SDN 编排器）/EMS（Element Management System，网元管理系统），并由其进行资源检查和切片创建，实现网络切片的端到端编排和生命周期管理。

由于 5G 网络需要服务各种类型和需求的设备，如果为每一种服务建一个专有网络，成本很高。而利用网络切片技术运营商可以基于一个硬件基础设施切分出多个虚拟的端到端网络，每个网络切片从设备到接入网到传输网再到核心网在逻辑上隔离，可满足各种类型服务的不同特征需求，保证从核心网到接入网，包括终端等环节，能动态、实时、有效地分配网络资源，从而保证质量、时延、速度、带宽等。

移动边缘计算的业务感知功能与网络切片技术在一定程度上是相似的。移动边缘计算的主要技术特征之一为低时延，这就使得移动边缘计算可以支持对时延要求较为苛刻的业务类型，也意味着移动边缘计算是超低时延切片中的关键技术。随着移动边缘计算的应用，网络切片技术将由单纯地切分出多个虚拟的端到端网络扩充到为不同高要求的时延切分出虚拟的端到端网络[8]。

网络切片中采用的 SDN 技术也会反过来助力移动边缘计算。SDN 的设计理念是将网络的控制面和数据面分离。在传统网络构架中采用硬件方式，使得数据面和控制面集成在一起，通过命令行来实现控制。因为功能集成在一起，所以配置部署较为烦琐且对维护人员要求较高。此外，就设备本身而言，部署完成后系统改装难度高，且发生问题时排查难度大，会在维护上造成不便。SDN 就是在这一背景下出现的革新网络技术，包含 3 层结构：网络基础设施层、控制层和应用层。网络基础设施层数据面的转发交由专用交换机运作，在降低交换机设计难度和提高数据宽带的同时，促使网络成本降低。控制策略的转发则在控制层完成，策略可集中运行在通用的服务器上，通过改变控制面即可实现对网络部署的改变，操作上具有简便性。对于不同业务和应用的支持，则是应用层提供支援，其通过提供开放 API，实现资源的灵活调配。SDN 的技术理念与边缘计算有相似之处，将 SDN 技术导入边缘计算，可实现百万级别海量设备的接入与灵活扩张，从而使自动化运维管理进入高效、低成本的模式，实现网络与安全的策略协同与融合[6]。

1.2.6 边缘计算和 SD-WAN

SD-WAN（Software-Defined Wide Area Network，软件定义广域网）是将 SDN 技术应用到广域网场景中所形成的一种服务，这种服务用于连接广阔地理范围的企业网络、数据中心、互联网应用及云服务。

SD-WAN 具有如下典型特点。

（1）接口"通吃"，负载均衡：站在分公司的角度来看，SD-WAN 不再强制只允许使用 MPLS（Multi-Protocol Label Switching，多协议标签交换），而是可以允许 MPLS、xSDL（Digital Subscriber Line，数字用户线路）、PON（Passive Optical Network，无源光网络）光纤宽带、LTE（Long Term Evolution，长期演进），甚至 5G 等

多种连接类型。CPE（Customer Premises Equipment，用户驻地设备）可以支持多种接口的绑定，从而变成一个接口资源池。借助软件能力，某些设备商的CPE可以识别上千种应用的等级，并提供不同的服务质量。这样一来，企业用户对MPLS专线的依赖大大降低，普通光纤宽带和4G也能派上用场。用户的带宽利用率提升了，流量成本也随之下降。

（2）自主选择最佳路径：广域网技术的关键在于路径选择。对于不同的分公司，SD-WAN可以根据现有网络情况和配置策略，自主选择最佳路径。SD-WAN还具备负载均衡的能力，以此来增强网络的可靠性。其实在运营商网络里，还有很多PoP（Point-of-Presence，入网点）帮助解决跨运营商之间的链路拥塞和负荷问题。

（3）部署简单，秒速完成：在评价SD-WAN的部署速度时会用到ZTP（Zero Touch Provisioning，零接触部署），简单来说就是即插即用。除了CPE上电后自动获取配置之外，还可以用扫码或邮件部署的方式完成配置。以邮件部署方式为例，在部署SD-WAN时，总部的IT工程师只需要提前配置好数据，然后将配置好的数据通过邮件的方式发给分公司的某个员工，该员工即可通过链接，完成设备的配置，非常方便和快捷，不再需要专业IT人士到场进行配置和安装。

（4）自管自控，智能运维：SD-WAN具有SDN的基因，所以在网络的管理上拥有先天的优势。所有SD-WAN的管理平台都是图形可视化的。管理员通过网管界面可以清楚地看到SD-WAN的运行情况，并及时对出现的问题进行处理。这就大大降低了维护的难度，也缩短了故障的处理时间。

SD-WAN与边缘计算可以通过两种主要方式进行协同工作：SD-WAN可以将流量路由到边缘资源；SD-WAN可以和边缘计算共享基础架构。

SD-WAN服务可以选择性地将应用程序流量定向到提供最佳可用服务的资源，目的地可以包括现场或附近边缘设施中的资源。路由到边缘流量的SD-WAN服务可以使位于多个相距较远区域的多个位置的企业受益。每个区域可能在一个或两个位置具有边缘计算资源，SD-WAN可以将流量适当地引向它们。

使用边缘计算基础架构可以托管基于虚拟设备或网络功能虚拟化的SD-WAN服务。

反过来，通用的客户端设备或其他 SD-WAN 分支设备可以满足边缘计算服务的需求。

SD-WAN 与边缘计算协同工作，一方面提升链路资源的综合利用率，降低流量成本，使得普通链路也能达到专线的网络带宽；另一方面通过集中式的网络策略配置和最佳路径的自动选择，实现负载均衡，保证网络质量。同时，两者可以将基础网络功能通过软件化实现，达到软硬件解耦，为网络服务的快速部署提供途径。

SD-WAN 与边缘计算通过协同工作，可以实现对 SD-WAN 服务的端到端控制，支撑企业客户按需快速构建广域接入网络：一方面提供了丰富的网络管理的 API，便于全方位管控，增强客户体验；另一方面运营商可以集成各种增值服务，收益从管道转向软件与服务。

SD-WAN 与边缘计算协同工作还能够帮助企业客户节约网络部署、维护、升级等成本，更便利地定制及灵活调整广域网络，并通过集中式的管控和 NFV 功能的应用使得网络质量得到很好的保障 [7]。

1.2.7 边缘计算和 CDN

传统 CDN（Content Delivery Network，内容分发网络）技术注重缓存，其基本思路是尽可能避开互联网上有可能影响数据传输速度和稳定性的瓶颈和环节，使内容传输得更快、更稳。通过在网络各处放置节点服务器，在现有的互联网基础之上构造一层智能虚拟网络，CDN 系统能够实时地根据网络流量和各节点的连接、负载状况以及到用户的距离和响应时间等综合信息将用户的请求重新导向离用户最近的服务节点上。其目的是使用户就近取得所需内容，解决网络拥挤的状况，提高用户访问网站的响应速度。这种边缘化的设计使在线内容的分发或传输得到优化，进而提高网络效率和用户体验。在互联网时代，互联网上的任何内容都可以通过 CDN 提供，包括数据流里的图像、文件下载、直播等。

在"云计算 + 物联网"时代，由于数据大量爆发，需要传输的数据将会呈指数级增长，对于整个网络的承载将会是一个极大的考验。从传统 CDN 运作模式看，终端所产生的数据需要回溯到中心云进行处理，而在传输海量数据的情况下，将出现使用成本和技术实现这两个较为突出的问题。首先传统 CDN 使用费一直居高不下，其中最主要的原因是资费收取不够灵活，无法实现按需收取，而技术问题则表现在带宽上。以移动网为例，传统 CDN 系统一般部署在省级 IDC 机房，而非移动网络内部，因此，数据需要通过较长的传输路径才能到达数据中心。另外，目前 OTT 厂家已经部署了很多 CDN 节点，但 CDN 节点主要部署在固网内部，移动用户访问视频业务均需要通过核心网后端实现，为运营商的网络资源传输带宽带来很大的挑战。尤其在流媒体、AR、VR 等应用爆发的情形下，大流量数据将对传输网造成较大的冲击，数据传输等问题会日益突出。从客观因素看，传统 CDN 已不能满足"云计算 + 物联网"时代海量数据的存储、计算及交互需求[6]。

传统 CDN 和边缘计算有着本质区别，如表 1-2 所示。边缘计算的典型架构中包括能力开放系统及边缘云基础设施，这使得边缘计算拥有开放 API 能力以及本地化计算能力，而这些恰恰是传统 CDN 所欠缺的。传统 CDN 的核心是借助缓存数据来实现节点传输数据能力的提升，而边缘计算则是利用靠近数据源的边缘来对数据进行分类。传统 CDN 是将数据回溯到数据中心进行处理，而边缘计算不需要。边缘计算可利用自身资源对数据进行处理，实现为云计算中心减负的目的，也能有效地减少两者之间的数据流量，减少对传输网络的冲击。

传统 CDN 和边缘计算部分资源可复用。传统 CDN 与边缘计算都是为了给用户创造更快的响应速度和更好的用户体验而构建的体系，尽可能地靠近数据源实现传输能力的有效提升。无论是传统 CDN 还是边缘计算，都可以提供存储服务。为实现快速响应目标，两者的部署方式具有相似的地方，都需要靠近网络边缘，因而带宽资源可实现复用。

CDN 将以"边缘云 +AI"的新形式发展。为了实现快速响应需求，使服务能力、服务状态和服务质量更加透明，CDN 将以"边缘云 +AI"的新形式进行迭代。通过将 CDN 节点部署到移动网络内部，可有效缓解传统网络的压力，并且提升用户体验，而这一目标的实现则需要运用边缘云将 vCDN（virtual Content Delivery Network，虚拟内容分发网络）下沉到运营商的边缘数据中心。基于云边协同构建 CDN，不仅可以在 IDC 的基础上扩大 CDN 资源池，还可以有效地利用边缘云进一步提升 CDN 节点满足资源弹性伸缩的能力。

CDN 云边协同适用于"本地化 + 热点内容"频繁请求的场景，适用于商超、住宅、办公楼宇、校园等。对于近期热点视频和内容，可能出现本地化频繁请求，通过一次远端内容回溯本地建立 vCDN 节点。本地区内多次请求热点内容均可从本地节点分发，提高命中率，降低响应时延，提升 QoS 指标。同理，还可将此类过程应用于 4K、8K、AR、VR、3D 等场景，快速建立本地化场景和环境，同时提高用户体验，避免用户有眩晕感和出现时延卡顿 [9]。

表 1-2　传统 CDN 与边缘计算对比

项目	传统 CDN	边缘计算
部署位置	IDC 机房	位置更下沉，更靠近移动网络边缘
关键技术	负载均衡技术、动态内容分发与复制技术、缓存技术	NFV 与云化技术、控制与承载分离技术、业务感知和智能业务编排技术
技术特征	低时延、缓存加速	高带宽、低时延、智能调度
应用场景	视频加速、直播加速	智能化场景、车联网、无人工厂

1.2.8　边缘计算和物联网

物联网指通过各类有线 / 无线、实时 / 非实时接口，各种行业通信协议，使传统的"物"接入互联网并实现"物"之间的互联、互通、互操作，支撑互联网对"物"的状态、信息的感知及信息的后续处理。各种有线 / 无线、实时 / 非实时接口及通信协议是物联网的关键支撑。无线接入的机会主要来自设备地理分布离散的市场，如智慧城市、车联网、智慧交通与物流、智慧健康等；有线接入的机会主要来自设备地理分布相对集中的市场，如智能园区、智能制造等。

大量物联网场景由于业务局限在小范围内，所有采用短距离通信的物联网终端、传感器等节点均需要通过网关等枢纽类设备进行回传才能到达云计算中心，这些枢纽设备就成为边缘计算运行的"天然"载体。

而 LPWAN（Low-Power Wide Area Network，低功耗广域网）是为广泛分布、免维护、低频小包数据传输场景服务，存在基于授权频谱和非授权频谱的技术。其中

NB-IoT（Narrow Band Internet of Things，窄带物联网）基于授权频谱和蜂窝网络，可直接部署于GSM（Global System for Mobile Communications，全球移动通信系统）网络、UMTS（Universal Mobile Telecommunications System，通用移动通信系统）网络、LTE网络和5G网络。LoRa（Long Range Radio，远距离无线电）基于非授权频谱，它最大的特点之一就是在同样的功耗条件下比其他无线方式传播的距离更远（它在同样的功耗下比传统的无线射频通信距离扩大3～5倍），实现了低功耗和远距离传播的统一。无论是基于授权频谱还是基于非授权频谱的技术，LPWAN的无线接入网或基站侧可以作为数据计算、处理的初步场所，形成边缘智能的载体，这也是移动边缘计算的组成部分。

除常见的无线通信之外，一些特殊场景会采用有线通信连接，或自身所在行业的通信协议，如工业场景中最为流行的Modbus、HART、PROFIBUS等协议，以满足工业现场数据传输的需求。在这些场景中通信协议更为复杂和碎片化，大量数据需要在现场进行处理后直接执行操作，且回传至云计算中心前也需要中枢类设备进行协议转换，这些中枢类设备也称为边缘计算的载体。

当然，不存在一种网络技术标准可以同时满足各种距离和不同网络性能的要求。5G网络具有很强的包容性，融合了大量不同的通信技术标准，但依然难以满足所有物联网应用的通信要求。完整的物联网解决方案往往会采用多种网络通信技术来面对复杂环境，保障业务的连续性。

例如，一个园区解决方案中针对园区工厂生产环节采用工业通信方式，而针对楼宇节能管理采用ZigBee、蓝牙等短距离通信技术，针对园区各类资产管理采用LPWAN技术。当需要一个园区整体解决方案时，所有的数据均需汇集到一个平台上，而在汇集到平台之前，通过各类通信技术连接的终端和传感器节点数据之间存在的差异，在靠近数据源的位置部署边缘计算节点很有意义。另外，根据IHS的数据，当前有80%以上的连接是非IP类连接，需要网关等边缘设备与IP类连接进行数据交互。

不同物联网通信技术之间实现兼容性，需要中间设备、平台以及相关软件技术进行翻译。这中间不少工作就放在边缘侧进行，利用边缘侧嵌入式终端的存储、计算、通信能力，实现异构通信技术的数据融合。各类通信协议数据回传途中，均有相应的软硬件节点作为数据的枢纽，而这个枢纽构成天然的边缘计算部署载体。因此，物联网形成异构网络的场景直接驱动边缘计算的发展[10]。

1.2.9 边缘计算和区块链

区块链是一个共享数据库，存储于其中的数据或信息，具有"不可伪造""全程留痕""可以追溯""公开透明""集体维护"等特征。基于这些特征，区块链技术奠定了坚实的"信任"基础，创造了可靠的"合作"机制，具有广阔的应用前景。

区块链技术具有分布式处理、数据防篡改、多方共识等技术特征，实现去中心化的信任建立、保存和传递能力。分布式是技术基础，防篡改可保证数据的完整性和可靠性，透明性和多方共识可保证数据的可验性和可信性。去中心化信任是区块链技术特征的自然结果，确保数据能够高效、透明、安全、可信地存储和传递。

物联网终端设备有限的计算能力和可用耗能是制约区块链应用发展的重要瓶颈，而边缘计算恰好可以解决这一问题。移动边缘计算服务器可以替终端设备完成工作量证明、加密和达成可能性共识等计算任务。另外，边缘计算与区块链融合能提高物联设备整体效能。以物联网设备为例，一方面边缘计算可以充当物联设备的"局部大脑"，存储和处理同一场景中不同物联设备传回的数据，并优化和修正各种设备的工作状态和路径，从而实现场景整体应用最优；另一方面，物联终端设备可以将数据"寄存"到边缘计算服务器，并在区块链技术的帮助下保证数据的可靠性和安全性，同时为将来物联设备按服务收费等多种发展方式提供可能[11]。

边缘计算可以为区块链服务提供资源和网络能力。区块链平台和应用可以部署在边缘计算平台上，为各种行业应用提供区块链服务。在资源层面，边缘计算平台为区块链节点的部署提供新的选择，区块链可以与业务应用共用边缘计算节点资源，减少云端资源开销，区块链节点和应用以软件形式快速部署在边缘计算节点和边缘云上，具有部署效率高等优势；在通信层面，由于边缘计算平台靠近用户侧，相比将数据传输到云端，降低了通信时延，从用户角度来看，边缘计算传播路径更加可控，还可以采取优化策略，将经常使用的账本数据、账户状态等数据、业务数据缓存在边缘计算节点中，提高通信效率，降低数据传输时延；在能力层面，移动边缘计算平台集成运营商网络能力，部署在边缘计算节点的区块链应用可调用运营商面向垂直行业开放的能力，从而形成"信息＋信任"特色区块链服务。

反过来，区块链为边缘计算提供可靠的信任机制。在边缘计算中引入区块链服务能够实现不同产业之间的协同，为垂直行业提供中立、可信、易用的"信息＋信任"平台，具体优势如下。

可以赋能安全：边缘计算基础设施、数据转发设备、边缘计算平台等靠近用户部署，设备、配置、数据、应用等完整性和真实性面临巨大挑战，而在"端—边—网—云"架构下分散的各方，也有互访的需求，区块链可以帮助建立边缘计算系统的完整保障和防伪存证，也可以帮助"端—边—网—云"各方实现去中心化认证。

可以赋能协同：运营商网络原有的架构，甚至包括 5G 新架构，采用逐级集中、骨干网互联互通的模式，不同的边缘计算节点之间难以有效协同，"端—边—网—云"各方之间无法协同取证，借助叠加在边缘计算节点上的区块链服务，可打通不同边缘之间、"端—边—网—云"各方之间的孤岛，实现信息互通，产生跨网协同效应。

可以赋能共享：边缘计算节点为运营于其上的各方服务和第三方应用提供计算、网络和存储资源，终端、数据、功能也可以作为共享资源，开放给多个应用使用，这些资源都可以统一通过边缘计算平台上承载的区块链应用进行交互，以充分发挥其价值[12]。

1.2.10　边缘计算和人工智能

人工智能最早在 1956 年美国达特茅斯会议上提出，至今已有 60 多年的历史。人工智能是一门综合了计算机科学、生理学、哲学等的交叉学科，是一门研究、开发用于模拟、延伸和扩展人的智能的理论、方法、技术及应用系统的技术科学。

2006—2015 年是人工智能崛起的黄金时期。2006 年，杰弗里·辛顿（Geoffrey Hinton）提出"深度学习"神经网络，使得人工智能的性能研究取得了突破性进展。因此，2006 年成为人工智能发展史上一个重要的分界点。近年来，随着深度学习算法的逐步成熟，人工智能相关的应用也在加速落地，人工智能在包括计算机视觉、语音识别、自然语言处理、机器学习、自适应学习等领域都得到了长足的发展。

计算机视觉是用计算机代替人眼对目标进行识别、跟踪和测量的机器视觉技术。计算机视觉的应用场景广泛，在智能家居、语音视觉交互、增强现实技术、虚拟现实技术、电商搜图购物、标签分类检索、美颜特效、智能安防、直播监管、视频平台营销、三维分析等方面都拥有长足的进步。

语音识别通过信号处理和识别技术让机器自动识别和"理解"人类的语言，并转换成文本和命令，其应用场景涉及智能电视、智能车载、电话呼叫中心、语音助手、智能移动终端、智能家电等。

自然语言处理技术能够改变人类与机器的互动方式。在商业数据领域隐藏着许多无法通过目前的技术手段利用的暗数据，包括短信息、文件、邮件、视频、语音、图片等非结构化数据，自然语言处理技术将利用这些数据发挥重要作用[13]。

边缘计算与人工智能技术相辅相成。边缘计算可以为人工智能提供一个高质量的计算架构，为一些时延敏感、计算复杂的人工智能应用提供切实可行的运行方案。而人工智能技术也在边缘计算的许多环节中扮演着决策者的角色，对节点资源起到了优化作用，成为边缘计算的重要技术支柱。

边缘计算能很好地解决流量负载问题，它可以在边缘计算节点中预缓存终端用户所需的内容，从而降低网络中的流量负载。在边缘缓存技术中，我们通常关注的问题包括缓存什么、缓存到哪里以及何时缓存等几个方面，这需要依赖对用户需求以及内容流行度的预测，可能要用到深度强化学习。边缘计算技术也赋予边缘计算节点计算与存储能力，这使得在边缘计算架构中使用人工智能技术成为可能。通过挖掘网络中的用户信息和数据指标，借助深度强化学习技术来整合数据，可以更好地了解用户行为和网络特征，进而使每个边缘计算节点都能够感知其网络环境，在有限的存储空间中智能地选择要缓存的内容，提高缓存性能。

人工智能技术除了在边缘缓存机制中发挥了作用外，在计算任务卸载中也起到了优化作用。在边缘计算架构中，终端可以将计算任务卸载到附近的边缘计算节点或者云端执行，再接收处理结果。但是，由于网络条件的变化和资源的限制，任务可能无法以低执行成本进行卸载，因此，可以使用深度强化学习技术，在任务卸载的过程中学习卸载决策和执行成本，在训练过程中不断地引导深度强化学习模型最大化响应激励函数，最终实现计算任务智能化卸载，优化计算任务的执行效率。

此外，人工智能技术在边缘计算的资源调度方面发挥着举足轻重的作用。边缘计算节点中通信资源和计算资源的局限性制约了任务处理能力，但深度强化学习技术作为边缘计算平台中的智能决策者，可以对资源进行合理调度，提升资源的利用率[14]。

1.3 边缘计算行业应用概述

1.3.1 边缘计算的典型应用场景

通信产业、互联网产业、工业物联网产业从 CT（Communication Technology，通信技术）、IT（Internet Technology，互联网技术）和 OT（Operational Technology，运营技术）3 个角度推动边缘计算产业发展，形成不同的典型应用场景。

中国移动以异构融合的基础设施、开放融通的能力平台、产业融智的应用生态（"三融"形式）打造"基础设施＋平台＋应用"的全栈发展体系，从 5 个方面推动边缘计算产业发展：一是打造 ICT 融合基础设施，实现"连接＋计算"智能化基础设施广泛覆盖，进一步深化运营商的资源优势；二是基于云原生框架，以连接优势作为切入点，向平台和应用的综合服务延伸，提供"连接＋平台＋应用"的全栈服务；三是集成运营商 5G 网络能力、基础管理能力以及车联网、视频类等丰富的行业能力，推动行业能力的开放／开源，对行业应用赋能，构建产业融通的应用生态；四是重点推动智能制造、智慧城市、直播游戏、车联网四大通用垂直行业场景以及园区类专用场景，点面结合发展边缘计算业务；五是促进泛在智能的发展，为泛在智能应用提供算力，为用户提供实时推演决策能力。

中国联通分 4 个阶段部署 MEC。第一阶段为 2017 年 9 月—2018 年 6 月，启动规模试点，主要为 COTS（Commodity-Off-The-Shelf，商用部件法）与 Cloud OS（云操作系统）软硬解耦，Cloud OS 与 MEP 同厂家部署，Edge-APP 与 MEP 共平台，在 15 个省市进行规模试点及试商用网络建设，打造智慧港口、智能驾驶、智慧场馆、智能制造、视频监控、云游戏、智慧医疗等 30 余个试商用样板工程；第二阶段为 2018 年 7 月— 2018 年 12 月，按需商用部署 4G 网络，主要为 COTS、Cloud OS、MEP、Edge-APP 四层解耦部署，同时启动边缘 DC 机房的资源准备工作；第三阶段为 2019—2020 年，为 5G 网络试商用，启动规模边缘 DC 云资源建设以及 CU/UPF/VCPE 等共平台部署，在全国 31 个省市加快 MEC 业务规模部署，拓宽行业合作范围，加速产业实践落地；第四阶段为 2021—2025 年，实现 5G 网络规模商用，到 2025 年实现 100% 云化部署，实现 CU/UPF/VCPE/MEP/APP 共平台。

中国电信提出 5G MEC 融合架构，基于通用硬件平台，支持 MEC 功能、业务应用快速部署。同时，支持用户面业务下沉、业务应用本地部署，实现用户面及业务的分布式、近距离、按需部署。中国电信对 MEC 进行 3 方面探索：一是面向大型商场、校园、博物馆等高密度、高流量、高价值客户，提供缓存、推送、定位服务；二是面向大型园区、工厂、港口等有本地数据中心和云服务需求的大中型政企客户，提供虚拟专用网络、业务托管、专属应用等；三是面向需要跨区域、在大范围内给大量最终用户提供就近服务的客户，如车联网、CDN、互联网游戏等提供商，提供边缘 CDN、存储、行业服务。

华为在 2018 年推出了云 IEF（Intelligent EdgeFabric，智能边缘平台），通过纳管用户的边缘计算节点，提供将云上应用延伸到边缘的能力，联动边缘和云端的数据，为企业提供完整的云边协同的一体化服务解决方案；中兴通讯推出了边缘计算产品，提供从硬件到软件全套的基础设施，支持多种边缘计算系统级方案，在边缘计算平台提供多种高算力应用的资源。

阿里云推出 Link IoT Edge 平台，部署在不同量级的智能设备和端侧计算节点中，提供安全可靠、低时延、低成本、易扩展的本地计算服务；腾讯推出 TSEC（Tencent Smart Edge Connector，腾讯智能边缘计算网络平台），重点打造移动网络和业务之间的连接器，实现网络和业务的友好协同，此外其还支持 IoT Kit 服务，提供面向现场用户侧与物联边缘计算的云端控制、边缘计算网关与网络连接能力；百度推出 BIE（Baidu

IntelliEdge，百度智能边缘），将云计算能力拓展至用户现场，提供临时离线、低时延的计算服务，同时配合智能边缘云端管理套件，形成"云管理，端计算"的端云一体解决方案[9]。

海尔专门为物联网企业打造的一站式设备管理平台——COSMO Edge 平台，提供多源的边缘设备接入能力与强大的边缘计算能力，支持多种工业协议解析，提供可视化流式管道，提供数字化建模与实体映射，提供设备即服务的应用模式，帮助用户快速构建物联网应用，实现数字化生产，助力企业效益提升。

1.3.2　边缘计算在各行业的应用概述

近年来取得快速发展的边缘计算可以被应用在众多行业中，本书重点介绍边缘计算与交通行业、安防行业、云游戏行业、工业互联网、能源互联网、智慧城市、智能家居等的深度结合[9]。

边缘计算和交通行业：交通系统复杂而庞大，如何提高整个交通系统效率、提升居民出行品质是智慧交通最重要的关注点和最大的挑战。当下交通行业正发生深刻变革，除了传统智能交通，自动驾驶、车联网均赋予了智慧交通新的内涵。以车联网为例，其业务对时延要求非常苛刻，边缘计算可以为防碰撞预警、编队行驶等辅助驾驶和自动驾驶业务提供毫秒级的时延保证，同时可以支撑高精度地图相关数据的处理和分析，更好地支撑视线盲区的预警业务。未来边缘计算节点将分布在道路侧和汽车端。道路边缘计算节点将集成局部地图系统、交通信号信息、附近移动目标信息和多种传感器接口，为车辆提供协同决策、事故预警、辅助驾驶等多种服务。与此同时，自动驾驶汽车本身也将成为边缘计算节点，与云边协同相配合为车辆提供控制和其他增值服务。汽车将集成激光雷达、摄像头等感应装置，并将采集到的数据与道路边缘计算节点和周边车辆进行交互，从而扩展感知能力，实现车与车、车与路的协同。

边缘计算和安防行业：利用边缘计算可以将安防监控数据分流到边缘计算节点，从而有效减少网络传输压力，降低业务端到端时延。此外，视频监控还可以和人工智能相结合，在边缘计算节点上搭载人工智能视频分析模块，面向智能安防、视频监控、人脸识别、车牌识别、行为分析等业务场景，以低时延、大带宽、快速响应等特性弥补当前基于人工智能的视频分析中产生的时延大、用户体验较差的问题，实现本地分析、快速处理、实时响应。云计算中心执行人工智能的训练任务，边缘计算节点执行人工智能的推论，二者协同可实现本地决策、实时响应、表情识别、行为检测、轨迹跟踪、热点管理、体态属性识别等多种本地人工智能典型应用。

边缘计算和云游戏行业：云游戏是指所有游戏都在云端服务器中运行，云端将渲染后的游戏画面压缩后通过网络传输给用户终端。用户的游戏设备不需要任何高端处理器和显卡，只需要具备基本的视频解压和指令转发功能即可。边缘计算可以为 CDN 提供丰富的存储资源，并在更加靠近用户的位置提供音视频的渲染能力，让云桌面、云游戏等新型业务模式成为可能。特别是在 AR/VR 场景中，边缘计算的引入可以大幅降低 AR/VR 终端设备的复杂度，从而降低成本，促进整体产业高速发展。

边缘计算和工业互联网：工业互联网凭借其新一代信息技术与工业系统全方位深度融合的特点，成为工业企业向智能化转型的关键综合信息基础设施。工厂利用边缘计算智能网关进行本地数据采集、数据过滤、数据清洗等，对数据进行实时处理。同时，边缘计算还可以提供跨层协议转换的能力，实现碎片化工业网络的统一接入。一些工厂还在尝试利用虚拟化技术实现工业控制器，对产线机械臂进行集中协同控制——这是一种类似于通信领域软件定义网络中实现转控分离的机制，通过软件定义机械的方式实现机控分离。同时，在工业制造领域，单点故障在工业级应用场景中绝对不能接受，因此除了云端的统一控制外，工业现场的边缘计算节点必须具备一定的计算能力，能够自主判断并解决问题，及时检测异常情况，更好地实现预测性监控，提升工厂运行效率的同时预防设备故障问题。将处理后的数据上传到云端存储、管理、态势感知，同时云端负责对数据传输监控和边缘设备使用进行管理。

边缘计算和能源互联网：能源互联网是互联网与能源生产、传输、存储、消费以及能源市场深度融合的能源产业发展新形态，具有设备智能、多能协同、信息堆成、供需分散、系统扁平、交易开放等主要特征。终端设备或者传感器具备一定的计算能力，能够对采集到的数据进行实时处理，实现本地优化控制、故障自动处理、负荷识别和建模等操作，把加工、汇集后的高价值数据与云端进行交互，云端进行全网的安全和风险分析，完成大数据和人工智能的模式识别、节能和策略改进等操作。同时，如果遇到网络覆盖不到的地区，可以先在边缘侧进行数据处理，在有网络的情况下将数据上传到云端，在云端进行数据存储和分析。

边缘计算和智慧城市：从较广义的层面看，智慧城市包含城市治理、产业发展与公共服务等 3 个领域。结合智慧城市发展过程中长期存在的问题与挑战，边缘计算从系统论角度、基础设施智能角度、智能空间角度、群体智慧角度和智能安全角度对行业智能与智慧城市赋能。智慧城市边缘计算的案例将聚焦在城市基础治理与公共服务领域的典型应用场景。

边缘计算和智能家居：智能家居网关具备各种异构接口，包括网线、电力线、同轴电缆、无线等，可以对大量异构数据进行处理，再将处理后的数据统一上传到云平台。用户不仅可以通过网络连接边缘计算节点对家庭终端进行控制，还可以通过云端对数据进行访问。边缘计算节点将家用电器、照明控制、多媒体终端、计算机等家庭终端组成家庭局域网，再通过互联网与广域网相连，与云端进行数据交互，从而实现电器控制、安全保护、视频监控、定时控制、环境检测、场景控制、可视对讲等功能。

除了上述垂直行业的应用场景之外，边缘计算还存在一种较为特殊的需求，即本地专网。很多企业用户希望运营商可以在园区本地提供分流能力，将企业自营业务的流量直接分流至企业本地数据中心进行相应的业务处理。例如，在校园实现内网本地通信和课件共享，在企业园区分流至私有云实现本地 ERP（Enterprise Resource Planning，企业资源计划）业务，在公共服务和政务园区提供医疗健康、图书馆等数据业务。

第 2 章
边缘计算的核心技术

2.1 硬件体系

2.1.1 多芯片支持

边缘计算硬件要满足多种业务诉求、多样性数据的计算需求，必须支持异构计算。异构计算的核心是多芯片支持，包括 CPU（Central Processing Unit，中央处理器）、GPU（Graphics Processing Unit，图形处理器）、NPU（Neural-network Processing Unit，嵌入式神经网络处理器）、NP（Network Processor，网络处理器）、DSP（Digital Signal Processor，数字信号处理器）等 [1]。

CPU 的主要功能是解释计算机指令以及处理计算机软件中的数据。CPU 主要包括 ALU（Arithmetic and Logic Unit，算术逻辑单元）和高速缓冲存储器（Cache）及实现它们之间联系的数据（Data）、控制及状态的总线（Bus）。CPU 与内部存储器（Memory）和输入 / 输出（I/O）设备合称为计算机三大核心部件。CPU 包含 x86 架构、ARM 架构、MIPS 架构等。

GPU 是一种专门在计算机、工作站、游戏机和一些移动设备（如平板电脑、智能手机等）上进行图像运算工作的微处理器，用途是将计算机系统所需的显示信息进行转换驱动，并向显示器提供行扫描信号，控制显示器的正确显示，是连接显示器和计算机主板的重要元件，也是"人机对话"的重要设备之一。GPU 在视频编解码、并行计算领域有广泛的应用。

NPU 是神经网络处理器，采用数据驱动并行计算架构，特别擅长处理海量视频、图像类的多媒体数据，在人工智能、深度学习方面有广泛的应用。NPU 具有小型化、低功耗和低成本优势，可以加快人工智能应用落地。

NP 是一种可编程器件,应用于通信领域的各种任务,如包处理、协议分析、路由查找、声音 / 数据的汇聚、防火墙、QoS 等。NP 在 IP 包的快速处理上有独特的优势。

DSP 是一种独特的微处理器,是以数字信号来处理大量信息的器件。其工作原理是接收模拟信号,将其转换为 0 或 1 的数字信号,再对数字信号进行修改、删除、强化,并在其他系统芯片中把数字数据解码为模拟数据或实际环境格式。DSP 在语音编解码上有性能优势。

在 CPU 的典型架构中,x86 架构是芯片"巨头"英特尔设计并制造的一种微处理器体系结构的统称,绝大部分计算机采用的都是 x86 架构。x86 采用 CISC(Complex Instruction Set Computer, 复杂指令集计算机) 架构。与采用 RISC(Reduced Instruction Set Computer,精简指令集计算机)不同的是,在 CISC 处理器中,程序的各条指令是按顺序串行执行的,每条指令中的各个操作也是按顺序串行执行的。顺序执行的优点是控制简单,但计算机各部分的利用率不高,执行速度慢。

ARM 处理器的主要特点有体积小、低功耗、低成本、高性能,这是 ARM 被广泛应用在嵌入式系统中最重要的原因;支持 Thumb(16 位)/ARM(32 位)双指令集,能很好地兼容 8 位 /16 位器件;大量使用寄存器,指令执行速度更快;大多数数据操作都在寄存器中完成;寻址方式灵活、简单,执行效率高;指令长度固定;采用 Load_store 结构,在 RISC 中,所有的计算都要求在寄存器中完成,寄存器和内存的通信则由单独的指令来完成,而在 CSIC 中 CPU 是可以直接对内存进行操作的;流水线处理方式。ARM 架构的 CPU 在终端领域占据绝大部分份额,随着 ARM 高性能核的不断推出,可以满足服务器领域的应用。特别是在边缘计算领域,作为数据的第一入口,利用 ARM 架构在终端领域的优势可以更好地实现端边协同,应对海量数据的多样性。并且利用 ARM 的多核优势可以更好地应对边缘侧数据的高并发。

MIPS 架构是一种采取 RISC 的处理器架构,1981 年出现,由 MIPS 科技公司开发并授权,被广泛使用在电子产品、网络设备、个人娱乐装置与商业装置上。最早的 MIPS 架构是 32 位,最新的版本已经变成 64 位。MIPS 架构的基本特点是包含大量的寄存器、指令数和字符,以及可视的管道时延时隙。这些特性使 MIPS 架构能够提供最高的、每平方毫米的性能和当今 SoC（System on Chip，单片系统）设计中最低的能耗。

通用 CPU 架构对比如表 2-1 所示。

表 2-1　通用 CPU 架构对比 [1]

项目 ＼ 架构	ARM	x86	MIPS
特点	众核架构，适合高并发、高带宽的计算场景	高主频、高功耗，覆盖高性能和通用计算场景	适合部分特定的应用场景，如桌面、超算
价值	提高计算效率，节能、省空间。高效能计算带来高性价比	驱动性能增长的改进工艺边际成本激增，摩尔定律难以为继	性能强劲，在小型机、超算应用领域有长期的成功应用
生态	IP 授权商业模式，开放生态，数据中心应用生态逐步完善	数据中心应用生态完善	应用生态匮乏，参与者较少，长期商业和技术路线不明确

2.1.2　硬件类型

根据不同的部署位置和应用场景，边缘计算的硬件形态有所不同，常见的形态有边缘云、边缘控制器和边缘网关 [1, 2]。

边缘云基于多个分布式智能网关或服务器的协同构成智能系统，提供弹性扩展的网络、计算、存储能力。其中边缘服务器是边缘计算和边缘数据中心的主要计算载体，可以部署在运营商地市级核心机房、县级机房 / 综合楼、骨干 / 普通传输汇聚节点，也可以部署在电力公司配电机房、石油公司运维机房等，具有较小的深度、较好的温度适应性、前维护和统一管理接口等技术特点。

由于边缘机房环境差异较大，且边缘业务在时延、带宽、GPU 和 AI 等方面存在个性化诉求，如果使用通用硬件，则要求部分边缘机房改造风火水电和承重，最终给客户带来额外的成本。有时限于机房条件无法实施改造，应采用增强型硬件，以适配机房条件，同时提高性能、降低成本、最优化资源利用率。

边缘计算节点数量众多、位置分散、安装和维护难度大，应尽量减少工程师在现场的操作，需要有强大的管理运维能力来保障。边缘服务器需要有统一完善的管理接口以减少带外管理系统带来的大量适配工作；应尽量降低对运维人员水平的要求，使运维操作尽量简单，提高运维效率；服务器应具备基本故障诊断及上报能力，并提供硬件平台自愈方案。

边缘控制器融合网络、计算、存储等 ICT 能力，具有自主化和协作化能力。有些场景使用传统的多台服务器加接入交换机的部署方式比较困难，如一些临时应急性质的边缘计算场景，这些场景需要移动性好、可以快速部署、上电即用的方案；一些空闲机柜少或者只有零散半空机柜的电信机房，部署多台服务器空间不足或者只能分机柜部署，增加了部署难度；一些业务量较小的边缘场景，服务器部署量可能只有 2 ~ 3 台，使用传统服务器和接入交换机部署要经过设备上架、施工、调试等步骤，部署时间长，施工流程复杂，需要一个简化的部署方案；对于一些没有标准机柜或没有空余机柜的机房，传统的服务器和接入交换机可能无法部署。

边缘控制器的典型形态之一的边缘一体机可以实现一柜承载所有业务，一柜满足虚拟化、VDI（Virtual Desktop Interface 虚拟桌面接口）、视频监控、文件共享等分支机构所有 IT 诉求。免机房：散热、供电等根据办公室环境进行整体设计，无须部署在专业或独立机房，节约投资。易安装：整柜交付计算、存储、网络和 UPS（Uninterruptible Power Supply，不间断电源）资源，工具化初始部署，无须 IT 专业人员参与，节约初始上线时间，缩短项目决策周期。管理简单：全图形化界面，所见即所得，以 GIS（Geographic Information System，地理信息系统）地图作为背景，全图形化体现站点分布和站点运行状态，在一个界面上展现全部站点运行情况。入口统一：以机柜设备图作为站点内操作导航，站点的操作入口均通过管理中心主页进入。业务远程部署：中心提供应用仓库管理，将新业务上传到应用仓库，业务上线可从中心批量集中部署。集中运维：站点统一接入运维管理中心，设备的运行状态全方位掌握，可对设备进行远程管理与维护，软件故障可远程处理与排除，节省差旅费用。集中灾备：采用本地备份与远程备份相结合的两极备份机制，既可满足本地备份的要求，也可实现单站点灾难后，在中心重启业务的要求。

边缘网关通过网络连接、协议转换等功能连接物理和数字世界，提供轻量化的连接管理、实时数据分析及应用管理功能。边缘网关可以配合边缘服务器、边缘一体机等方案，融合 IT 领域敏捷、灵活以及 OT 领域可靠、稳定的双重特点，将网络连接、质量保证、管理运维及调度编排的能力应用于行业场景，提供实时、可靠、智能和泛在的端到端服务。在接入方式上，边缘网关既可以通过蜂窝网络接入，也可以通过固网接入。在管理方面，边缘网关和边缘数据中心同样受边缘 PaaS 管理平台管理，两者之间也可能存在管理和业务协同。对于不同的典型业务场景，边缘网关具有不同的产品形态。例如，园区物联网网关要具备接入温度、湿度、烟雾探测等多种传感器的能力，并把信号转换成云端可识别的内容进行上报，同时可以对接门禁、闸口等设备，完成基本的控制策略执行功能；工业物联网网关要承担设备信息、预警信息收集和上报的功能，可能需要支持适配多样化的工业物联网接口，如 RS232、RS485、数字化 IN/OUT 接口等。

2.2 IaaS 体系

2.2.1 整体架构

边缘计算 IaaS 架构设计要考虑如下因素：边缘计算应用侧重云原生设计、快速启停更新，电信网元侧重性能、可靠性、可管理性，电信网元和边缘计算应用对云计算技术的要求存在差异；边缘计算节点分布广，区县以及更低的接入位置需考虑无人值守的远程运维；边缘计算业务的模式可能是按场景、按位置逐点引入，因此每个边缘计算节点的 IaaS 应当能够服务所部署的业务，而无须依赖其他边缘计算节点的 IaaS；边缘计算应用对云资源的使用应可实现按需使用和计费；从运维角度应能够对边缘计算 IaaS 资源有统一的视图和授权管理；边缘计算节点的资源条件（如空间、配电等）有限，边缘计算 IaaS 需要考虑优化资源配置，使得业务获得更多的可用资源；边缘计算应具备与 5G 网络切片等相结合的能力 [2]。

边缘计算 IaaS 功能视图如图 2-1 所示 [2]。

统一运维：采用边缘计算 IaaS 云管理平台作为统一运维入口（省级或地市级），对辖区内所有边缘计算节点的 IaaS 进行运维管理，实现无人值守边缘计算节点的远程运维，并对管理编排组件收敛北向接口以节省网络开销。

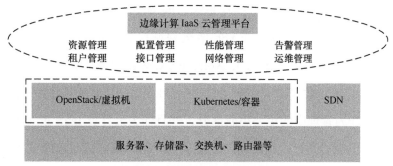

图 2-1 边缘计算 IaaS 功能视图

自治性：边缘计算节点存在地市、区县等多个位置，但每个位置的边缘计算 IaaS 都是可自治的云，不依赖其他边缘计算 IaaS。

承载多类型云平台：边缘计算应用和相关电信网元可能采用了不同的设计和承载方式，从云的角度需要支持虚拟机和容器两种资源，因此边缘计算 IaaS 需要支持 OpenStack 云和 Kubernetes 云。

管理轻量化：区县等位置的边缘计算节点资源受限，可采用融合节点、压缩管理组件资源占用等将管理开销轻量化的方式，使得业务可用资源最大化。

按需使用和计费：边缘计算 PaaS 平台或业务可以按需申请使用边缘计算 IaaS 资源，边缘计算 IaaS 根据使用情况计费。

统一云资源视图：管理编排器应有边缘计算 IaaS 资源的统一视图，以便对资源进行统一管理，并对边缘计算 PaaS 平台或业务申请 IaaS 资源进行授权。

组网轻量化：区县等位置的边缘计算节点内组网需要扁平化设计。

支持 SDN：边缘计算 IaaS 需支持 SDN，以及基于 SDN 的切片能力。

支持加速：UPF 等用户面网元以及计算密度较高的边缘计算应用等给 CPU 带来了很大的压力，需要支持将加速功能卸载到硬件实现。

2.2.2 虚拟机和容器

虚拟机是边缘计算 IaaS 平台承载的重要方式，在 NFV 领域已经非常成熟，通过 OpenStack 技术管理各种类型 Hypervisor，以及 Hypervisor 承载的虚拟机。Hypervisor 是运行在物理服务器和操作系统之间的中间软件层，可允许多个操作系统和应用共享一套基础物理硬件。在 x86 架构领域比较主流的 Hypervisor 包括 KVM（Keyboard、Video、Mouse 的缩写）、Xen、ESXi 等，边缘计算 IaaS 也会同时考虑利用多种 Hypervisor 来承载 VNF（Virtual Network Function，虚拟网络功能）等业务。

OpenStack 作为管理中的重要组成部分，并且作为云计算 IaaS 事实上的业界标准，相关功能和接口已经得到社区和厂商的广泛认可，基本能够满足边缘业务的各种功能、性能、可靠性、运维管理、北向接口等众多需求，同时如果配合 NFV 架构的管理编排模块、VNFM（VNF Manager，虚拟网络功能管理器）、OSS 等功能模块，更能发挥资源管理、调度、扩缩容等方面的优势。虚拟机场景下，边缘计算节点的管理单元主要为 OpenStack 和 SDN，需重点考虑 OpenStack 主要组件的轻量化部署和 SDN 控制器的轻量化部署，不断推动管理组件虚拟化和容器化部署，将管理组件占用的资源从物理服务器级降低到 CPU 核级 [2]。

OpenStack 能够提供基础设施。OpenStack 是定位于 IaaS 平台的项目，其优点是能够提供虚拟机底层设施，如果在业务场景中依赖虚拟机，对于编译内核或者驱动开发等场景，OpenStack 是很好的选择。OpenStack 的特点包括安全和隔离。OpenStack 适用于搭建私有云以及基于私有云的使用场景，底层使用了虚拟化技术，其基因中就有着隔离性好、稳定、部署灵活等特点。在存储需求很大的场景下，OpenStack 能够提供高效、安全的存储方案。OpenStack 还适用于动态数据场景，不需要反复地创建和销毁这些服务的运行环境。

随着网元及边缘应用的发展，尤其是随着微服务技术的快速发展和逐步成熟，容器技术也越来越被边缘计算开发者所重视，边缘计算节点可能引入容器化网元以及容器管理平台。业务系统会基于 PaaS 参考架构的理念进行灵活构建。从全局性、系统性的角度来规划、分析、解决业务流程和 IT 流程系统之间的问题，将容器作为基础，并在此基础上封装各类应用和运行环境，为上层应用提供统一的开发、测试、生产环境。分租户进行集中式的安全管控、镜像管理和分发、自动业务上线、应用统一配置、数据备份和相关基础服务（数据库、消息、日志）的统一管理，满足企业应用的灵活使用和快速迭代的需求。选择容器虚拟化软件和 Kubernetes 管理平台来构建微服务管理和容器化运行的架构核心，形成标准化、灵活化、开放化的核心能力和平台支撑，可以更好地服务边缘计算 IaaS。

容器场景下，基于容器自身的轻量化特点，边缘计算节点的管理单元主要为 Kubernetes，重点考虑 Kubernetes 和容器在边缘场景的部署方式，通过上层统一管理，更快速、简便地服务容器化资源池，提高容器资源池的利用率[2]。

Kubernetes 使用场景包括：业务变化快、业务量未知的静态使用场景，静态使用场景是指在其创建的容器中不会实时产生数据的场景；需要反复地创建和销毁这些服务的运行环境，容器的优势就在于启动快速，消耗资源小；需要业务模块化和可伸缩性，容器可以很容易地将应用程序的功能分解为单个组件，符合微服务架构的设计模式；应用云化，即将已有应用、要新开发的应用打造成云原生应用，发挥云平台的可扩展、弹性、高可用等特性，并借助 PaaS 层提供的 API 实现更高级的特性，如自动恢复、定制化的弹性伸缩等；微服务架构和 API 管理，通过服务拆分来抽象不同系统的权限控制和任务，以方便业务开发人员通过服务组合快速创建企业应用。

2.3 | PaaS 体系

2.3.1　整体架构

PaaS 平台功能主要包括中台交互运营视图、微服务开放组件、全域组件服务和弹性计算平台等，如图 2-2 所示[3]。

中台交互运营视图：基于统一 PaaS 门户构建的一站式开放运营平台，向全渠道、全业务提供统一的体验管理能力。

微服务开放组件：为传统云计算业务服务和网络服务提供能力的开放和引入、服务治理、轻量级的服务网关，此外还有针对边缘计算智能终端接入管理的边缘计算智能网关。

全域组件服务：这是整个微服务架构平台的基础，主要分为能力集成类、应用开发框架和通用能力。

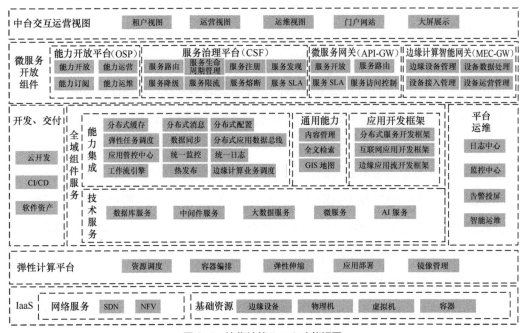

图 2-2　边缘计算 PaaS 功能视图

能力集成组件：主要提供系统的集成能力，在传统云计算组件的基础上，扩展对边缘计算的任务调度、边缘应用运维监控、边缘应用高速消息传递等能力。

应用开发框架：提供微服务的开发、运行支撑工具，此外提供针对边缘应用的流式计算框架和函数计算框架的集成。

通用能力：主要提供业务通用能力的抽象、提取和整合。

DevOps：通过工作流横向打通部门墙，通过任务流纵向打通工具链，完成一条从代码提交到自动打包、测试、部署的自动化软件交付流水线。

弹性计算平台：主要功能包括资源管理、软件资产管理、应用生命周期管理、资源编排与资源调度、容器监控等，实现对云计算资源和边缘计算资源的统一调度管理。

2.3.2　微服务架构和 DevOps

微服务架构（Microservice Architecture）是一种架构概念，旨在通过将功能分解到各个离散的服务中来实现对解决方案的解耦，即把一个大型的单个应用程序和服务拆分为数个甚至数十个微服务，它可扩展单个组件而不是整个应用程序堆栈，从而满足 SLA。

微服务可通过分布式部署，大幅提升工作效率，还可以并行开发多个微服务。由于开发周期缩短,微服务架构有助于实现更加敏捷的部署和更新。随着某些服务的不断扩展，可以跨多个服务器和基础架构进行部署，充分满足自身需求。只要确保部署正确，这些服务就不会彼此影响，这意味着一个服务出现故障不会导致整个应用下线，这一点与单体式应用模型不同。相对于传统的单体式应用，基于微服务的应用更加小巧和模块化，所以无须为它们的部署操心。由于大型应用被拆分成了多个小型服务，因此开发人员能够更加轻松地理解、更新和增强这些服务，从而缩短开发周期。并且由于使用了多语言API，开发人员可以根据需要实现的功能，自主选用最适合的语言和技术。

微服务组件的核心交互流程如下。

服务生产流程：包括分布式服务开发、服务流程编排、微服务部署、服务注册和治理、服务能力开放或 API 开放。

服务消费流程：包括通用能力和 API 接入、服务访问认证鉴权、服务发现和服务调用路由，还包括存在于微服务应用之间和后台批量任务的触发调用。

消息流程：服务的异步调用，支持依赖消息平台的消息生产、传递和消费的流程能力。

分布式配置流程：为微服务环境提供环境参数、业务数据的统一托管配置和在线更新的能力。

缓存流程：为微服务提供静态数据的缓存加载、缓存读写能力。

数据库访问流程：分布式数据库访问中间件支持异构数据库的适配、数据库访问的监控、数据库读写功能。

日志处理流程：提供云端和边缘端技术组件各环节的日志信息采集、加工处理、入库存储以及可视化报表展示。

DevOps（Development 和 Operations 的组合词）是过程、方法与系统的统称，用于促进开发、运维和质量保障部门之间的沟通、协作与整合。通过自动化"软件交付"和"架构变更"的流程，使得构建、测试、发布软件能够更加快捷、频繁和可靠。

DevOps 可以打造一条安全、可控、自动化、可重复的软件生产流水线，把与软件交付相关的流程和工具都集成在一个平台上，向下与容器平台无缝对接，提供一站式的云计算应用和边缘计算应用的持续集成和持续发布能力，支撑 PaaS 平台的高效运营。

DevOps 平台的核心是软件生产流水线。首先，DevOps 平台通过配置管理实现了对基础架构的控制；其次，DevOps 平台通过构建持续生产流水线把各个工作节点连接进来，实现自动化软件交付；最后，整个软件的生产过程和运行状态都会被集中监控，通过日志记录和运营分析，找出问题或不足，对生产流程和管理节点进行持续改进 [3]。

2.4 安全体系

2.4.1 整体架构

边缘计算系统安全防御体系覆盖边缘计算应用体系的各个层级。为了实现边缘计算安全防护体系架构的规范和统一，总体上要求统一安全态势感知、统一安全流程编排、统一认证和授权、统一运维和应急等，最大限度地保障整个边缘计算网络系统的安全与可靠。边缘计算安全功能视图，如图 2-3 所示 [4, 5]。

物理安全：物理安全保护智能终端设备、设施以及其他媒体设备避免自然界中不可抗力（如地震、火灾、龙卷风、泥石流）及人为操作失误或错误所造成的设备损毁、链路故障等使边缘计算服务部分或完全中断的情况。物理安全是整个服务系统的前提，物理安全措施是万物互联系统中必要且基础的工作措施。物理安全需要提供物理访问控制、智慧门禁和机房、防盗防破坏、防水防潮、温度和湿度控制、防雷防火防静电、配电供应、电磁防护和红黑电源隔离等功能。对于边缘计算设备来说，其在对外开放的、不可控的，甚至人迹罕至的地方运行，所处的环境复杂多样，因此更容易受到自然灾害的威胁，且在运行过程中，由间接或者自身原因导致的安全问题（如能源供应、冷却除尘、设备损耗等），虽然没有自然灾害造成的破坏严重，但是如果缺乏良好的应对手段，仍然会导致灾难性的后果，使得边缘计算的性能下降、服务中断和数据丢失。物理安全防御需要结合具体的领域和安全级别要求实施安全管控。

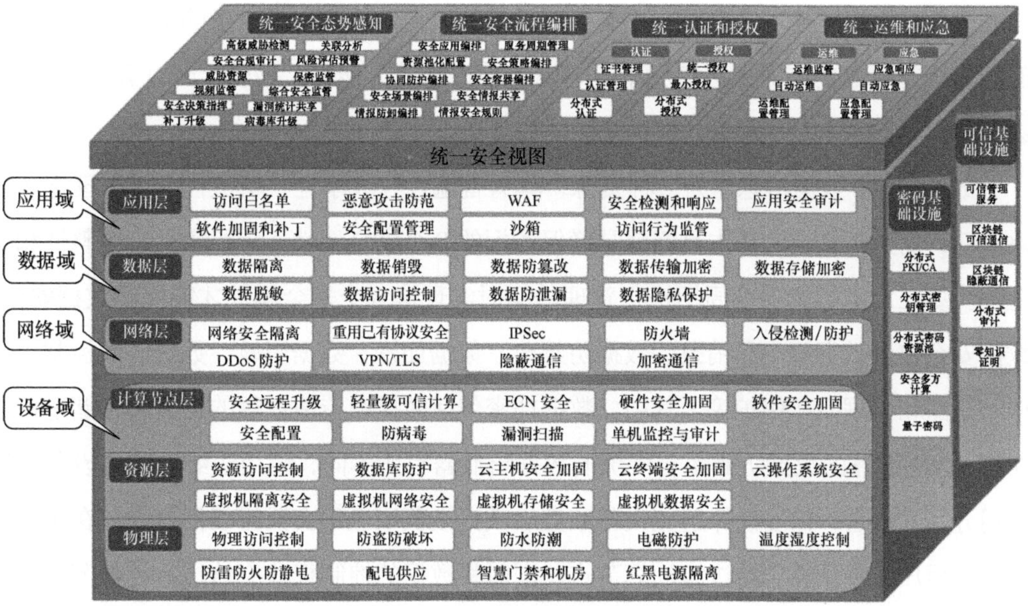

图 2-3　边缘计算安全功能视图

资源安全：资源安全需要提供物理资源（如云主机、云终端）和虚拟资源（如虚拟机隔离、网络、存储、数据以及操作系统等）安全、资源访问控制以及数据库防护。其中，物理资源和虚拟资源协同安全防护是常见的边缘资源安全防护形式。

节点安全：节点安全需要提供基础的 ECN 安全、安全与可靠的远程升级、轻量级可信计算、软硬件加固、安全配置、防病毒、漏洞扫描、主机监控与审计等功能。其中，安全与可靠的远程升级能够及时完成漏洞和补丁的修复，避免升级后系统失效；轻量级可信计算用于计算 CPU 和存储资源受限的简单物联网设备，解决最基本的可信问题。

网络安全：网络安全是指通过各种技术和管理措施，使网络系统正常运行，从而确保网络数据的可用性、完整性和保密性，以使系统连续、可靠、正常地运行，网络服务不中断。网络安全包含网络安全隔离、重用已有协议安全、IPSec、防火墙、入侵检测和防护、DDoS（Distributed Denial of Service，分布式拒绝服务）防护、VPN/TLS、隐蔽通信和加密通信等。其中，DDoS 防护在物联网和边缘计算中至关重要，物联网中有越来越多的 DDoS 攻击，即攻击者通过控制安全性较弱的物联网设备来集中攻击特定目标。在大数据处理背景下，海量终端设备通过网络层实现与边缘设备的数据交互传输，边缘设备可以通过接入网络层实现更加广泛的互联功能。而大量设备的接入在给网络管理带来沉重负担的同时，也增加了边缘设备被攻击的可能性。相较于云计算数据中心，边缘计算节点的能力有限，更容易被黑客攻击。

数据安全：数据信息作为一种资源，具有普遍性、共享性、增值性、可处理性和多效用性，而数据安全的基本目标就是确保数据的 3 个安全属性——机密性、完整性和可用性。要在对数据全生命周期进行管理的同时实现这 3 个安全属性才能保证数据安全。数据安全包含数据隔离和销毁、数据防篡改、数据加密、数据脱敏、数据访问控制、数据防泄露和数据隐私保护等。其中，数据加密包括数据在传输过程的加密和存储过程的加密；边缘计算的数据防泄露与传统的数据防泄露有所不同，应用边缘计算的设备往往采用分布式部署，需要确保这些设备被盗后数据被获取也不会泄露任何信息。在边缘计算中，用户将数据外包给边缘计算节点，同时将数据的控制权移交给边缘计算节点，这便引入了与云计算相同的安全威胁。首先，在这个过程中很难确保数据的机密性和完整性，因为外包数据可能会丢失或被错误地修改。其次，未经授权的各方可能会滥用上传的数据以牟取其他利益。虽然相对于云来说，边缘计算已经规避了多跳路由的长距离传输，很大程度地降低了外包风险；但是边缘计算设备部署的应用属于不同的应用服务商，接入网络属于不同的运营商，导致边缘计算中多安全域共存、多种格式数据并存。在万物互联背景下，边缘计算的数据安全的一个需求是用户隐私保护。

应用安全：应用安全是应用程序使用过程和结果的安全。应用安全主要包含白名单、恶意攻击防范、WAF、安全检测和响应、应用安全审计、软件加固和补丁、安全配置管理、沙箱及访问行为监管等。边缘式大数据处理时代，通过将越来越多的应用服务从云计算中心迁移到网络边缘计算节点，能保证应用得到较短的响应时间并实现较高的可靠性，同时大大节省网络传输带宽和智能终端电能的消耗。但边缘计算不仅存在信息系统普遍存在的共性应用安全问题，如拒绝服务攻击、越权访问、软件漏洞、权限滥用、身份假冒等，还由于其自身特性，存在其他的应用安全的需求。身份认证、访问控制和入侵检测相关技术是在边缘计算环境下保证应用安全的重点需求技术。

安全态势感知：安全态势感知是指在一定时间和空间内观察并理解系统中的元素及其意义，形成对系统整体状况的把握，并能预测系统近期状态的一种方法。在边缘计算环境下，通过边缘与云的数据协同、服务协同，支持在云端对关键边缘计算节点进行持续监控，将实时态势感知无缝嵌入整个边缘计算架构，实现对边缘计算网络的持续检测与响应。

安全流程编排：安全流程编排是以自动化的方式综合运用经编排的不同技术元素，帮助企业和组织解决边缘计算环境下的安全运维自动化问题，驱动安全事件妥善解决，以期合理地分配安全资源，实现安全服务自动化、高效化和智能化。安全流程编排是指在边缘计算环境下，借助边云管理协同的能力和内涵，通过云端定义、排序和驱动最小化事件响应过程中重复性的任务，自动在边缘计算节点进行部署和运行，实现自动化和自适应安全策略编排，并有效提高响应速度，降低用户的平均响应时间。

认证和授权：认证和授权功能遍布边缘计算所有的功能层级，由于网络边缘侧接入了海量设备，传统的集中式安全认证面临巨大的性能压力。特别是当设备集中上线时，认证系统往往不堪重负，需要根据需求行为采取最小授权模型，实施去中心化、分布式的认证方式。

运维和应急：运维管理是指帮助企业建立快速响应并适应企业业务环境及业务发展的 IT 运维模式，实现基于 ITIL（IT Infrastructure Library，IT 基础架构库）的流程框架、运维自动化。实现运维管理需要制定边缘安全运维管理策略，成立安全运维管理组织，制定安全运维管理规程，建设安全运维管理支撑体系，对边缘计算重要系统及设备等进行安全运维管理，以及时发现并处理入侵行为和异常行为。实现应急管理需要做好边缘安全应急响应准备工作，制定应急响应预案并演练，以及时发现边缘安全事件并处理，避免或减小事件影响。

密码和可信管理：作为整个边缘计算系统的安全基础设施，需要强化对密码相关装备及管理系统的安全防护，通过量子密码、安全多方计算及零知识证明应对新技术变革及量子技术引入的安全风险。边缘计算系统的 PKI（Public Key Infrastructure，公钥基础设施)采用区块链技术实现证书、密钥全周期及密码机负载均衡的管理,借助区块链的分布式共识记账技术、隐蔽通信及审计,保障可信边缘网络的安全,降低单点故障类安全风险。

2.4.2　关键技术

边缘基础设施、网络、数据、应用、全生命周期管理、云边协同等安全功能需求与能力需要相应的安全技术的支持。

入侵检测技术:入侵检测技术通过监测、分析、响应和协同等一系列功能,发现系统内未授权的网络行为或异常现象,收集违反安全策略的行为并进行统计汇总,从而支持安全审计、进攻识别、分析和统一安全管理决策。从企业角度看,任何试图破坏信息及信息系统完整性、机密性的网络活动都被视为入侵行为。在边缘计算中,外部和内部攻击者可以随时攻击任何实体。针对边缘计算节点安全防护机制弱、计算资源有限等特点,边缘计算节点上可能运行不安全的定制操作系统、调用不安全第三方软件或组件等,需要突破云边协同的自动化操作系统安全策略配置、自动化的远程代码升级和更新、自动化的入侵检测等技术难点,具备云边协同的操作系统代码完整性验证以及操作系统代码卸载、启动和运行时恶意代码检测与防范等能力,实现边缘计算全生命周期的恶意代码检测与防范[6]。

访问控制技术:访问控制是基于预定模式和策略对资源的访问过程进行实时控制的技术,按用户身份及其所归属的某项定义组来限制用户对某些信息项的访问,或限制对某些控制功能的使用。访问控制的任务是在最大限度满足用户资源共享需求的基础上,实现对用户访问权限的管理,防止信息被非授权篡改和滥用,是保证系统安全、保护用户隐私的可靠工具。不同环境下的访问控制在实际应用中主要存在以下3方面的问题:计算量大、模型复杂、难于重写参数等;控制策略混合和冲突;系统工作效率低、性能差,增加了服务时延。在万物互联背景下,需要通过访问控制确保只有受信任方才能执行给定的操作,不同用户或终端设备具有访问每个服务的特定权限。访问控制除了负责对资源访问进行控制外,还要对访问策略的执行过程进行追踪和审计[5]。

密钥管理技术：密钥管理包括从密钥产生到密钥销毁的各个方面，主要表现于管理体制、管理协议和密钥的产生、分配、更换和注入等，包含密钥生成、密钥分发、验证密钥、更新密钥、密钥存储、备份密钥、设置密钥的有效期、销毁密钥这一系列的流程。密钥在已授权的加密模块中生成，高质量的密钥对于安全是至关重要的，整个密码系统的安全性并不取决于密码算法的机密性，而取决于密钥的机密性。一旦密钥被泄露、窃取、破坏，对于被攻击者来说机密信息已经失去保密性。边缘计算的密钥管理比传统信息系统的密钥管理更复杂。显然，在大规模、异构、动态的边缘网络中，保证用户和用户之间、用户和边缘设备之间、边缘设备和边缘设备之间、边缘设备和云服务器之间的信息交互安全，为在边缘计算模式下实现高效的密钥管理方案带来了严峻的挑战 [5]。

2.5　开源平台 [7]

2.5.1　EdgeX Foundry

EdgeX Foundry 是由 Linux 基金会主持的一个供应商中立的开源项目，是一个面向工业物联网边缘计算开发的标准化互操作性框架，部署于路由器和交换机等边缘设备上，为各种传感器、设备或物联网器件提供即插即用功能并对其进行管理，进而收集和分析它们的数据，或将数据导出至边缘计算应用或云计算中心处理。

EdgeX Foundry 针对的问题是物联网器件的互操作性。EdgeX Foundry 的主旨是简化和标准化工业物联网边缘计算的架构，创建一个围绕互操作性组件的生态系统。该项目的核心是具备互操作性的框架，该框架托管在完全与硬件和操作系统无关的参考软件平台中，以实现即插即用组件生态系统，从而统一市场并加速物联网解决方案的部署。

EdgeX Foundry 的目标包括：构建并推广 EdgeX 作为统一物联网边缘计算的通用开放平台；启用并鼓励物联网解决方案提供商围绕 EdgeX 平台架构创建即插即用组件生态系统；认证 EdgeX 组件以确保互操作性和兼容性；提供工具以快速创建基于 EdgeX 的物联网边缘解决方案，从而轻松适应不断变化的业务需求；结合相关的开源项目，与标准组和行业联盟协作，以确保整个物联网的一致性和互操作性。

EdgeX Foundry 的设计满足硬件和操作系统无关性，并采用微服务架构。EdgeX Foundry 中的所有微服务能够以容器的形式运行于各种操作系统，且支持动态增加或减少，具有可扩展性。EdgeX Foundry 多应用在工业物联网，如智能工厂、智能交通等场景，以及其他需要接入多种传感器和设备的场景。

2.5.2　Apache Edgent

实时流数据处理框架 Apache Edgent 项目的前身是 Apache Quarks，是 IBM 于 2016 年捐赠给 Apache 软件基金会的开源项目。Apache Edgent 是一个开源的编程模型，可以被嵌入边缘设备，提供对连续数据流的本地实时分析。Edgent 解决的问题是对来自边缘设备的数据进行高效的分析和处理。为加速边缘计算应用在数据分析和处理上的开发过程，Edgent 提供了一个开发模型和一套 API 用于实现整个数据分析和处理的流程。

Edgent 应用可部署于运行 Java 虚拟机的边缘设备中，用 Edgent 在边缘计算层实时进行流处理：降低通信成本和传输到服务器端的数据量；本地及时响应，提高时效性；边缘计算节点在断网情况下也能处理数据；减轻服务器端处理和存储数据的压力。

Edgent 的主要系统特点是提供了一套丰富的数据处理 API，满足物联网应用中数据处理的实际需求，降低应用的开发难度并加速开发过程。Edgent 让我们从原来的持续不断发送数据到服务器，变成只在问题发生时发送重要的、有意义的数据。基于 Edgent 框架开发的应用程序，对实时数据进行流分析，并在需要的时候，发送数据到后端系统用于进一步的分析或存储。

2.5.3　CORD

CORD（Central Office Re-architected as a Datacenter）是为网络运营商推出的开源项目，旨在利用 SDN、NFV 和云计算技术重构现有的网络边缘基础设施，并将其打造成可灵活提供计算和网络服务的数据中心。现有网络边缘基础设施构建在由电信设备供应商提供的封闭式专有软硬件系统的基础上，不具备可扩展性，无法动态调整基础设备的规模，导致资源的利用率低。CORD 项目利用商用硬件和开源软件打造可扩展的边缘网络基础设施，并实现灵活的服务提供平台，支持用户的自定义应用。

中国联通于 2016 年成立 CORD 产业联盟，意在整合传统运营商、CORD 制造商、芯片厂商、软件服务商等各方优势资源的同时，将开源、开放的理念引入合作。

CORD 利用商用服务器和白盒交换机提供计算、存储和网络资源，并将网络构建为叶脊拓扑架构以支持横向网络的通信带宽需求。此外，CORD 使用专用接入硬件将移动、企业和住宅用户接入网络中。CORD 使用 OpenStack 来管理计算和存储资源，创建和配置虚拟机以及提供 IaaS 功能。ONOS（Open Network Operating System，开源网络操作系统）为网络提供控制平面，用于管理网络组件，如白盒交换网络结构等，并提供通信服务。容器引擎 Docker 使用容器技术来实例化提供给用户的服务。服务控制平台 XOS 用于整合上述软件，以组装、控制和组合服务。

根据运营商网络组成和应用场景，CORD 分为三大部分：M-CORD、R-CORD 和 E-CORD。M-CORD（M 为 Mobile 的简写）面向 4G/5G 移动网络；R-CORD（R 为 Residential 的简写）面向家庭住宅用户；E-CORD（E 为 Enterprise 的简写）面向政企用户。

以 M-CORD 为例，其提供三大功能。提升资源利用率：M-CORD 可改善计算资源利用率，并智能地从网络中提取信息，实时分析和同步调整资源利用率。定制化服务：运营商不仅能够实时响应用户需求，而且可针对未来各种新兴应用场景提供定制化、差异化的网络服务。与传统移动网络核心网集中式部署不同，M-CORD 是一种下沉式的、分布式的网络构架，因此，运营商既可以通过 M-CORD 为用户提供按需交付高清视频一类的高带宽应用，也可以提供诸如车联网、VR、游戏等需要超低时延的应用。敏捷性和低成本：M-CORD 支持解耦的 EPC（Evolved Packet Core，演进分组核心）和 RAN，以及通用硬件和开源软件，可按需部署具备低成本和敏捷性优势。

2.5.4 Akraino Edge Stack

Akraino Edge Stack 于 2018 年推出，是开源软件栈，并且是支持优化边缘计算系统和应用程序的高可用性云栈，旨在改善企业边缘、OTT 边缘和运营商边缘网络的边缘云基础设施的状态，为用户提供新的灵活性，以快速扩展边缘云服务，最大限度地支持边缘应用程序和功能，并帮助确保系统的可靠性。

Akraino Edge Stack 项目涉及的范围从基础设施延伸至边缘计算应用，可以划分为 3 个层面。在最上面的应用层面，打造边缘计算应用程序的生态系统，以促进应用程序的开发。在中间层面，着眼于开发中间件和框架以支持应用层面的边缘计算应用。在最下面的基础设施层面，Akraino Edge Stack 提供一套开源软件栈以优化基础设施。此外，Akraino Edge Stack 为每种使用案例提供蓝图以构建边缘计算平台。每个蓝图是涵盖上述 3 个层面的声明性配置，其中包括对硬件、各层面的支撑软件、管理工具和交付点等的声明。

Akraino 的 R1 版本向新的灵活性提供了第一次迭代，以快速扩展边缘云服务，最大限度地提高效率，并为部署的服务提供高可用性。它为工业物联网、电信 5G 核心网和 vRAN（virtual RAN，虚拟无线接入网）、uCPE（universal Customer Premise Equipment，通用客户端设备）、SD-WAN、边缘媒体处理和运营商边缘媒体处理等边缘使用案例提供了一个可部署且功能齐全的边缘堆栈。

Akraino 的 R2 版本包括新的蓝图和对现有蓝图的增强、用于自动蓝图验证的工具、已定义的边缘 API 和新的社区实验室硬件等。

2020 年 8 月 12 日，LF Edge 宣布推出 Akraino 的 R3 版本。该版本是迄今为止最为成熟的版本，它提供了功能齐全的边缘解决方案。这些方案可应用于全球的组织，从而在全球范围内实现多种边缘部署。新的蓝图聚焦于 MEC、人工智能、机器学习、云边缘领域。

StarlingX 是一个用于构建分布式边缘云的开源项目，由 OpenStack 基金会在 2018 年启动，是英特尔和 Wind River 开源的边缘计算项目，提供一套完整的云基础架构软件栈，现应用于 Akraino Edge Stack 项目中。

第 3 章

边缘计算产业链综述

3.1 产业链整体情况

2020年政府工作报告提出，2020年我国会安排地方政府专项债券3.75万亿元，中央预算内投资安排6 000亿元，加强支持新型基础设施建设，发展新一代信息网络，拓展5G应用，建设充电桩，推广新能源汽车，激发新消费需求、助力产业升级。5G应用场景商用落地助推边缘计算发展进入快车道，5G网络在应用中面临不少挑战，包括回传网络传输压力，投资扩容成本高，单纯依靠无线和固网物理层、传输层的技术无法满足超低时延要求等。边缘计算有助于解决这些问题。

数据流量爆发同样推动边缘计算快速发展。2016—2019年，全球数据中心数据流量从每年6.8ZB增长至每年14.1ZB，2021年全球数据流量有望突破20ZB。数据流量的爆发给云端存储带来压力，边缘计算则可缓解云端存储的压力。未来，云计算和边缘计算将各自发挥优势，相互协同发展。基于以上因素，预计2021—2023年，边缘计算市场规模有望持续高速增长。据赛迪顾问数据显示，中国边缘计算市场规模到2021年将达到325.31亿元。

边缘计算产业链可大致分为上、中、下游3个部分，其中上游主要包括云服务商和硬件设备厂商，中游主要包括电信运营商、边缘计算运营和管理的服务提供商，下游则主要包括OTT厂商以及一些智能终端和应用开发商。此外，还有多个产业联盟等核心研究机构，在边缘计算产业链中发挥着重要作用，它们相互开展合作，共同推进产业链发展。

2019年，GSMA通过调研发现，由于5G和边缘计算关联紧密，网络设备供应商（华为、中兴通讯、诺基亚、爱立信等）和中国三大运营商在边缘计算早期对其起到了显著推动作用。国内云收入排名前两位的公司阿里巴巴和腾讯，以及百度等也在采取相应举措，寻求在新兴的边缘计算中扩展其云能力和云产品。跨行业组织也在边缘计算的发展中发挥了关键作用，积极推动行业发展与协作，在 2019 年 GSMA 进行的中国边缘计算推动力调查中获得 4.5 的高分，其调查结果如图 3-1 所示。多数调研企业已意识到行业论坛及工作组对新型生态系统的重要价值[1]。

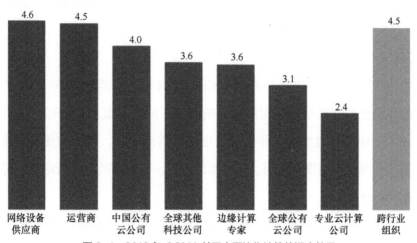

图 3-1　2019 年 GSMA 关于中国边缘计算的调查结果

3.2 上游

　　边缘计算产业链上游主要包括云服务商和硬件设备厂商，其中云服务商提供边缘计算平台和应用软件，包括谷歌、亚马逊、微软、阿里巴巴、腾讯等；硬件设备厂商提供边缘服务器、边缘网关、边缘控制器和边缘 AI 芯片等，代表企业包括华为、中兴通讯等。

3.2.1 云服务商

　　云服务商是边缘计算的重要参与方。云计算和边缘计算既有一定的竞争，也具备协同性，可放大各自价值，更好地满足多样化场景的需求。边缘计算靠近执行单元，可进行数据采集和初步处理，提高云端应用性能。同时，云计算通过大数据分析优化输出的业务规则可下发到边缘侧，赋能边缘计算能力。

鉴于云计算和边缘计算的紧密联系和相互补充的关系，产业链上传统云服务商不断向边缘渗透。国内外头部云计算企业，纷纷依托其现有的云服务基础和生态向 MEC 拓展。它们与各行各业的企业建立广泛合作关系，拥有丰富的云资源并供用户使用。然而，紧紧围绕 5G 技术构建的边缘计算架构也带来了新的挑战，将云服务企业带入了一个分布式计算的新领域。同时，云服务商也正在寻求将边缘计算技术应用到基于互联网的消费者业务中，包括云游戏、AR/VR 等 [1]。

1. 谷歌

谷歌在 2017 年推出了边缘计算服务 Cloud IoT Core，以协助企业连接及管理物联网装置，并快速处理物联网装置所采集的数据，同时发布了 GMEC（Global Mobile Edge Cloud，全球移动边缘云）平台，同电信运营商合作，推出边缘计算平台 Cloud Anthos，使企业能够改造现有应用，构建新的应用，并随时随地运行这些应用，确保本地应用和云环境的一致性。

谷歌对源代码开源，意味着谷歌边缘计算平台可兼容不同厂商的硬件和应用程序。随着云端训练的 AI 模型越来越需要边缘运行，谷歌推出了 Edge TPU 解决方案支撑 AI 边缘运行。Edge TPU 是对 Cloud TPU 和 Google Cloud 业务的补充，提供端到端基础设施（云端到边缘，"硬件 + 软件"），用于部署客户基于 AI 的解决方案。Edge TPU 方案性能高、功耗低、安装空间小，使能 AI 高精度边缘部署。目前 AT & T（American Telephone&Telegraph，美国电话电报）公司已和谷歌展开合作，利用谷歌在 Kubernetes 和 AI 上的投资以及 AT & T 广泛的网络覆盖优势，为零售、制造和运输等行业推出针对性的边缘计算解决方案。

2. 亚马逊

AWS（Amazon Web Service，亚马逊网络服务）是市场上领先的云解决方案之一。早在 2016 年，亚马逊将其 AWS 扩展到边缘设备，推出其首个商用边缘产品 AWS IoT Greengrass。该产品将 AWS 业务无缝扩展到边缘设备，使这些设备对各自产生的数据进行本地处理，同时使用云上管理、分析和存储，还销售 Echo 和 Alexa 智能家居等边缘设备。

亚马逊开发了一种数据迁移和边缘计算设备 AWS Snowball Edge，用于数据本地存储和大规模数据传输。该设备可以部署在客户现场，内置存储和计算功能。它不仅可以实现本地环境和 AWS 云之间的数据传输，还可以按需承载本地处理和边缘计算的工作负载。这些设备还可以部署在网络连接受限或没有网络连接的荒地、临时或移动环境中。亚马逊还提供现场运行 AWS 基础设施的 AWS Outposts，专为联网环境设计，可用于支撑因低时延或本地数据处理需求而必须留在本地的工作负载。企业可以从公有云获取惯用的、相同的本地 AWS 业务。

2019 年，在 AWS 2019 年创新峰会上，亚马逊发布 AWS Wavelength 服务，直接面向边缘提供服务，并同 Verizon、Vodafone、KDD 和 SK 电讯等电信运营商合作，提供边缘云服务。

3. 微软

微软作为云计算和智能业务运营领域的领导者之一，在切入边缘计算领域时优势突出。微软提出"智能云和智能边缘"口号，并于 2018 年宣布计划 4 年内投资 50 亿美元用于物联网和边缘计算，持续加大边缘计算开发和应用力度。微软随即推出面向边缘的云平台 Azure IoT Edge，将人工智能和分析工作下沉到网络边缘。另外，微软发布了边缘计算系列产品及服务，包括 Azure IoT 中心、Azure IoT Edge（部署在边缘设备上的 AI 服务）、Azure IoT Hub（将边缘设备连接到 Azure 云的通信服务）等。微软通过发布关于使用语音、摄像头以及人工智能技术的新一代边缘计算工具，引导更多开发人员将业务重心从 Windows 操作系统转移到智能边缘计算方面。

2020 年微软推出 Azure Edge Zones，这是 Azure 公共云的扩展基础架构服务，将在微软的全球网络、电信提供商的 5G 网络和客户数据中心中提供。Azure Edge Zones 是业界最全面的边缘计算平台之一。Azure Edge Zones 建立在 Azure 公共云和 Azure Stack 产品组合的基础上，通过 Azure 边缘区域提供 3 种边缘类型。微软 Azure Edge Zones 边缘云架构，如图 3-2 所示。

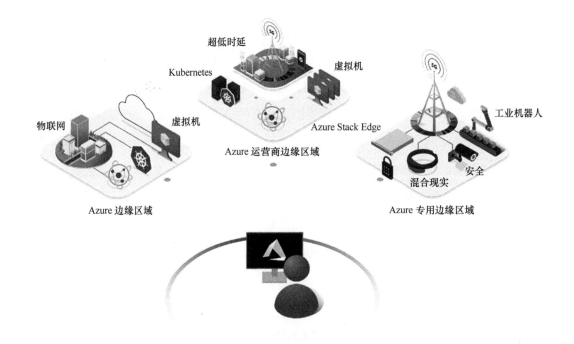

图 3-2 微软 Azure Edge Zones 边缘云架构

注：Kubernetes 是 Google 开源的一款容器编排引擎，支持自动化部署、大规模可伸缩、应用容器化管理。

　Azure Stack Edge 是可在边缘提供计算、存储和智能功能的 Azure 托管设备。

4. 阿里云

阿里云在 2018 年宣布将战略投入边缘计算技术领域，核心战略为"云 + 边 + 端"三位一体，推出了 Link IoT Edge 物联网边缘计算解决方案，通过管理用户的边缘计算节点，提供将云上应用延伸到边缘的能力，并与云端数据联动。首个 IoT 边缘计算产品 Link Edge 可被用于 AI 实践，在发布时已经有 16 家芯片公司、52 家设备商、184 款模组和网关支持阿里云物联网操作系统和边缘计算产品。

2020 年云栖大会上，阿里发布边缘网络实现终端—边缘、边缘—边缘、边缘—中心的一体化协同，同时发布阿里云边缘计算覆盖场景分布，如图 3-3 所示。阿里在 2019 年已经以 300 多个节点基本实现了全国省会城市与热门地区三线城市的全域覆盖，将计算时延控制在 10ms 以内。为了适配 5G 时代海量视图计算场景，阿里云边缘计算节点聚焦视频上云和处理方向，对产品技术能力进行了升级。升级后的 ENS（Edye Node

Service，边缘计算节点服务）时延可以降低到 5ms，并支持 4G/5G/ 数字电路等多种方式灵活接入。基于互联网视频积累的一键上云协议，可以将上云操作时间降低到 1min 以内，支持操作人员通过扫码等方式快速完成剩余配置。

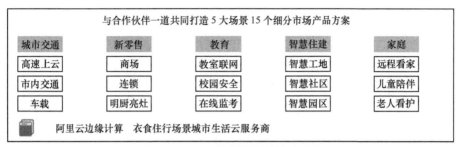

图3-3 阿里云边缘计算覆盖场景分布

5. 腾讯云

腾讯云在边缘计算上从 CDN 开始发力，推出了 CDN Edge，将数据中心的服务下沉至 CDN 边缘计算节点，以最低的时延响应终端用户，同时降低用户数据中心的计算压力和网络负载。2019 年 6 月，腾讯云发布了可自定义的边缘计算解决方案 TSEC（Tencent Smart Edge Connector），为应用提供从边缘到云的智能协同。TSEC 采用 MEC 技术，与 5G 网络融合，为消费者和行业应用提供低时延和高带宽，重点打造移动网络和业务之间的连接器,实现网络和业务的友好协同。此外,TSEC 还支持 IoT Kit 服务，打造面向现场用户侧与物联边缘计算的云端控制、边缘计算网关与网络连接能力。

2020 年 10 月，腾讯滨海总部落地 5G 边缘计算中心，融合 5G、边缘计算与物联网技术支持云游戏、机器人等 5G 业务，提供可交付的整体解决方案。作为创新性的一站式边缘计算产品，腾讯云率先从底层硬件到上层软件，完成 5G 和边缘计算的整体应用串联，成为国内率先具备整体交付能力的云服务商。

在 5G 边缘计算中心的支持下，通过接入腾讯云云游戏解决方案，企业无须适配复杂的软硬件平台即可多端部署，快速上线云游戏。无论在手机、PC 还是 OTT 设备上，用户无须下载和安装游戏，即可获得低时延、高画质的游戏体验;依托视频云边缘接入点，4K 直播整体业务时延将缩短到 200ms 以内，超高清视频直播将全面普及。此外，由于没有了算力和网络时延的掣肘，一些工业场景下的巡逻机器人、远程医疗、AR/VR 等应用也将全面"爆发"。例如，在智能工厂中，腾讯云可帮助用户快速搭建靠近工厂物联网设备数据源头的边缘计算平台，提供实时的数据采集和分析服务，建立工厂分析模型，感知并且降低环境和生产过程中的风险，提高生产的效率，减少生产的成本。腾讯云智能工厂边缘计算方案示意如图 3-4 所示。

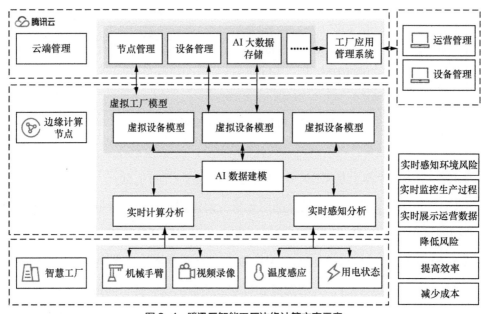

图 3-4　腾讯云智能工厂边缘计算方案示意

腾讯安全网络入侵防护系统（腾讯天幕）基于自身安全算力算法，网络威胁旁路阻断成功率可达 99.99%，同时拥有 60 多项自研的国家专利安全算力技术。

6. 百度

百度 2018 年发布国内首个智能边缘产品——BIE，推行"端云一体"解决方案，由智能边缘本地运行包、智能边缘云端管理套件组成，实现"云管理、边运行、边云一体"的整体解决方案。

2018 年 12 月，百度宣布将 BIE 的核心功能全面开放，同时推出国内首个开源边缘计算平台——OpenEdge，允许开发者构建自己的边缘计算系统，将云计算延伸到自己的边缘设备上。OpenEdge 旨在收集和分发数据，执行 AI 推理并与云同步，是 BIE 的一部分，是一个轻量、安全、可靠、可扩展性强的边缘计算社区。

以 IoT 场景为例, 无论是人脸识别、工业质检还是城市管理、公共安全等, 在云端完成训练的机器视觉模型已经应用到各行各业。百度开放边缘框架联合 BIE 管理套件能够提供将这些视觉模型轻松部署到本地设备上的功能, 一方面提供快速的识别响应, 另一方面降低视频 / 图片的传输带宽成本。百度智能边缘机器视觉场景示意, 如图3-5所示。

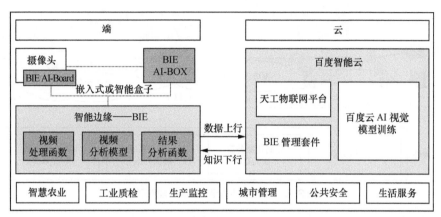

图 3-5 百度智能边缘机器视觉场景示意

3.2.2 硬件设备厂商

随着边缘计算、人工智能等新技术与核心网和接入网的融合规模不断加大, 复杂性不断增加。边缘机房与核心数据中心在运行条件上有很大区别, 包括机架空间限制、环境温度稳定性, 以及机房承重、抗震、电磁兼容等。对于不同的垂直行业应用场景, 需考虑一体化集成交付能力以及各类现场智能化接入设备的丰富生态。例如, 偏远地区接入所在的边缘机房如果要部署通用的 x86 服务器存在各种局限性, 同时为了适配简陋的环境, 边缘服务器在耐高温、防尘、耐腐蚀、电磁兼容、抗震等方面也进行了相应修改。图 3-6 所示为中国移动边缘计算底层硬件形态。

边缘计算驱动网络升级, 过去运营商网络大多使用专用系统设备完成网络传输。为了实现网络切片和边缘计算, 未来系统设备架构会发生变化, 边缘计算的物理载体将更偏向于云化设备。

华为、中兴通讯、诺基亚、英特尔等企业日渐成为有意部署边缘计算的云服务公司的关键合作伙伴，特别是针对基于现有电信基础设施设计的符合 3GPP 标准的边缘计算基础设施，包括边缘服务器、边缘网关、边缘 AI 芯片等。

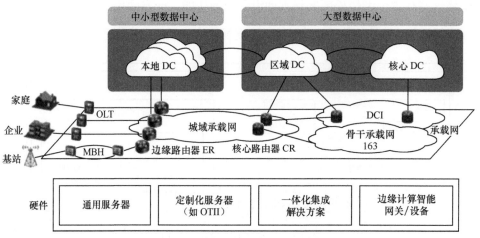

图 3-6　中国移动边缘计算底层硬件形态

1. 诺基亚

诺基亚是最早关注移动边缘计算领域的公司之一。同时，诺基亚还是 ETSI 会员，正在积极推动 MEC 的标准制定。

诺基亚在 2014 年进行了诺基亚灵动应用解决方案（Liquid APPlications）演示，提出了云平台虚拟化 MEC 解决方案，即利用 MEC 虚拟网元，同时支持宏站和小基站接入，并整合 MEC 及其他各类应用，开放 API 接口。截至 2020 年下半年，诺基亚已有诸多 MEC 应用案例，如韩国本地计算智慧港口、英国体育足球赛现场视频导播、德国公路 MEC 结合车联网、上海国际赛车场多角度视频直播 MEC 组网方案（该 MEC 方案直播视频较现场实况时延仅约 0.5s，为观众提供了极佳的观赛体验）等。

2. 英特尔

英特尔认为 MEC 会是未来物联网中重要的一环。2016 年英特尔发布了《无人机搭载 LTE 小基站 360 度视频实时直播解决方案》白皮书，介绍了基于 MEC 的端到端解决方案，并推出 NEV SDK（网络边缘虚拟化套件），可协助 MEC 领域的合作伙伴加速开发面向电信领域的相关应用。除基础设施平台所具有的能力以外，NEV SDK 还可为 MEC

应用开发者提供基于 IP 业务，具备丰富的 API 接口及高性能转发能力的基础软件环境。

以新零售领域为例，英特尔通过边缘计算在该领域进行积极探索。在英特尔 2020零售科技创新峰会上，英特尔表示数据资产和数据价值挖掘能力是未来零售企业的核心竞争力，其将围绕着两条主线持续推动边缘计算技术落地零售场景，一是围绕客户和场景增强购物体验，二是围绕人货场提升运营效率。英特尔在中小型门店以 POS 机为核心进行扩展，在大型店铺以边缘计算盒子为中心，统一部署和管理多套前端设备，降低成本，提高效率，实现灵活算力。

3. 华为

华为是 MEC 行业的积极推动者。2014 年，华为联合沃达丰等 6 家运营商在 ETSI建立了 MEC 工作组。2016 年，华为联合英特尔、ARM 公司等在中国发起了边缘计算产业联盟，合作发布《边缘计算产业联盟白皮书》，首次提出"OICT"理念，搭建边缘计算产业合作平台，推动 OT 与 ICT 产业的开放协作。

华为是 MEC 解决方案提供商，华为的 MEC@CloudEdge 解决方案作为面向 5G 的MEC 解决方案，将应用、内容以及移动宽带核心网的部分业务处理和资源调度功能，一同部署到靠近接入侧的网络边缘，通过将业务靠近用户进行处理，以及应用、内容与网络的协同，来提供可靠、极致的业务体验。

2020 年 8 月，业界首个 5G 边缘计算开源平台 EdgeGallery 正式开源。EdgeGallery是由华为联合中国信息通信研究院、中国移动、中国联通、腾讯、紫金山实验室、九州云和安恒信息等 8 家创始成员发起的 5G 边缘计算开源项目。EdgeGallery 聚焦 5G 边缘计算场景，通过开放协作构建起 MEC 的资源、应用、安全、管理的基础框架和网络开放服务的事实标准，实现同公有云的互联互通，在兼容差异化异构边缘基础设施的基础上，构建统一的 MEC 应用生态系统。其目的是打造一个以"连接 + 计算"为特点的 5GMEC 公共平台，实现网络能力开放的标准化和 MEC 应用开发、测试、迁移和运行等生命周期流程的通用化。5G MEC 公共平台，如图 3-7 所示。

EdgeGallery 不仅是一个 MEP 平台，更是一个面向应用和开发者的端到端解决方案，将为应用开发者、边缘运营及运维人员提供一站式服务。该平台致力于让开发者能更便捷地使用 5G 网络能力，让 5G 网络能力在边缘触手可及；通过边缘原生的平台架构，让边缘业务可信可管；通过无码化集成、在线 IDE（Integrated Development Environment，集成开发环境）工具、统一应用入口等实现多元开放的边缘生态，让应用轻松上车，商业可复制，最终实现 5G ToB 生态的繁荣，为企业和社会带来经济价值。

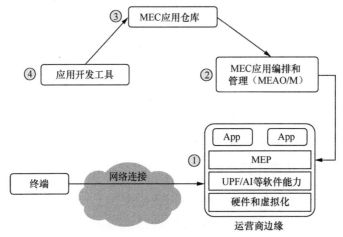

图 3-7　5G MEC 公共平台

EdgeGallery 平台采用商业友好的 Apache License 2.0 作为开源代码协议，已在码云发布第一批种子代码，与业界几十家应用伙伴、共 30 多款应用完成了集成验证，覆盖了智慧园区、工业制造、交通物流、游戏竞技等应用场景，并已在 EdgeGallery App Store 中进行展示。EdgeGallery 社区在深圳和西安建立了两个自动化测试中心，并于 2020 年底在北京、南京、上海、东莞等地陆续建成 5 个场景化测试验证中心。

4. 中兴通讯

2019 年 10 月，中兴通讯推出全融合边缘云平台 Common Edge，包括 MEC 能力开放平台、轻量级边缘云、全系列边缘服务器等，支持并集成移动和固定网络（4G、5G 和 Wi-Fi），可构建统一的固定和移动融合平台。

中兴通讯面向 5G 的 MEC 边缘云解决方案，将平台设计、虚拟化、硬件加速、MEP 等多种软硬件技术与 5G 网络架构相结合，提供轻量化、统一管理、高性能、灵活开放的 MEC 边缘云，使应用、服务和内容可以实现本地化、近距离、分布式部署，从而一定程度解决了 5G 网络 eMBB、URLLC、mMTC 等场景中的特殊业务需求，优化了用户体验。

业务能力开放是 MEC 应用的一大特色，其架构如图 3-8 所示。MEC 部署在网络边缘，可以实时感知和收集无线网络信息，并将这些信息开放给第三方应用，可以优化业务应用、提升用户体验、实现网络和业务的深度融合。为了实现 5G 网络的能力开放，在 MEC 架构中引入了 MEP（Mobile Edge Platform，移动边缘平台）。MEP 通过南向接口获取下层网络的相关信息（UE 实时位置、无线链路质量、漫游状态等），并将这些信息包装成不同的服务能力，如 LBS（Location-Based Service，基于位置的服务）能力、RNIS（Radio Network Information Service，无线网络信息服务）能力、QoS能力、带宽能力等，再通过北向统一 API 开放给上层第三方应用，从而提供更多的增值服务或提升服务质量。同时 MEP 可以将感知的上层应用服务相关信息，如业务时长、业务周期、移动模式等反馈给下层网络，下层网络通过分析这些信息，进一步优化其UE 资源配置与会话管理。

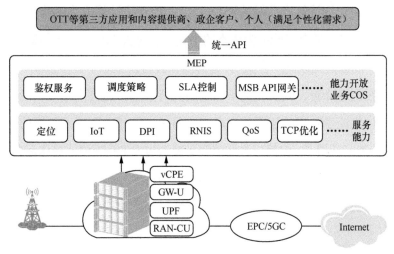

图 3-8　MEC 业务能力开放架构

此外，硬件设备商还包括浪潮等厂商。浪潮作为国内领先的云计算、大数据服务商，在边缘计算领域具有先天优势，可提供多种类型的计算平台，包含适应大型边缘场景的一体化整机柜产品、适应电信边缘机房的 OTII 服务器以及适应移动场景的便携一体机。

边缘计算网关产品方面，浪潮拥有基于 4G 架构的 MEC 本地分流网关产品和基于 5G 架构的 MEC 下沉 GW-UP 方案。

3.3 中游

边缘计算产业链中游主要包括电信运营商、边缘计算运营和管理服务提供商等。其中，电信运营商处于核心地位，国内主要包括中国电信、中国移动和中国联通等。设备厂商的边缘硬件能力受限于接入方式、空间覆盖、网络保障，急需通过 5G 进行更好的连接，更需要电信运营商全方位布局的边缘计算节点进行承载，因此对运营商的一体化交付、基础架构能力集成、边缘机房适配等能力提出了新的要求。从事边缘计算运营和管理的服务提供商主要提供社区云搭建、边缘云托管等服务，包括网宿科技、金山云等企业。

3.3.1 电信运营商

电信运营商是边缘计算产业链的核心。5G 时代边缘计算成为网络的重要组成部分，运营商不仅是修路者，还有可能成为生态的主导者。过去 10 年，云计算蓬勃发展，全球前五大云计算厂商都是互联网"巨头"，运营商在公有云生态中更多扮演"基础设施提供者"的角色，在提速降费、同质化竞争加剧的大背景下，运营商陷入增量不增收的管道化瓶颈，单纯依靠流量收费的边际效应递减。虽然当前移动互联网领域的新应用蓬勃发展，网络流量持续高速增长，但第三方增值服务商通过 OTT 等模式挤压运营商盈利空间，同时增值服务商变现渠道较多，挤占了大部分电信行业整体利润空间。运营商单纯依靠出售流量形成收入，无法分享增值服务和运营环节的利润空间，运营商的营收增长面临较大的压力。

根据中国联通相关专业人士预测，未来在整个边缘计算产业链中，管道连接价值占比仅为 10% ～ 15%，应用服务占比为 45% ～ 65%，为此电信运营商纷纷启动网络重构与转型。边缘计算区别于传统公有云，是一种分布式云计算架构，运营商丰富的网络管道及地市级数据中心资源是实现边缘计算的重要基础，同时边缘技术与 5G 网络性能的深度结合是运营商的又一大优势，运营商有望借此进入流量之外的增值服务领域，分享更大的利润空间，避免日益管道化。

一直以来，云计算服务由传统云服务商提供。全球云计算"巨头"几乎完全主导了整个云服务市场，同时它们基于云服务不断尝试向边缘计算、"SD-WAN"等新的领域扩展。但是，云服务商一般很难完全满足各类企业用户不同的云网需求：首先，企业之间存在跨区域进行互联的需求；其次，企业从自身商业利益考虑，也不希望采用单一云服务商的服务，避免失去议价权；最后，随着5G的发展，企业对发展低时延业务的需求日益迫切，并更加注重产品和数据安全。由于受限于网络基础设施，传统云服务商无法很好地满足这些需求，这给了电信运营商难得的机会。

面对5G时代企业发展低时延业务和数据安全的迫切需求，电信运营商可充分发挥优势，提供与传统云服务商不同的、具备高度差异化的云网融合服务。电信运营商发展云网融合业务的优势在于其非常突出的网络连接能力。电信运营商除提供数据中心的虚拟云化服务之外，还可以提供不同云数据中心之间的互联解决方案，实现边缘计算同云专线、VPN等的相互协同。同时，电信运营商在网络安全方面有丰富的经验积累，包括网络资源的保护和通信安全。另外，电信运营商还拥有丰富的光纤资源，可为企业用户提供不同的云间互联，更加靠近不同地理位置的用户。强大而成熟的本地运维团队可以快速地进行故障处理，这对于企业用户来讲非常重要。

电信运营商发展边缘计算同样面临挑战。从技术上讲，云需求的快速增加以及按需购买服务的需求，使得电信运营商的传统网络很难应对，需要电信运营商加速构建更加灵活和开放的网络架构，扩展网络弹性。此外，边缘计算需要电信运营商布局大量的MEC节点，这些节点如何规划能更好地平衡投入和产出也至关重要。从商业上讲，电信运营商在提供云服务方面缺乏经验，需要投入更多的精力和时间。

边缘计算的商业模式仍处于摸索阶段。边缘计算需要根据不同的网络环境配置不同的策略，因此必然与电信运营商核心网络深度结合。电信运营商在产业链中占据主导地位，可负责部署和管理解决方案所需的边缘基础设施，并提供相应的网络连接、设备和IT服务。不过，对电信运营商来说，提供仅具备连接功能的边缘计算服务能带来的收入不高。

对于全球大部分主要电信运营商而言，核心移动业务和固定业务占收入的 80%～90%，而非传统电信业务占收入的 10%～20%。当然也存在一些例外情况，例如 AT&T、韩国电信和日本软银 SoftBank（非传统电信业务的收入占比分别约为 40%、30%），其非传统电信业务收入源于并购而非来自有机增长。国内电信运营商在非传统电信业务收入增长率上保持领先。2018 年，非传统电信业务（消费者和企业）为中国三大运营商创造了 1 440 亿元的总收入，同比增长约 30%。这其中包括付费电视、节目和广告、物联网、企业解决方案以及包括金融、支付和生活方式在内的、更广泛的数字业务领域，如图 3-9 所示。

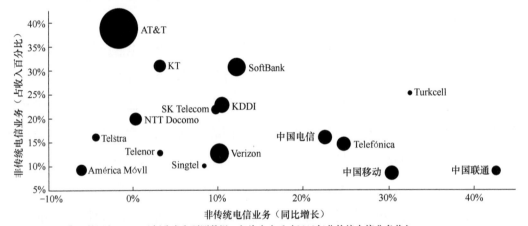

来源：公司集团数据和GSMA重新分类和预测数据。气泡大小反映2018年非传统电信业务收入。

图 3-9　2018 年电信运营商核心业务以外的收入占比

中国移动、中国电信和中国联通都寄希望于行业和企业的数字化转型，以期在连接之外增加未来收入，将核心网、云和边缘的融合定位为企业数字化运营和服务的关键使能技术。但电信运营商在行业垂直应用上不具备技术储备优势，需要以开放基础网络端口的方式向专业的第三方行业垂直应用龙头厂商开放边缘计算节点资源，提供边缘托管或共享业务，向价值链上游延伸，即选择全栈模式（连接、设备、IT 服务、平台和智能分析），成为全面覆盖企业客户边缘相关业务的合作伙伴。只有拥有领先的边缘计算平台，才可以向第三方提供边缘 IaaS 和边缘 PaaS 的解决方案，以及各种终端用户应用所必需的连接、计费和网络相关服务，共同运营，分享边缘计算带来的广阔市场 [1]。

电信运营商针对不同的应用场景进行 MEC 网络的部署并提供服务，目前来看，其主要聚焦有如下特征的应用：第一，一些本地传输资源有限，但对时延要求较高的本地业务；第二，高清视频直播、云游戏等需要本地优化的应用；第三，一些需要利用大量本地位置信息进行数据分析的应用。

目前，欧洲和亚太地区的一些发达市场，正在扩大相关的试点规模。鉴于边缘计算的潜在影响和转型性质，全球范围越来越多的电信运营商着手开展边缘计算试点，有些则在推行边缘商用产品和解决方案，希望通过边缘计算，实现从管道经营到算力经营的转变，强化 2B 市场能力，完善 2C 业务体验。

1. 海外电信运营商

（1）AT&T

AT&T 将边缘计算定位为 5G 战略三大支柱之一，主导发起了 Airship、Akraino 等边缘开源项目，与微软、谷歌等联合部署基于 5G 网络的边缘云平台，可应用于多个行业。在零售业，AT&T 携手零售自动化解决方案供应商 Badger Technologies 探讨如何利用 MEC 和 5G 技术帮助零售商处理本地门店的大量数据，推动机器人在商店中的应用，同时帮助零售商自主决定将哪些敏感数据存储在本地门店。AT&T Foundry 拥有专门的边缘计算社区，可以与整个技术生态内的合作伙伴一起了解基础设施的发展情况，帮助 AT&T 客户开发潜在的边缘服务和解决方案。微软与 AT&T 有着多年的合作关系，将微软 Azure 云的全球规模与 AT&T 的国内 5G 功能相结合，可进一步扩展边缘部署，加速边缘计算应用，如游戏的开发。

（2）Verizon

Verizon 已开发了自有的边缘计算平台并投入商用。在纽约进行的早期测试显示其平台时延低于 10ms。Verizon 希望将边缘计算技术主要部署在城市和工业区，结合自己的数据中心和第三方数据中心使用。但在其他地方复制这种模式需要在整个网络中部署边缘资产，这会导致成本增加。Verizon 正与企业客户以及创新中心和孵化实验室的当地初创企业密切合作，开发低时延应用。同时 Verizon 还在开展一系列试点，通过位于网络设施中的 MEC 设备、人脸识别应用就能在使用该应用的网络边缘进行信息分析，而不是通过多跳传输到最近的中央数据中心进行信息分析。试点的结果是，相比通过中央数据中心，设备工程师通过 MEC 能够以两倍速度成功地识别出个体。

（3）BT

BT 的"网络云"项目计划将其云平台扩展到英国 100 多个地区。这一计划将降低 BT 网络时延并使能新业务。这样一来，BT 云平台边界将延伸到城域之外，进而扩展到 BT 在英国运营的部分中心局点。截至 2020 年，BT 拥有近 1 200 个本地端局，它们可以作为第一汇集点。据报道，BT 计划在初期将平均时延从 30ms 降低到 20ms，中期目标是使平均时延低于 10ms，以此使能一组新的 5G 应用，如动态机器人和无人机业务。借助其新架构，BT 还可以通过多种访问技术提供服务[1]。

（4）Telefonica

MEC 是 Telefonica 总体网络演进战略的重要组成部分。作为 Unica 计划的一部分，Telefonica 正在完成其数据中心的虚拟化，当前重点工作为中心局点。Telefonica 围绕如何广泛部署边缘能力展开了一系列探讨，从长远来看，这可能反映市场的发展情况。Telefonica 正在为客户搭建现网试点，其中云游戏于 2019 年第二季度推出。利用其边缘能力，Telefonica 于 2020 年商用了 XR（eXtended Reality，扩展现实）内容。

2. 国内电信运营商

国内方面，三大电信运营商均认为，边缘计算发挥了 5G 优势，为行业和企业数字化转型提供了市场机会。三大电信运营商可通过网络切片来探索新的应用场景，以及发挥云、边缘、核心电信网络的集成优势，从而为运营商提供更广阔的发展空间。此外，向第三方开发者开放 5G 网络也是一种商业机会，在网络边缘孵化 5G 业务生态。因此，三大电信运营商逐渐开启边缘计算硬件采购。2019 年 9 月，中国移动率先进行边缘计算服务器采集。2020 年 5 月，中国联通宣布进行边缘服务器常态化招募，此次招募依据《中国联通边缘云服务器测试规范》对边缘云服务器进行测试。

在边缘计算的部署上，国内三大电信运营商预计分 3 步部署边缘计算，这也反映了 5G 网络逐步部署的态势以及行业和企业的数字化速度。

第一步（2018—2020 年）：实验网及定制化小规模部署。在这一步，边缘部署主要涉及专门的场景，旨在满足智慧港口、智慧园区和智能工厂的需求，边缘基础设施大多就近部署在现场。

第二步（2021—2023 年）：初具商用规模。随着中国电信运营商大规模部署 5G 网络，其对自动驾驶、体育赛事和游戏等边缘计算应用也将进行更多探索。边缘基础设施部署在基站汇聚点附近、区县 / 市区、区域数据中心等。

第三步（2024 年以后）：成为主流。随着 5G 技术的成熟，5G 设备成本的降低，以及移动行业和企业之间的协作加深，边缘计算部署的规模将逐渐扩大。自动驾驶和智能制造技术进一步发展，创造了更有利的环境，边缘部署的需求也随之增加。随着边缘计算部署规模的扩大，边缘计算的经济性以及效率都得到提高，市场接受度也随之提高 [2]。

在部署策略上，由于边缘计算与业务流程密切结合，运营商明确自身业务边界，在具体行业应用推广上，大力引入第三方专业厂商进行合作，共同部署、运营、管理边缘计算平台。2017 年 6 月，中国移动、中国电信、中国联通、浪潮等公司共同发布《OITT 定制服务器参考设计和行动计划书》，以形成深度定制、开放标准、统一规范的边缘服务器技术方案及原型产品。自 2018 年以来，中国联通在 20 个省市开展了 60 多个 MEC 试点项目。ECC 联盟数据显示，分布在 40 个城市的 100 多个 MEC 试点项目覆盖了多个行业和应用场景，包括智慧园区、智能制造、AR/VR、云游戏、智慧港口、智慧矿山、智慧交通，这充分证实了 MEC 发展的迅猛势头。

（1）中国移动

中国移动正在实施网络转型计划，以将人工智能、物联网、大数据、云和边缘计算等技术融入 5G 网络，实现连接与数字化服务的结合，提高定制服务能力。

技术方面，中国移动的电信云架构分为核心云和边缘云，覆盖了从核心集中到边缘分布的数据机房。根据业务需要，边缘云可以部署在地市、区县两级，甚至地区层级。为了结合 5G 网络，跨场景、跨行业开展边缘计算业务的试点，中国移动已经预留了上百个边缘计算节点，还发布了适配第三方边缘应用能力的边缘 IaaS 平台 BC-Edge、边缘 PaaS 平台 Sigma、面向 5G 和 MEC 的深度定制服务器 OTII 等产品。2019 年 2 月，中国移动发布《边缘计算技术白皮书》，规划了中国移动边缘计算技术系统，如图 3-10

所示。中国移动的边缘计算系统规划包含服务与应用（SaaS）、PaaS能力、IaaS设施、硬件设备、机房规划与升级、边缘网络演进等。边缘计算的PaaS、IaaS和硬件平台需要兼容两种应用生态系统，即公有云应用和原生边缘应用[3]。

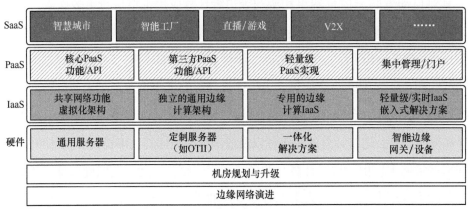

图3-10　中国移动边缘计算技术系统

产业合作方面，中国移动于2018年10月成立中国移动边缘计算开放实验室，致力于提供产业合作平台，凝聚各行业边缘计算的优势，促进边缘计算生态的繁荣发展。截至2019年8月，已有79家合作伙伴利用高清视频处理、AI、TSN（Time-Sensitive Networking，时间敏感网络）等新兴技术在CDN、智慧建造、智慧楼宇、云游戏、车联网等多个场景进行了15项实验床建设。中国移动物联网公司推出OneNET集中式云平台，支持汇聚多种网络环境和协议下物联网设备的数据。第三方应用程序和分析服务可通过一系列API和应用程序模板访问存储数据。许多增值服务功能允许将不同类型的服务集成到端到端解决方案中，其中包括应用于工业场景的OneNET Edge。OneNet Edge为企业客户提供大规模、低时延应用。物联网设备和应用可在本地实时监控和管理，实现实时决策，免受数据采集和存储位置的约束。

（2）中国联通

作为5G时代集约化、敏捷化、开放化战略的一部分，中国联通围绕"贴近用户、云化、连接、协同、计算、能力"的"6C"理念，推出"CUBE-Edge"智能边缘业务平台。1.0版本于2018年发布，后续升级到2.0版本，其架构如图3-11所示。CUBE-Edge业务平台包括硬件资源层、虚拟层和平台能力层，可为开发者提供灵活的平台能力和丰富的API接口，使其应用于各行各业。

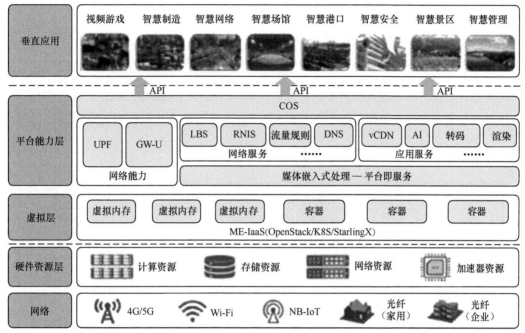

图3-11 CUBE-Edge 2.0架构

中国联通正在以DC为中心的全云化网络上构建MEC边缘云架构，实现边缘技术与云的融合。管理面集中部署，业务面下沉，与通信云融合。边缘云与公有云、私有云对接，实现云边协同。在部署架构上，中国联通MEC边缘云主要分为三大层级，分别为集团级中心节点、区域中心节点和边缘计算节点，如图3-12所示。

全网中心节点：在广东/河南部署集团级边缘业务运营平台，对接集团OSS（Operation Support Systems，操作支持系统）、BSS（Basic Service Set，基本服务集）、政企营销门户、NFVO（NFV Orchestrator，NFV编排器）、统一云管平台，对外提供开放接口供开发者及客户上传业务能力和应用。广东、河南运营平台之间实现应用同步，共同完成联通全网边缘业务应用的编排和管理。

区域中心/省会节点：区域中心/省会节点已在广东、上海、北京、浙江、福建、吉林、重庆等地部署，区域中心/省会节点目前还在持续地补充和完善，未来将扩展到全国。区域中心/省会节点是中国联通MEC业务孵化基地的核心，将部署MEPM（MEP Manager，移动边缘平台管理器）、MEP等系统或者网元。MEPM负责该节点区域/省内所有边缘计算节点的ME_ICT-IaaS虚拟化资源管理、MEP接入协同平台、节点业务管理等功能。MEP则可以为客户提供集中共享型业务。

本地核心节点/边缘计算节点：本地核心节点/边缘计算节点对应各个部署MEC地区的核心/汇聚/现场接入机房节点，节点内部署ME_ICT-IaaS、MEP、ME-VAS等，承载客户的具体业务应用。核心/汇聚节点一般承载布局类/共享型业务，现场接入节点则一般承载某个客户的专享型业务[4]。

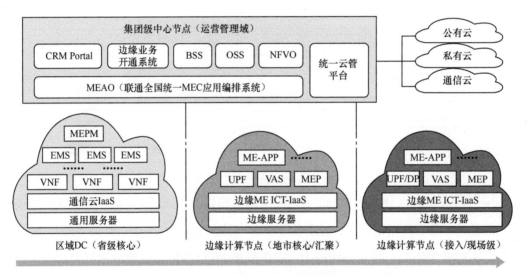

图3-12　中国联通MEC边缘云部署架构

"做大生态"是中国联通发展边缘云的计划。中国联通参与了从智能制造到智慧城市和港口等多个行业的边缘相关项目和举措，并与百度、腾讯、中兴通讯、英特尔等多家公司建立了边缘合作关系。2018年1月中国联通主导的"*IoT requirements for Edge computing*"国际标准项目成功立项，这是ITU-T在IoT领域的首个边缘计算项目。2018年6月，中国联通成立了中国联通边缘云创新实验室（目前已有超过150家生态合作伙伴），自主研发Cube-Edge的平台，同时在15个省市规模试点，包括智能安防、智能制造、智能交通等场景应用。

2019 年，中国联通联合吉利汽车研究院、华为共同打造了基于"5G+MEC 边缘云"的 V2X 智能驾驶应用，是业界首个基于 5G MEC 边缘云的智能驾驶示范标杆。吉利车路协同自动驾驶应用要求网络侧时延在 10ms 以内，具备高性能的边缘计算能力，实现车路协同自动驾驶的同时，能够实时进行远程监控和故障诊断处理。一期实测网络时延由 20ms 降至 8ms。

2019 年世界移动大会发布《中国联通 CUBE-Edge 2.0 及行业实践白皮书》。2020 年 3 月，中国联通联合产业合作伙伴推出 EdgePOD 边缘云解决方案，对硬件和软件进行了全面优化，在方案部署时间、快速实施应用入驻、边缘应用程序的构建和部署等方面进行了改进。

在边缘计算发展规划方面，如图 3-13 所示，中国联通提出的 MEC 边缘云演进路标主要分 4 个阶段，并计划在 2025 年实现 100% 云化部署。

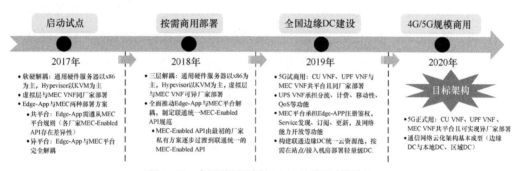

图 3-13 中国联通提出的 MEC 边缘云演进路标

（3）中国电信

云网一体化是中国电信在 5G 时代的重要战略支柱。中国电信正在建设新一代云网一体化操作系统，包括全云化 5G 核心网和边缘计算。

技术上，中国电信已规划将边缘计算应用于移动和固网业务。具体来讲，为缓解网络流量造成的回传压力，并保证固网和移动网用户体验一致，中国电信正在构建统一的MEC，通过利用现有固网资源的优势，实现固定和移动网络的边缘融合。2018 年，中国电信提出面向 FMC 的 MEC 架构，如图 3-14 所示。平台可以根据服务类型或需求，灵活地将流量分配到不同的网络，从而通过多网络共享边缘 CDN 资源提升用户体验，实现内容的智能分发。

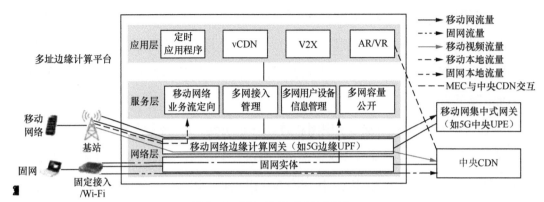

图 3-14 面向 FMC 的 MEC 架构

产业合作上,中国电信面向企业客户推出了全云化、全光纤化的 5G 云网一体化解决方案,大力推动边缘计算在各领域移动网络的发展,参与国际标准的制定,携手华为、中兴通讯、腾讯等开展研发和测试,并在石油、天然气、港口、媒体和娱乐等领域,进行试点和小规模部署。2020 年,中国电信投资建设边缘计算和网络切片平台,使其与云资源及 5G 网络充分融合,帮助有本地化需求的企业客户构建专用网络。

2020 年 6 月,中国电信同中兴通讯成功部署了国内首个城市级应用边缘计算节点,在车联网场景成功实践了云网融合,汇聚 5G、MEC 边缘云、云计算、云边协同、AI 技术,将路侧计算资源整体迁移到边缘云来优化路侧设备成本。下一步,中国电信将研究边缘计算节点的业务模型、节点多形态建设模式,充分挖掘中国电信综合接入局点资源。

另外,中国电信非常重视 MEC 在工业互联网中的应用。中国电信提出的 5G MEC 融合架构主要基于通用硬件平台,可以支持 MEC 功能、业务应用快速部署。同时支持用户面业务下沉、业务应用本地部署,实现用户面及业务的分布式、近距离、按需部署,还支持网络信息感知与开放,最后支持缓存与加速等服务及应用。

3.3.2 边缘计算运营和管理服务提供商

边缘计算可以看作 CDN 和云计算的结合,专业 CDN 厂商已经有大量分散的 CDN 节点资源和技术储备,在边缘计算领域有一定优势,因此在边缘计算领域布局进度很快,代表企业包括网宿科技、金山云等。

2018 年 6 月，北京邮电大学联合网宿科技共同发起并成立了"边缘计算与网络系统联合实验室"。2019 年 1 月，网宿科技与中国联通成立的边缘计算合资公司正式挂牌，在边缘计算建设和运营等领域取得实质性进展。技术上，网宿科技从远边缘、近边缘和最边缘 3 个层面推进边缘计算，远边缘主要基于现有 CDN 节点，构建边缘计算资源池；近边缘引入运营商合作资源，将计算节点下沉至城域网或者基站；最边缘基于客户业务现场，提供计算资源和应用服务支撑。从产品层面看，网宿科技推出了边缘计算平台，并结合容器等虚拟化技术，不断升级平台服务，面向家庭娱乐、云 VR/AR、车联网、智能制造等提供边缘计算服务。2020 年 2 月，网宿科技和中国联通合作成立云际智慧，7 月份与铁塔智联达成合作，近 195 万座铁塔将加速布局边缘计算节点。

金山云推出的容器云平台 KENC 可支持在边缘运行定义的容器镜像，将云端转码、游戏渲染等放在边缘来完成，真正实现热门场景下时延降低 50% 以上，显著缓解中央系统负载压力。除在边和端上布局边缘计算之外,在客户端上金山云联合小米发布了"1KM 边缘计算"解决方案,以"云 + 亿级终端"边缘计算模式将弱网互联,实现全网速度提升,并解决了网民上网时弱网丢包、上网劫持两大痛点。

3.4 下游

边缘计算产业链下游包括 OTT 厂商及一些智能终端和应用开发商。

3.4.1 OTT 厂商

OTT "头部"企业期望实现从中心云到边缘云的生态下沉，如 HBO、Netflix、CNBC 等利用边缘计算可以实现不依赖任何 CDN 提供商在边缘缓存内容，在网络边缘启动自定义微型缓存。Netflix 已经在亚马逊的 AWS 上进行了多年部署，同时进行 Netflix OpenConnect 计划，与 ISP 合作多年，将高流量内容托管在距离用户更近的地方，满足客户低时延需求的同时无须客户支付额外费用。对于 OTT 视频业务而言，OTT 厂商还可以利用电信边缘计算 PaaS 平台进行视频优化加速，同时获取用户身份信息、行为习惯信息等数据，以提供个性化交互式服务。

3.4.2　智能终端和应用开发商

智能终端和应用开发商位于边缘计算产业链下游，可基于电信运营商提供的 MEC 业务平台为终端用户提供软硬件服务，或者可同电信运营商合作，共同建设和运营边缘计算平台。

边缘计算下游应用不断拓展，带给智能终端和应用开发商巨大的发展潜力。例如，在智能制造领域，工厂可利用边缘计算智能网关采集本地数据，并对数据进行清洗过滤等，还可以统一接入碎片化的工业网络；在智慧城市领域，边缘计算主要应用于智慧楼宇、监控和物流方面，可现场采集和分析楼宇的各项参数，并提供预测性维护，可监控和预警冷链运输车辆和货物，并可实现毫秒级人脸识别、物体识别等智能图像分析；在游戏直播领域，边缘计算为 CDN 提供丰富的存储资源，同时可降低 AR/VR 终端设备的复杂度，降低产业成本；在车联网领域，将边缘计算应用于车联网可以减少数据传输的往返时间，降低时延，缓解中心云端的数据存储和计算压力，同时可在基站本地提供算力，支持处理和分析高精度地图的相关数据。智能应用开发商的代表企业有腾讯、海康威视等。

第 4 章
边缘计算和交通行业

4.1 交通行业的发展趋势

4.1.1 智能交通的发展趋势

ITS（Intelligent Traffic System，智能交通系统）又称智能运输系统（Intelligent Transportation System），通过将信息技术、计算机技术、通信技术、传感器技术、电子控制技术、自动控制理论、运筹学、人工智能等有效地综合运用于交通运输、服务控制和车辆制造，加强车辆、道路、使用者三者之间的联系，从而形成一种保障安全、提高效率、改善环境、节约能源的综合运输系统。智能交通系统的前身是 IVHS（Intelligent Vehicle Highway System，智能车辆道路系统）。

2018 年 2 月，中华人民共和国交通运输部（简称交通运输部）印发《交通运输部办公厅关于加快推进新一代国家交通控制网和智慧公路试点的通知》。在北京、河北、吉林、江苏、浙江、福建、江西、河南、广东等省（市）加快推进新一代国家交通控制网和智慧公路试点。试点主题包括 6 个方向。

基础设施数字化。应用三维可测实景技术、高精度地图等，实现公路设施数字化采集、管理与应用，构建公路设施资产动态管理系统；选取桥梁、隧道、边坡等，建设基础设施智能监测传感网，实现交通基础设施安全状态综合感知、分析及预警功能。北京、河北、河南、浙江重点实施。

路运一体化车路协同。基于高速公路路侧系统智能化升级和营运车辆路运一体化协同，利用 5G 或者拓展应用 5.8GHz 专用短程通信技术，提供极低时延宽带无线通信，探索路侧智能基站系统应用，选取有代表性的高速公路，以及北京冬奥会、雄安新区项目，开展车路信息交互、风险监测及预警、交通流监测分析等。北京、河北、广东重点实施。

北斗高精度定位综合应用。建设北斗高精度基础设施,实现北斗信号在示范路段(含隧道)的全覆盖,在灾害频发路段实施长期可靠的监测与预警;探索开展基于北斗高精度定位的高速公路通行费收费应用研究,强化技术储备。构建基于北斗的高速公路应急救援一体化管理系统,实现车辆人员的迅速定位与救援力量的动态调度和区域协同。江西、河北、广东重点实施。

基于大数据的路网综合管理。构建基于大数据的高速公路运营与服务智能化管理决策平台,应用在区域路网综合信息采集、运营调度、收费、资产运维养护、公众信息服务、应急指挥。利用无人机等移动手段,提高运行监测和应急反应能力。利用新媒体、公众信息报告等渠道,实现互动式现场信息采集。开展智能养护、路政和路网事件巡查智能终端示范,融合互联网数据和行业相关数据开展路网运行监测系统建设。福建、河南、浙江、江西重点实施。

"互联网+"路网综合服务。利用"互联网+"技术,探索基于车辆特征识别的不停车移动支付技术。开展基于移动互联网的服务区停车位和充电设施引导、预约等增值服务。探索开展高速公路动态充电示范,实现新能源汽车动/静态充电。开展低温条件下精准气象感知及预测,以及车路协同安全辅助服务等。吉林、广东重点实施。

新一代国家交通控制网。建设面向城市公共交通及复杂交通环境的安全辅助驾驶、车路协同等技术应用的封闭测试区和开放测试区,形成新一代国家交通控制网实体原型系统和应用示范基地。江苏、浙江先行研究推进。

2019年7月,交通运输部印发《数字交通发展规划纲要》指出,到2025年,交通运输基础设施和运载装备全要素、全周期的数字化升级迈出新步伐,数字化采集体系和网络化传输体系基本形成。交通运输成为北斗导航的民用主行业,第五代移动通信(5G)等公网和新一代卫星通信系统初步实现行业应用。交通运输大数据应用水平大幅提升,出行信息服务全程覆盖,物流服务平台化和一体化进入新阶段,行业治理和公共服务能力显著提升。交通与汽车、电子、软件、通信、互联网服务等产业深度融合,新业态和新技术应用保持世界先进水平。

到2035年,交通基础设施完成全要素、全周期数字化,"天地一体"的交通控制网基本形成，按需获取的即时出行服务广泛应用。我国成为数字交通领域国际标准的主要制定者或参与者，数字交通产业整体竞争能力全球领先。

2019 年 9 月，中共中央、国务院印发《交通强国建设纲要》指出，到 2020 年，完成决胜全面建成小康社会交通建设任务和"十三五"现代综合交通运输体系发展规划各项任务，为交通强国建设奠定坚实基础。

从 2021 年到 21 世纪中叶，分两个阶段推进交通强国建设。

到 2035 年，基本建成交通强国。现代化综合交通体系基本形成，人民满意度明显提高，支撑国家现代化建设能力显著增强；拥有发达的快速网、完善的干线网、广泛的基础网，城乡区域交通协调发展达到新高度；基本形成"全国 123 出行交通圈"（都市区 1 小时通勤、城市群 2 小时通达、全国主要城市 3 小时覆盖）和"全球 123 快货物流圈"（国内 1 天送达、周边国家 2 天送达、全球主要城市 3 天送达），旅客联程运输便捷顺畅，货物多式联运高效经济；智能、平安、绿色、共享交通发展水平明显提高，城市交通拥堵情况基本缓解，无障碍出行服务体系基本完善；交通科技创新体系基本建成，交通关键装备先进安全，人才队伍精良，市场环境优良；基本实现交通治理体系和治理能力现代化；交通国际竞争力和影响力显著提升。

到 21 世纪中叶，全面建成人民满意、保障有力、世界前列的交通强国。基础设施规模质量、技术装备、科技创新能力、智能化与绿色化水平位居世界前列，交通安全水平、治理能力、文明程度、国际竞争力及影响力达到国际先进水平，全面服务和保障社会主义现代化强国建设，人民享有美好交通服务。

中国 ITS 体系框架主要包括用户主体、服务主体、用户服务、系统功能、逻辑框架、物理框架、ITS 标准、经济技术评价等。用户主体定义谁将是被服务的对象，明确服务中的一方；服务主体定义谁将提供服务，明确服务中的另一方，它与用户主体和特定的用户服务组成了系统基本的运行方式；用户服务明确系统能提供什么样的服务；系统将服务转化成系统特定的目标；逻辑框架定义服务的组织化；物理框架定义服务具体提供措施；ITS 标准和经济技术评价定义其他影响评价的经济技术因素。

中国 ITS 体系框架（第二版）用户服务见表 4-1：用户服务包括 9 个服务领域、43 项服务、

179 项子服务等；逻辑框架包括 10 个功能领域、57 项功能、101 项子功能、406 个过程、161 张数据流图等；物理框架包括 10 个系统、38 个子系统、150 个系统模块、51 张物理架构图等。

表 4-1　中国 ITS 体系框架（第二版）用户服务

用户服务领域	用户服务
1. 交通管理	1.1 交通动态信息监测
	1.2 交通执法
	1.3 交通控制
	1.4 需求管理
	1.5 交通事件管理
	1.6 交通环境状况监测与控制
	1.7 勤务管理
	1.8 停车管理
	1.9 非机动车、行人通行管理
2. 电子收费	2. 电子收费
3. 交通信息服务	3.1 出行前信息服务
	3.2 行驶中驾驶员信息服务
	3.3 途中公共交通信息服务
	3.4 途中出行者其他信息服务
	3.5 路径诱导及导航
	3.6 个性化信息服务
4. 智能公路与安全辅助驾驶	4.1 智能公路与车辆信息收集
	4.2 安全辅助驾驶
	4.3 自动驾驶
	4.4 车队自动运行
5. 交通运输安全	5.1 紧急事件救援管理
	5.2 运输安全管理
	5.3 非机动车及行人安全管理
	5.4 交叉口安全管理
6. 运营管理	6.1 运政管理
	6.2 公交规划
	6.3 公交运营管理
	6.4 长途客运运营管理
	6.5 轨道交通运营管理
	6.6 出租车运营管理
	6.7 一般货物运输管理
	6.8 特种运输管理

续表

用户服务领域	用户服务
7. 综合运输	7.1 客货运联运管理
	7.2 旅客联运服务
	7.3 货物联运服务
8. 交通基础设施管理	8.1 交通基础设施维护
	8.2 路政管理
	8.3 施工区管理
9. ITS 数据管理	9.1 数据接人与存储
	9.2 数据融合与处理
	9.3 数据交换与共享
	9.4 数据应用支持
	9.5 数据安全

ITS 的基本功能表现在减少出行时间、保障交通安全、缓解交通拥挤、减少交通污染等 4 个方面，其最终目标是建立一个实时、准确、高效的交通运输管理系统。ITS 要经历不同的发展阶段，ITS 1.0 是信息化阶段，ITS 2.0 是网联化和协同化阶段，ITS 3.0 是自主交通阶段。

ITS 1.0 主要实现交通各个环节信息化，侧重信息技术应用，包括数据采集、处理、分析以及服务应用，以信息化和智能化的融合为重要支撑，实现智能化管理和服务。

ITS 2.0 主要实现人、车、路、环境的网联和协同，侧重新一代信息技术的深度融合，通过车路协同系统和综合交通运输系统实现协同服务、智能化管理和决策，以移动互联、数据驱动管理、服务创新、跨界融合，催生新的模式和服务内容。

ITS 3.0 主要实现人、车、路、物、环境等全要素的自主感知、自主决策和自主控制，通过人工智能技术应用、"交通大脑"实施，实现基础设施智能化、载运工具智能化，建设智能驾驶系统、交通复杂网络系统、交通社会物理系统，以及需求和偏好驱动的交通网络化、自调节系统，实现智能移动互联中人、车、路、物、环境等要素的综合优化。

ITS 的基本功能模块包括 ATIS（Advanced Traveler Information System，先进的出行者信息系统）、ATMS（Advanced Traffic Management System，先进的交通管理系统）、APTS（Advanced Public Transportation System，先进的公共交通

系统）、AVCS（Advanced Vehicle Control System，先进的车辆控制系统）、CVAS（Commercial Vehicle Administration System，商用车运营管理系统）、EMS（Emergency Management System，紧急救援系统），以及 ETC（Electronic Toll Collection，不停车收费系统）等。

ATIS 主要为交通出行者提供及时的信息服务，包括道路交通信息、公共交通信息、换乘信息、交通气象信息、停车场信息以及与出行相关的其他出行前信息、途中信息、目的地信息等；ATMS 主要是给交通管理者使用的，用于检测控制和管理公路交通，主要利用先进的通信、计算机、自动控制、视频监控等技术，使得交通工程规划、交通信号控制、交通检测、交通监控、交通事故的救援及信息系统有机地结合起来，通过计算机网络系统，实现对交通的实时控制与指挥管理；APTS 主要通过各种智能技术促进公共运输业的发展，使公交系统实现安全、便捷、经济、运量大的目标，具体包括公共车辆定位系统、客运量自动检测系统、行驶信息服务系统、自动调度系统、电子车票系统、响应需求型公共交通系统等；AVCS 主要是指智能汽车的研制，包括事故规避系统和监测调控系统等 [1]；CVAS 指以高速道路网和信息管理系统为基础，利用物流理论构建智能化的物流管理系统，综合利用卫星定位、地理信息系统、物流信息及网络技术有效组织货物运输，提高货运效率；EMS 的基础是 ATIS、ATMS 和有关的救援机构和设施，通过 ATIS 和 ATMS 使交通监控中心与职业的救援机构形成有机的整体，为道路使用者提供车辆故障现场紧急处置、拖车、现场救护、排除事故车辆等服务；ETC 通过安装在车辆挡风玻璃上的车载终端与在收费站 ETC 车道上的天线通信，利用计算机联网技术在银行后台进行结算处理，从而达到车辆通过路桥收费站不需停车而能交纳路桥费的目的，且所交纳的费用经过后台处理后清分给相关的收益业主。

打造 ITS，关键在于四大要素。

建设智能化基础设施，包括无线传感网、新型专用道路基础设施、专用车道、停车场、专门的封闭区域等。

建设智能网联设施，包括大容量基础通信系统、交通数据获取设施、专用无线通信设施、高精度定位系统、高精度地理信息系统等。

建设交通运行云平台，为交通控制系统或高速公路监控系统提供互操作的控制平台，提供态势监测与预警功能，为智能化运载工具和行人提供安全、高效的环境条件。

实现车辆行驶控制，构建车辆控制与服务系统，配备车辆智能化辅助装置、信息感知与控制装置、实现可信交互与自动操控、新一代虚拟显示和显示增强技术等。

4.1.2　智能网联的发展趋势

智能网联（车联网）是指汽车在传统 Camera/Radar/LiDAR 等基础上，通过车联网（V2X），包括车—车（V2V）通信，车—路边基础设施（V2I）通信、车—人（V2P）通信，以及车—网络 / 云端（V2N/V2C）通信，给 ADAS（Advanced Driving Assistance System，高级辅助驾驶系统）及自动驾驶系统带来显著价值。

根据美国高速公路安全管理局（NHTSA）统计数据，V2X 技术将为消费者提供安全、高效、便捷的优质服务。安全方面，中轻型车辆能避免 80% 的交通事故，重型车辆能避免 71% 的交通事故；效率方面，交通堵塞概率将减少 60%，短途运输效率将提高 70%，现有道路通行能力将提高 2 ～ 3 倍；便捷方面，停车次数可减少 30%，行车时间可降低 13% ～ 45%，油耗可降低 15%。

2017 年 9 月，由中华人民共和国工业和信息化部（简称工信部）、中华人民共和国国家发展和改革委员会（简称发改委）、中华人民共和国科学技术部（简称科技部）、交通运输部、中华人民共和国公安部（简称公安部）等 20 个部门和单位组建了国家制造强国建设领导小组车联网产业发展专项委员会，负责组织制定车联网发展规划、政策和措施，协调解决车联网发展重大问题，督促检查相关工作落实情况，统筹推进产业发展。

2018 年 12 月，工信部发布《车联网（智能网联汽车）产业发展行动计划》，明确到 2020 年，实现车联网（智能网联汽车）产业跨行业融合取得突破，具备高级别自动驾驶功能的智能网联汽车实现特定场景规模应用，车联网综合应用体系基本构建，用户渗透率大幅提高，智能道路基础设施水平明显提升，适应产业发展的政策法规、标准规范和安全保障体系初步建立，开放融合、创新发展的产业生态基本形成，满足人民群众多样化、个性化、不断升级的消费需求。

2020年2月,发改委、中共中央网络安全和信息化委员会办公室(简称中国网信办)、科技部、工信部、公安部、中华人民共和国财政部(简称财政部)、中华人民共和国自然资源部(简称自然资源部)、中华人民共和国住房和城乡建设部(住建部)、交通运输部、中华人民共和国商务部(简称商务部)、国家市场监督管理总局等11个国家部委联合出台《智能汽车创新发展战略》,提出到2025年,中国标准智能汽车的技术创新、产业生态、基础设施、法规标准、产品监管和网络安全体系基本形成。实现有条件自动驾驶的智能汽车达到规模化生产,实现高度自动驾驶的智能汽车在特定环境下市场化应用。智能交通系统和智慧城市相关设施建设取得积极进展,车用无线通信网络(LTE-V2X等)实现区域覆盖,新一代车用无线通信网络(NR V2X)在部分城市、高速公路逐步开展应用,高精度时空基准服务网络实现全覆盖。

展望2035到2050年,中国标准智能汽车体系全面建成、更加完善。安全、高效、绿色、文明的智能汽车强国愿景逐步实现,智能汽车充分满足人民日益增长的美好生活的需求。

重点完成六大关键任务:构建协同开放的智能汽车技术创新体系、构建跨界融合的智能汽车产业生态体系、构建先进完备的智能汽车基础设施体系、构建系统完善的智能汽车法规标准体系、构建科学规范的智能汽车产品监管体系、构建全面高效的智能汽车网络安全体系。

关于车联网,全球存在两大标准流派——DSRC(Dedicated Short Range Communications,专用短程通信技术)和C-V2X(Cellular-Vehicle-to-Everything,基于蜂窝技术的车联网通信)。DSRC标准由IEEE基于WI-FI制定,C-V2X由3GPP通过拓展通信LTE标准制定,并向5G演进。

C-V2X标准工作始于2015年,3GPP各工作组主要从业务需求、系统架构、安全研究和空口技术4个方面开展工作。3GPP C-V2X标准化工作分为3个阶段,如图4-1所示:第一阶段基于LTE技术满足LTE-V2X基本业务需求,对应LTE Rel-14;第二阶段基于LTE技术满足部分NR V2X增强业务需求(LTE-eV2X),对应LTE Rel-15;第三阶段基于5G NR(5G New Radio,5G新空口)技术实现全部或大部分NR V2X增强业务需求,对应5G NR Rel-16,Rel-17。

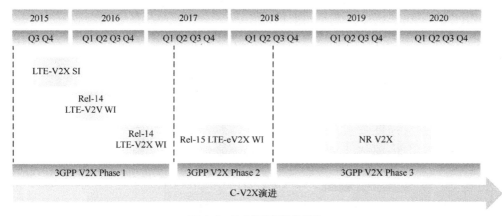

图 4-1　C-V2X 标准化工作

LTE-V2X 包含 LTE-D2D（点对点）的 PC5 接口和 LTE 蜂窝网络的 Uu 接口。其中 V2V、V2I、V2P 均通过 PC5 模式工作于专用频段；V2N/V2C 通过 Uu 模式工作于运营商蜂窝网络频段。PC5 接口称为 Sidelink（侧行链路或直通链路），Uu 接口包括 Uplink（上行链路）和 Downlink（下行链路）。LTE-V2X 的两种工作模式，如图 4-2 所示。

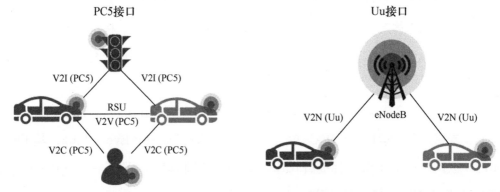

注：V2V、V2I、V2P 通过 PC5 接口，可以不依赖于运营商网络直接通信，使用 5.9GHz 频段；V2N 通过 Uu 接口借助运营商蜂窝网络通信。

图 4-2　LTE-V2X 的两种工作模式

车联网发展初期主要提供信息服务，如定位管理、基于用户行为的 UBI（Usage-based Insurance，基于使用量而定保费的保险）业务，以及面向 B 端的车队管理等。当前车联网将回归到出行需求上，为消费者解决安全问题和效率问题。未来，车联网将赋能自动驾驶，实现协同自动驾驶和单车自动驾驶。

3GPP 已经发布了对 LTE-V2X 定义的 27 种（3GPP TR 22.885）和对 NR V2X 定

义的 25 种（3GPP TR 22.886）应用场景。TR 22.885 定义的 27 种应用场景，如表 4-2 所示。这 27 种应用场景主要实现辅助驾驶功能，包括主动安全（如碰撞预警、紧急刹车等）、交通效率（如车速引导）、信息服务等方面。

表 4-2　TR 22.885 定义的 27 种应用场景 [2]

序号	应用场景
1	前向碰撞预警（Forward Collision Warning）
2	失控预警（Control Loss Warning）
3	V2V 紧急车辆预警（V2V for Emergency Vehicle Warning）
4	V2V 紧急制动（V2V Emergency Stop）
5	协同自适应巡航控制（Cooperative Adaptive Cruise Control）
6	V2I 紧急制动（V2I Emergency Stop）
7	队列预警（Queue Warning）
8	道路安全服务（Road Safety Services）
9	自动泊车系统（Automated Parking System）
10	错误路线驾驶预警（Wrong Way Driving Warning）
11	MNO 控制下的 V2X 消息传输（V2X Message Transfer Under MNO Control）
12	碰撞前感应预警（Pre-crash Sensing Warning）
13	网络覆盖范围以外区域的 V2X（V2X in Areas Outside Network Coverage）
14	通过基础设施提供 V2X 道路安全服务（V2X Road Safety Service via Infrastructure）
15	V2N 交通流优化（V2N Traffic Flow Optimisation）
16	弯道速度预警（Curve Speed Warning）
17	行人碰撞预警（Warning to Pedestrian against Pedestrian Collision）
18	弱势行人保护（Vulnerable Road User Safety）
19	UE 类型 RSU V2X（V2X by UE-type RSU）
20	最小 QoS V2X（V2X Minimum QoS）
21	漫游时 V2X 接入（for V2X access when roaming）
22	通过 V2P 感知信息确保行人道路安全（Pedestrian Road Safety via V2P Awareness Messages）
23	混合用途交通管理（Mixed Use Traffic Management）
24	提高交通参与者的定位精度（Enhancing Positional Precision for Traffic Participants）
25	V2V 通信环境中的隐私（Privacy in the V2V Communication Environment）
26	道路交通参与者和相关方 V2N（V2N to Provide Overview to Road Traffic Participants and Interested Parties）
27	远程诊断和及时维修通知（Remote Diagnosis and Just in Time Repair Notification）

整合各种典型用例，对 LTE-V2X 有表 4-3 所示的技术需求。

表 4-3　LTE-V2X 技术需求[2]

场景	有效范围（m）	绝对移动速度（km/h）	相对移动速度（km/h）	最大时延（ms）	单次传输成功率（%）	2 次传输成功率（%）
郊区	200	50	100	100	90	99
限速高速公路	320	160	280	100	80	96
不限速高速公路	320	280	280	100	80	96
城区	150	50	100	100	90	99
城区交叉路口	50	50	100	100	95	—
校园 / 商业区	50	30	30	100	90	99
碰撞前	20	80	160	20	95	—

而 TR 22.886 主要实现自动驾驶功能，包括车辆编队、高级驾驶、扩展传感器、远程驾驶四大类功能，加上基础功能，共涉及 25 种应用场景[3]，如表 4-4 所示。

车辆编队:实现多辆车自动编队行驶。编队中的所有车辆接收头车周期性发出的数据，以便进行编队操作。车辆之间的信息交互，可以使车辆之间的间距非常小（例如几米甚至几十厘米），从而降低后车的油耗。此外编队行驶还可帮助后车实现跟随式的自动驾驶。

高级驾驶：实现半自动或全自动驾驶。每辆车或 RSU（Road Side Unit，路侧单元）将其通过传感器获得的数据共享给周边车辆，从而允许车辆调整它们的运动轨迹或操作。此外,每辆车都与周边车辆共享其驾驶意图。这个功能可以提高驾驶安全性,提高交通效率。

扩展传感器：实现本地传感器采集的数据或实时视频数据在车辆、RSU、行人设备和 V2X 应用服务器之间的交换。这些数据的交互等效于扩展车辆传感器的探测范围，从而使车辆增强对自身环境的感知能力，并使车辆对周边情况有更全面的了解。

远程驾驶：实现驾驶员或驾驶程序远程驾驶车辆。该功能可用于乘客无法驾驶车辆、车辆处于危险环境等本地驾驶条件受限的情况，也可用于公共运输等行驶轨迹相对固定的场景。

表 4-4 TR 22.886 定义的 25 种应用场景 [3]

应用场景大类	序号	应用场景
车辆编队 （Platooning）	5.1	eV2X 支持车辆编队（eV2X Support for Vehicle Platooning）
	5.2	编队信息交互（Information Exchange within Platoon）
	5.5	短距离分组的自动协同驾驶（Automated Cooperative Driving for Short Distance Grouping）
	5.12	有限自动编队的信息共享（Information Sharing for Limited Automated Platooning）
	5.13	完全自动编队的信息共享（Information Sharing for Full Automated Platooning）
	5.17	改变驾驶模式（Changing Driving-Mode）
高级驾驶 （Advanced Driving）	5.9	协同避碰（Cooperative Collision Avoidance）
	5.10	有限自动驾驶的信息共享（Information Sharing for Limited Automated Driving）
	5.11	安全自动驾驶的信息共享（Information Sharing for Full Automated Driving）
	5.20	紧急轨迹对准（Emergency Trajectory Alignment）
	5.22	面向城市驾驶的交叉口安全信息提供（Intersection Safety Information Provisioning for Urban Driving）
	5.23	自动驾驶车辆协同换道（Cooperative Lane Change of Automated Vehicles）
	5.25	V2X 场景的 3D 视频合成（3D Video Composition for V2X Scenario）
远程驾驶 （Remote Driving）	5.4	eV2X 支持远程驾驶（eV2X Support for Remote Driving）
	5.21	遥控支持（Teleoperated Support）
扩展传感器 （Extended Sensor）	5.3	汽车：传感器和状态图共享（Automotive：Sensor and State Map Sharing）
	5.6	集体环境感知（Collective Perception of Environment）
	5.16	用于自动驾驶的视频数据共享（Video Data Sharing for Automated Driving）
基础功能 （General Function）	5.7	不同 3GPP RATS 车辆通信（Communication between Vehicles of Different 3GPP RATs）
	5.8	多 PLMN 环境（Multi-PLMN Environment）
	5.15	多 RAT 用例（Use case on Multi-RAT）
	5.19	5G 覆盖范围之外用例（Use Case out of 5G Coverage）
	5.14	动态驾驶共享（Dynamic Ride Sharing）
	5.18	通过车辆绑定（Tethering via Vehicle）
	5.24	电子控制单元安全软件升级方案（Proposal for Secure Software Update for Electronic Control Unit）

整合各种典型应用场景，对 NR V2X 有表 4-5 所示的技术需求。

表 4-5　NR V2X 技术需求 [3]

场景	有效通信距离（m）	最大时延（ms）	单次传输成功率（%）	传输速率（Mbit/s）	负载（B）
车辆编队	5～10s×最快相对速度	10～25	90～99.99	50～65	50～1 200 最大：6 500
高级驾驶	5～10s×最快相对速度	V2V：3～10 V2I：100	99.99～99.999	UL（上行）：50	最大：6 500
扩展传感器	50～1 000	3～100	99.999	1 000	—
远程驾驶	—	5	90～99.999	UL（上行）：25 DL（下行）：1	—

中国已基本完成 LTE-V2X 相关接入层、网络层、消息层和安全等核心技术标准的制定，标准体系初步形成，如表 4-6 所示。为了推动 LTE-V2X 标准在汽车、交通、公安、通信行业的应用，一方面需要推进 LTE-V2X 标准升级为国标，便于跨行业采用；另一方面在汽车、交通、公安行业，开展功能要求和系统技术要求等上层标准制定。其中包括将《基于 LTE 的车联网无线通信技术网络层技术要求》《基于 LTE 的车联网无线通信技术消息层技术要求》《基于 LTE 的车联网无线通信技术安全认证技术要求》《基于 LTE 的车联网无线通信技术安全证书管理系统技术要求》《基于 LTE-V2X 直连通信的路侧单元系统技术要求》《面向 LTE-V2X 的多接入边缘计算业务架构和总体需求》《面向 CV2X 的多接入边缘计算服务能力开放和接口技术要求》升级为国标；制定《十字交叉路口预警、车辆编队行驶等功能应用》等行标和国标。

表 4-6　中国 LTE-V2X 标准体系

分类	标准名称	标准类别	标准组织	转升国标建议组织
总体	基于 LTE 的车联网无线通信技术总体技术要求	行标、国标	CCSA	全国通信标准化技术委员会

分类	标准名称	标准类别	标准组织	转升国标建议组织
接入层	基于 LTE 的车联网无线通信技术空口技术要求	行标、国标	CCSA	全国通信标准化技术委员会
网络层	基于 LTE 的车联网无线通信技术网络层技术要求	团标、行标、国标 *	C-ITS、CCSA	全国通信标准化技术委员会
消息层	基于 LTE 的车联网无线通信技术消息层技术要求	团标、行标、国标 *	C-ITS、SAE-C、CCSA	全国通信标准化技术委员会
安全	基于 LTE 的车联网无线通信技术安全技术要求	行标、国标 *	CCSA	全国通信标准化技术委员会
	基于 LTE 的车联网无线通信技术安全证书管理系统技术要求	行标、国标 *	CCSA	全国通信标准化技术委员会
应用（系统）	基于 LTE-V2X 直连通信的车载信息交互系统技术要求	团标、国标	SAE-C、C-ITS、SAC/TC114	全国汽车标准化技术委员会
	基于 LTE-V2X 直连通信的路侧单元系统技术要求	团标、国标 *	SAE-C、C-ITS	交通部 / 公安部
	面向 LTE-V2X 的多接入边缘计算业务架构和总体需求	行标、国标 *	CCSA	全国通信标准化技术委员会
	面向 LTE-V2X 的多接入边缘计算服务能力开放和接口技术要求	行标、国标 *	CCSA	全国通信标准化技术委员会
功能应用	十字交叉路口预警、车辆编队行驶等功能应用	行标 *、国标 *	全国汽车标准化技术委员会 / 交通部 / 公安部	全国汽车标准化技术委员会 / 交通部 / 公安部

注：＊表示计划推动的内容

全国汽车标准化技术委员会 T/CSAE 53-2017 应用列表中定义的 17 种典型车联网应用层标准包括 12 种安全类业务、4 种效率类业务、1 种信息服务类业务，如表 4-7 所示。

表 4-7 全国汽车标准化技术委员会 T/CSAE 53-2017 应用列表 [4]

序号	类别	通信模式	应用名称	频率(Hz)	最大时延(ms)	定位精度(m)	通信范围(m)	特点	适用通信技术
1	安全	V2V	前向碰撞预警	10	100	1.5	300	低时延、高频率	LTE-V/DSRC/5G
2		V2V/V2I	交叉路口碰撞预警	10	100	5	150	低时延、高频率	LTE-V/DSRC/5G
3		V2V/V2I	左转辅助	10	100	5	150	低时延、高频率	LTE-V/DSRC/5G
4		V2V	盲区预警/变道辅助	10	100	1.5	150	低时延、高频率	LTE-V/DSRC/5G
5		V2V	逆向超车碰撞预警	10	100	1.5	300	低时延、高频率	LTE-V/DSRC/5G
6		V2V-Event	紧急制动预警	10	100	1.5	150	低时延、高频率	LTE-V/DSRC/5G
7		V2V-Event	异常车辆提醒	10	100	5	150	低时延、高频率	LTE-V/DSRC/5G
8		V2V-Event	车辆失控预警	10	100	5	300	低时延、高频率	LTE-V/DSRC/5G
9		V2I	道路危险状况提示	10	100	5	300	低时延、高频率	LTE-V/DSRC/5G
10		V2I	限速预警	1	500	5	300	高时延、低频率	4G/LTE-V/DSRC/5G
11		V2I	闯红灯预警	10	100	1.5	150	低时延、高频率	LTE-V/DSRC/5G
12		V2P/V2I	弱势交通参与者预警	10	100	5	150	低时延、高频率	LTE-V/DSRC/5G
13	效率	V2I	绿波带车速引导	2	200	1.5	150	高时延、低频率	4G/LTE-V/DSRC/5G
14		V2I	车内标牌	1	500	5	150	高时延、低频率	4G/LTE-V/DSRC/5G
15		V2I	前方拥堵提醒	1	500	5	150	高时延、低频率	4G/LTE-V/DSRC/5G
16		V2V	紧急车辆提醒	10	100	5	300	低时延、高频率	LTE-V/DSRC/5G
17	信息服务	V2I	汽车近场支付	1	500	5	150	高时延、低频率	4G/LTE-V/DSRC/5G

　　DAY-II 业务场景包括 12 种典型车联网应用层标准,DAY-II 应用列表如表 4-8 所示。

表 4-8　DAY-II 应用列表 [5]

DAY-II 应用名称	通信模式	触发方式	场景分类
感知数据共享	V2V/V2I	Event	安全
协作式变道	V2V/V2I	Event	安全
协作式车辆汇入	V2I	Event	安全 / 效率
协作式交叉口通行	V2I	Event/Period	安全 / 效率
差分数据服务	V2I	Period	信息服务
动态车道管理	V2I	Event/Period	效率 / 交通管理
协作式优先车辆通行	V2I	Event	效率
场站路径引导服务	V2I	Event/Period	信息服务
浮动车数据采集	V2I	Period/Event	交通管理
弱势交通参与者安全通行	P2X	Period	安全
协作式车辆编队管理	V2V	Event/Period	高级智能驾驶
道路收费服务	V2I	Event/Period	效率 / 信息服务

C-V2X 不仅实现车路协同，还将实现"人—车—路—网—云"多维高度协同，涉及智能融合感知路侧基础设施、从 4G 到 5G 技术演进、MEC 实现云边协同、高精地图和定位、安全等各类共性技术。

C-V2X 的路侧基础设施包括 RSU、蜂窝基站（LTE 或者 5G 基站）、路侧智能设施（包括摄像头、毫米波雷达、少量激光雷达、环境感知设备，以及智能红绿灯、智能化标志标识等）、MEC/ 多接入边缘计算设备等，如图 4-3 所示。对车端，路侧基础设施可以同时接收车辆发来的各类信息，如红绿灯信息、摄像头信息、雷达信息、环境信息等。对云端，路侧基础设施可以向云传递各类信息，并接收各类信息 [6]。

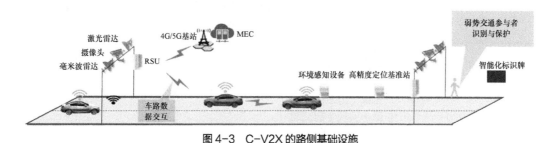

图 4-3　C-V2X 的路侧基础设施

5G 的大带宽、广连接、高可靠、低时延特性将赋予 C–V2X 更强的能力。例如，未来自动驾驶汽车需要通过网络实时传输汽车导航信息、位置信息以及汽车各个传感器的数据到云端或其他车辆终端。每辆车每秒传输的数据量可达 1GB，以便实时掌握车辆运行状态，现有 4G 网络无法满足这样的要求，需要 5G 网络来支持。

又例如，普通人踩刹车反应时间约 0.4s，自动驾驶汽车在 5G 场景下的刹车反应时间有望不到 1ms。对于自动驾驶汽车而言，假设汽车行驶速度为 60km/h，60ms 时延的制动距离为 1m，10ms 时延的制动距离约为 17cm，而 1ms 的 5G 时延的制动距离仅约为 17mm。也就意味着，在 5G 时代才有可能实现基于车联网控制的自动驾驶。

4.1.3　智慧道路的发展趋势

截至 2019 年，中国公路总里程已达 501.25 万千米、高速公路里程达 14.96 万千米、农村公路里程达 420.05 万千米，居世界第一。

与自动驾驶汽车有业界相对统一的分级标准相比，目前为止智能网联道路还没有相对统一的标准。ERTRAC（European Road Transport Research Advisory Council，欧洲道路运输研究咨询委员会）在 INFRAMIX 项目和 ITS WorldCongress 2018 Paper by AAE and ASFINAG 发布了 ISAD（Infrastructure Support levels for Automated Driving，自动驾驶的基础设施支持级别），如表 4–9 所示。

表 4–9　ERTRAC 发布自动驾驶的基础设施支持级别

分类	分级	名称	描述	可提供给自动驾驶车辆的数字化信息			
				具有静态道路标识的数字化地图	可变信息交通标志牌、告警、事故、天气	微观交通情况	导航：速度、间距、车道建议
数字化基础设施	A	协同驾驶	基于车辆移动的实时信息，基础设施可以引导自动驾驶车辆（单车或者编队）实现全局交通流优化	●	●	●	●

分类	分级	名称	描述	可提供给自动驾驶车辆的数字化信息			
				具有静态道路标识的数字化地图	可变信息交通标志牌、告警、事故、天气	微观交通情况	导航：速度、间距、车道建议
数字化基础设施	B	协同感知	基础设施可以感知微观交通情况，并实时提供给自动驾驶车辆	●	●	●	
	C	动态数字化信息	所有动态和静态基础设施信息可以以数字化形式获取并提供给自动驾驶车辆	●	●		
传统基础设施	D	静态数字化信息/地图支持	可获取包括静态道路标识的数字化地图数据。地图数据可以通过物理参考点（地标标识）补充。而交通信号灯、短期道路工程和可变信息交通标志牌需要自动驾驶车辆识别	●			
	E	传统基础设施/不支持自动驾驶	无数字化信息的传统基础设施。自动驾驶车辆需要识别道路几何和道路标识				

注：●代表可提供该项数字化信息。

　　E 级别最低，无数字化信息，不支持自动驾驶的传统基础设施，完全依赖于自动驾驶车辆本身；D 级别支持静态道路标识在内的静态数字化信息，而交通信号灯、短期道路工程和可变信息交通标志牌需要自动驾驶车辆识别；C 级别支持静态和动态基础设施信息，包括可变信息交通标志牌、告警、事故、天气等；B 级别支持协同感知，即可感知微观交通情况；A 级别支持协同驾驶，数字化基础设施可以引导自动驾驶车辆的速度、间距，并提出车道建议。

　　2019 年 9 月 21 日，中国公路学会自动驾驶工作委员会、自动驾驶标准化工作委员会发布了《智能网联道路系统分级定义与解读报告》(征求意见稿)[7]。报告从交通基础设施系统的信息化、智能化、自动化角度出发,结合应用场景、混合交通、主动安全系统等情况,把交通基础设施系统分为 I0 级(无信息化 / 无智能化 / 无自动化),完全依赖于自动驾驶车辆本身;I1 级(初步数字化 / 初步智能化 / 初步自动化),基础设施可以完成低精度感知及初级预测,为单个自动驾驶车辆提供自动驾驶所需的静态和动态信息;I2 级(部分网联化 / 部分智能化 / 部分自动化),基础设施系统依托 I2X 通信,为车辆提供横向和纵向控制的建议或指令,同时车辆向道路反馈其最新规划决策信息;I3 级(基于交通基础设施的有条件自动驾驶和高度网联化),可以在包括专用车道的主要道路上实现有条件自动驾驶,遇到特殊情况,需要驾驶员接管车辆进行控制;I4 级(基于交通基础设施的高度自动驾驶),可以在特定场景 / 区域实现高度自动驾驶,遇到特殊情况,由交通基础设施系统进行控制,不需要驾驶员接管;I5 级(基于交通基础设施的完全自动化驾驶),交通基础设施可以实现所有自动驾驶车辆在所有场景下完全感知、预测、决策、控制、通信等功能,实现完全自动驾驶。交通基础设施系统分级要素对比如表 4-10 所示。

表 4-10　交通基础设施系统分级要素对比 [7]

分级	信息化(数字化 / 网联化)	智能化	自动化	服务对象
I0	无	无	无	驾驶员
I1	初步	初步	初步	驾驶员 / 车辆
I2	部分	部分	部分	驾驶员 / 车辆
I3	高度	有条件	有条件	驾驶员 / 车辆
I4	完全	高度	高度	车辆
I5	完全	完全	完全	车辆

道路分级需要考虑"感知—决策—控制"3 方面,智能网联道路分级原则探讨,如图 4-4 所示。其中感知需要解决的是道路基础设施的数字化、网联化和协同化。数字化方面,静态基础设施信息(静态道路标志等)和动态基础设施信息(交通信号灯信息、可变信息交通标志牌、道路交通事故、道路施工信息、天气信息等)实现数字化;网联化方面,基础设施系统依托 I2X(I2V、I2I、I2P)通信能力,实现道路基础设施数字化信息和车辆、行人、其他道路基础设施之间的互联互通;协同化方面,道路基础设施

数字化信息之间，以及车辆、行人、其他道路基础设施的数字化信息之间，相互融合，实现协同化感知，如摄像头数据和毫米波雷达数据、激光雷达数据进行数据转换、数据关联和融合计算等。

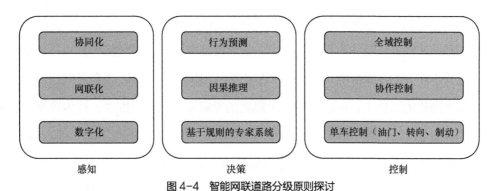

图4-4 智能网联道路分级原则探讨

决策按照层级分为基于规则的专家系统、因果推理和行为预测。基于规则的专家系统中，知识库和规则执行组件是核心模块，可针对特定场景进行精准分析和决策；由于实际道路和自动驾驶车辆情况错综复杂，根本无法穷举，因此提出基于因果推理的决策机制，例如基于增强学习的决策框架，目标是实现基于复杂场景的实时决策；行为预测是实现自动驾驶最具挑战性的课题之一，即基于道路基础设施和自动驾驶车辆，去理解并预测周围道路参与者的行为，目标是实现超前决策。

控制按照层级分为单车控制、协作控制和全域控制。单车控制主要实现的是油门、转向和制动控制。线控油门（电子油门）系统相对简单，由 ESP（Electronic Stability Program，车身电子稳定系统）中的 ECU（Electronic Control Unit，电子控制单元）来控制电机，进而控制进气门开合幅度，最终控制车速；线控转向系统是通过给助力电机发送电信号指令，从而实现对转向系统的控制；车辆制动系统经历了从真空液压制动（HPB）到电控和液压结合（EHB），到新能源汽车阶段逐步转向纯电控制的机械制动（EMB）和更智能化的线控制动。

协作控制主要实现的是多车协同控制。例如，主车在行驶过程中需要变道，将行驶意图发送给相关车道的其他车辆和 RSU，其他车辆进行加减速动作或者由路侧基础设施根据主车请求统一协调，使得车辆能够顺利完成换道动作。

全域控制主要实现的是对所有交通参与者的全路段、全天候、全场景的自主控制。

按照道路的感知、决策和控制能力，可以将智能网联道路分为不同的等级，如表 4-11 所示。I0 级无感知、决策和控制能力，完全依赖于自动驾驶车辆本身；I1 级基础设施完成数字化和网联化；I2 级基础设施完成数字化、网联化和协同化，同时可以实现基于规则的专家系统决策，以及单车控制；I3 级在基础设施数字化、网联化和协同化的基础上，可以实现基于规则的专家系统、因果推理的决策，以及单车控制；I4 级在基础设施数字化、网联化和协同化的基础上，可以实现基于规则的专家系统、因果推理、行为预测的决策，以及单车控制和协作控制；I5 级在基础设施数字化、网联化和协同化的基础上，可以实现基于规则的专家系统、因果推理、行为预测的决策，以及单车控制、协作控制和全域控制，交通基础设施可以实现所有自动驾驶车辆在所有场景下完全感知、预测、决策、控制、通信等功能，实现完全自动驾驶 [6]。

表 4-11　智能网联道路分级原则探讨 [6]

	感知	决策	控制
I0	无	无	无
I1	数字化、网联化	无	无
I2	数字化、网联化、协同化	基于规则的专家系统	单车控制
I3	数字化、网联化、协同化	基于规则的专家系统、因果推理	单车控制
I4	数字化、网联化、协同化	基于规则的专家系统、因果推理、行为预测	单车控制、协作控制
I5	数字化、网联化、协同化	基于规则的专家系统、因果推理、行为预测	单车控制、协作控制、全域控制

智能网联道路设施按照部署位置可分为中心端设施、路端设施两类。中心端设施主要包括自动驾驶监测与服务中心、高精度地图等；路端设施主要包括定位设施、通信设施、交通标志标线、交通控制与诱导设施、交通感知设施、路侧计算设施、供能与照明设施等。网络安全软硬件设施在中心端与路端均应部署 [8]。公路工程适应自动驾驶附属设施主要部署位置与基本功能，如表 4-12 所示。

表4-12 公路工程适应自动驾驶附属设施主要部署位置与基本功能 [8]

部署位置	附属设施类别	适应自动驾驶的基本功能
中心端	自动驾驶监测与服务中心	汇聚、处理、管理所辖公路的自动驾驶及其服务相关信息
	高精度地图	存储所辖公路的交通静态数据与动态数据
路端	定位设施	为自动驾驶车辆提供定位信息
	通信设施	完成自动驾驶车辆与路侧设施之间、路侧设施与自动驾驶监测、服务中心之间的信息交换
	交通标志标线	为自动驾驶车辆明示公路的交通禁止、限制、遵行状况，告知道路状况和交通状况信息
	交通控制与诱导设施	向自动驾驶车辆发布交通控制与诱导信息
	交通感知设施	采集公路交通运行状态、交通事件、道路气象环境、基础设施状态等信息
	路侧计算设施	完成自动驾驶相关信息的收集和现场快速处理
	供能与照明设施	为自动驾驶车辆和相关附属设施提供所需的能源供给和所需的照明环境
路端和中心端	网络安全软硬件设施	保护自动驾驶车辆在与附属设施之间、附属设施相互之间的信息交换的过程中，相关系统的硬件、软件、数据不被破坏、更改和泄露

4.1.4 自动驾驶的发展趋势

2015年，"汽车新四化"概念被正式提出，指的是电动化、网联化、智能化、共享化。电动化指的是新能源动力系统领域；网联化指的是车联网布局；智能化指的是自动驾驶或者辅助驾驶子系统；共享化指的是汽车共享与移动出行。

电动化紧跟政策导向，市场份额取得飞跃性增长：中国电动车（含纯电动和插电混动）年销量占全球2019年1～5月总销量的56%，是同期第二大市场美国总销量的4倍左右。过去5年，中国电动车市场的增速遥遥领先于美国和欧洲主要国家市场。其中，国内的本土品牌更是占据超过40%的市场份额。

车企与互联网企业合力推动汽车智能网联：中国汽车消费者对互联功能十分看重，对其的关注度远高于德国、美国等国家汽车消费者。有69%的中国汽车消费者表示，愿意为了更好的车联网体验而更改购车品牌，这一比例远高于德国的 19% 和美国的 34%。

L2 智能化逐渐成熟，各界"玩家"纷纷押宝 L3 以上的自动驾驶汽车：中国汽车市场智能化步入 L2 成熟应用阶段，主流品牌均推出相应产品。同时，主机厂、科技公司和出行服务商均在积极投入 L3 以上的自动驾驶汽车的研发。部分领先企业已经加入了全球竞争行列，并在美国加利福尼亚州路试中取得不错的成绩。自智能网联汽车被列入整体产业规划的蓝图后，有关部门相继出台政策积极落实，多个地方政府陆续开放路试。

共享出行市场发展迅速，大体形成了"一超多强"的局面：2018 年，全国网约车的总订单量在 100 亿单左右；以每单 20 元计算，其市场规模已经达到了 2 000 亿元人民币。滴滴作为中国的代表加入了全球共享出行"头部玩家"的行列。

按照中国汽车工业协会公布的数据，2019 年，我国汽车累计产销量分别为 2 572.1 万辆和 2 576.9 万辆，同比分别下滑 7.5% 和 8.2%。2019 年，乘用车产销量分别为 2 136 万辆和 2 144.4 万辆，同比分别下降 9.2% 和 9.6%，占汽车产销量的比重分别达到 83% 和 83.2%，分别低于上年产销量比重 3.4 和 1.2 个百分点。

2019 年，新能源汽车产销量分别为 124.2 万辆和 120.6 万辆，同比分别下降 2.3% 和 4.0%。其中纯电动汽车生产了 102 万辆，同比增长 3.4%，销售了 97.2 万辆，同比下降 1.2%；插电式混合动力汽车产销量分别为 22.0 万辆和 23.2 万辆，同比分别下降 22.5% 和 14.5%；燃料电池汽车产销量分别为 2833 辆和 2737 辆，同比分别增长 85.5% 和 79.2%。

自动驾驶可能让中国汽车行业驶入发展"超车道"。从"机器人出租车 Robotaxi"到自动驾驶卡车，自动驾驶车辆将改变道路驾驶的性质，并在此过程中引发汽车和出行领域的巨大变革。

麦肯锡的研究表明，在未来某个时间点，自动驾驶技术有可能占据中国汽车市场的大部分份额。例如，用于出行服务的车辆（如 Robotaxi）的自动驾驶技术采用率将高达 62%，其次是高档私家车（51%）和普通私家车（38%）。由于自动驾驶技术的车辆利用率上升（接近全天候运营）且人工成本较低（无司机），出行服务将获益。出于同样的原因，城市公交车和商用车的自动驾驶技术采用率将分别达到 69% 和 67%。

自动驾驶汽车可能导致出行市场的很大一部分价值从产品（购买汽车）转向服务（按里程支付交通费用）。这种 MaaS（Mobility as a Service，出行即服务）转型意味着未来的汽车销量、商业模式、企业能力都将发生巨大变化。麦肯锡认为，高级自动驾驶汽车（SAE 定义 L4 及以上）10 年内将在中国得到大规模部署。

随着软件和数据成为制造和操控汽车的基本差异化因素，上述变化将改写整个出行领域的"游戏规则"。因此，出行领域将成为汽车、交通、软件、硬件和数据服务等行业融合的基础。

自动驾驶时代，车厂角色将重新定义。未来汽车可能被分为两类，一类是私有汽车，另一类是移动服务汽车。传统的汽车制造商将逐步向移动出行服务商转型，为用户提供一站式出行服务。从用户的角度来看，相对于私有汽车的模式，转向移动出行服务，可以充分利用路上的时间做自己的事；从车厂的角度来看，商业模式将从产权交易转向使用权交易，即不再是"一锤子买卖"的整车销售，而是类似手机流量套餐一样，对用户的出行服务进行按需收费。从广义来看，未来出行服务需要具备三大要素：移动平台（车）、自动驾驶技术、用户服务入口。其中，自动驾驶技术将是关键技术，可以大幅度地降低出行服务平台最大的运营成本（司机的工资），直接决定车企转型移动出行服务商的盈利潜力。

汽车自动驾驶技术分级标准主要包括由美国国家公路安全管理局（NHTSA）提出的 L0 无自动（No-Automation）驾驶功能、L1 单一功能（Function-Specific Auto-mation）辅助驾驶、L2 多功能协同（Combined Function Automation）辅助驾驶、L3 有限自动驾驶（Limited Self-Driving Automation）、L4 完全自动驾驶（Full Self-Driv-ing Automation），以及 SAE（Society of Automotive Engineers，美国汽车工程师协会）提出的 L0 无自动（No-Automation）驾驶功能、L1 驾驶员辅助（Driver Assistance）、L2 部分自动（Partial Automation）驾驶、L3 有限自动（Condition Automation）驾驶、L4 高度自动（High Automation）驾驶、L5 完全自动（Full Automation）驾驶。其中

L0～L2 由驾驶员负责：L0 需要驾驶员眼、手、脚并用，L1 驾驶员可以脱脚，L2 驾驶员可以脱手。L3～L5 由自动驾转系统负责：L3 驾驶员可以脱眼，L4 驾驶员可以脱脑，L5 完全无须驾驶员，如表 4-13 所示。

表 4-13　NHTSA 和 SAE 自动驾驶分类体系

自动驾驶分级		名称	定义	驾驶操作	周边监控	接管	应用场景
NHTSA	SAE						
L0	L0	人工驾驶	由人类驾驶员全权驾驶汽车	人类驾驶员	人类驾驶员	人类驾驶员	无
L1	L1	辅助驾驶	车辆可以执行方向盘和加减速中的一项操作，人类驾驶员负责其余的驾驶操作	人类驾驶员和车辆	人类驾驶员	人类驾驶员	
L2	L2	部分自动驾驶	车辆可以执行方向盘和加减速中的多项操作，人类驾驶员负责其余的驾驶操作	车辆	人类驾驶员	人类驾驶员	限定场景
L3	L3	条件自动驾驶	由车辆完成绝大部分驾驶操作，人类驾驶员需保持注意力集中，以备不时之需	车辆	车辆	人类驾驶员	
L4	L4	高度自动驾驶	由车辆完成所有驾驶操作，人类驾驶员无须保持注意力，但限定道路和环境条件	车辆	车辆	车辆	
	L5	完全自动驾驶	由车辆完成所有驾驶操作，人类驾驶员无须保持注意力	车辆	车辆	车辆	所有场景

2020 年 3 月，工信部官网公示了《汽车驾驶自动化分级》推荐性国家标准报批稿，拟于 2021 年 1 月 1 日开始实施[9]。该标准自 2017 年启动预研至今，由汽标委组织牵头，

长安、中国汽车技术研究中心有限公司（简称中汽研）、广汽、东风、吉利、宝马、福特、大众等相关单位共同参与起草与修改。

该标准主要基于如下 5 个要素对驾驶自动化等级进行划分：

① 驾驶自动化系统是否持续执行动态驾驶任务中的车辆纵向或横向运动控制；

② 驾驶自动化系统是否同时持续执行动态驾驶任务中的车辆纵向和横向运动控制；

③ 驾驶自动化系统是否持续执行动态驾驶任务中的目标和事件探测与响应；

④ 驾驶自动化系统是否执行动态驾驶任务接管；

⑤ 驾驶自动化系统是否存在设计运行条件，即部分工况或全工况。

《汽车驾驶自动化分级》将驾驶自动化分为 0 ～ 5 共 6 个等级。驾驶自动化等级与划分要素的关系如表 4-14 所示。

0 级驾驶自动化（应急辅助）：驾驶自动化系统不能持续执行动态驾驶任务中的车辆横向或纵向运动控制，但具备持续执行动态驾驶任务中的部分目标和事件探测与响应的能力。

1 级驾驶自动化（部分驾驶辅助）：驾驶自动化系统在其设计运行条件内持续地执行动态驾驶任务中的车辆横向或纵向运动控制，且具备与所执行的车辆横向或纵向运动控制相适应的部分目标和事件探测与响应的能力。

2 级驾驶自动化（组合驾驶辅助）：驾驶自动化系统在其设计运行条件内持续地执行动态驾驶任务中的车辆横向和纵向运动控制，且具备与所执行的车辆横向和纵向运动控制相适应的部分目标和事件探测与响应的能力。

3 级驾驶自动化（有条件自动驾驶）：驾驶自动化系统在其设计运行条件内持续地执行全部动态驾驶任务。

4 级驾驶自动化（高度自动驾驶）：驾驶自动化系统在其设计运行条件内持续地执行全部动态驾驶任务和执行动态驾驶任务接管。

5 级驾驶自动化（完全自动驾驶）：驾驶自动化系统在任何可行驶条件下持续地执行全部动态驾驶任务和执行动态驾驶任务接管。

表 4-14 驾驶自动化等级与划分要素的关系[9]

分级	名称	车辆横向和纵向运动控制	目标和事件探测与响应	动态驾驶任务接管	设计运行条件
0 级	应急辅助	驾驶员	驾驶员及系统	驾驶员	有限制
1 级	部分驾驶辅助	驾驶员及系统	驾驶员及系统	驾驶员	有限制
2 级	组合驾驶辅助	系统	驾驶员及系统	驾驶员	有限制
3 级	有条件自动驾驶	系统	系统	动态驾驶任务接管用户（接管后成为驾驶员）	有限制
4 级	高度自动驾驶	系统	系统	系统	有限制
5 级	完全自动驾驶	系统	系统	系统	无限制

总体而言，SAE 分级与《汽车驾驶自动化分级》相似度非常高，同样将自动驾驶分为 L0 ～ L5 6 个等级。但《汽车驾驶自动化分级》在技术细节上，与 SAE 的分级有所差异。首先是 L0 级的范围认定上，SAE 很直接地将其定义为完全没有机器参与的人工驾驶。《汽车驾驶自动化分级》则将 L0 驾驶自动化称为应急辅助，定义是不持续执行车辆横向或纵向运动控制，但执行部分目标和事件的探测与响应。即 0 级驾驶自动化不是无驾驶自动化，0 级驾驶自动化可感知环境，并提供报警、辅助或短暂介入以辅助驾驶员（如车道偏离预警、前碰撞预警、自动紧急制动等安全辅助功能）。

另外，《汽车驾驶自动化分级》引入了"远程驾驶员"的定义，这在 SAE 分级中是没有的。"远程驾驶员"的定义是，不在可以手动直接操作车辆制动、加速、转向和换挡等操纵装置的驾驶座位上，仍可以实时操纵车辆的驾驶员。远程驾驶员可以是车内的用户、车辆在其视野范围内的用户或车辆在其视野范围外的用户。这个定义的重要意义在于，承认基于 5G 网络的远程驾驶也在自动驾驶分级的考量范畴内。驾驶自动化系统激活用户的角色如表 4-15 所示。

表 4-15 驾驶自动化系统激活用户的角色[9]

分级 / 状态	驾驶自动化系统激活					
	0 级	1 级	2 级	3 级	4 级	5 级
在驾驶座位的用户	传统驾驶员			动态驾驶任务接管用户	乘客	
不在驾驶座位的用户	远程驾驶员				调度员	

自动驾驶方面，目前主流车企正从 L2/L2.5 迈向 L3，陆续推出 L3 量产车型，并逐步向 L4/L5 演进。自动驾驶初创公司绝大部分直接切入 L4/L5。

从单车智能的角度狭义地理解，自动驾驶技术的本质就是用机器视角模拟人类驾驶员的行为，其技术框架可以分为 3 层：感知层、决策层和执行层。

感知层解决的是"我在哪""周边环境如何"的问题。感知层传感器是自动驾驶车辆所有数据的输入源。根据不同的目标功能，自动驾驶汽车搭载的传感器类型一般分为两类——环境感知传感器和车辆运动传感器。环境感知传感器主要包括摄像头、毫米波雷达、超声波传感器、激光雷达以及 GPS& 惯导组合等。环境感知传感器类似于人的视觉和听觉，帮助自动驾驶车辆做外部环境的建模，定位感兴趣的和重要的对象，例如汽车、行人、道路标识、动物和道路拐弯等。环境感知传感器的技术方案主要可以分为视觉主导和激光雷达主导。视觉主导的方案：摄像头（主导）+ 毫米波雷达 + 超声波雷达 + 低成本激光雷达，典型的代表是特斯拉。特斯拉创始人马斯克坚持在其方案中不加入激光雷达；激光雷达主导的方案：低成本激光雷达（主导）+ 毫米波雷达 + 超声波传感器 + 摄像头，典型的代表是 Google Waymo。车辆运动传感器（高精度定位模块）主要包括 GNSS（Global Navigation Satellite System，全球导航卫星系统）、IMU（Inertial Measurement Unit，惯性测量装置）、速度传感器等，提供车辆的位置、速度、姿态等信息。高精度地图和定位是实现自动驾驶的关键能力之一，是对自动驾驶传感器的有效补充。

决策层则要判断"周边环境接下来要发生什么变化""我该怎么做"。L4/L5 自动驾驶决策层主要依靠 AI 算法、深度学习等技术，为车辆提供驾驶行为决策，例如，场景中到底发生了什么、移动物体在哪里、预计的动作是什么、汽车应该采取哪些修正措施、是否需要制动或是否需要转入另一条车道以确保安全？处理器是汽车的大脑，车载计算平台包括芯片、显卡、硬盘、内存等。一般 L2 需要的计算力小于 10TOPS，L3 需要的计算力为 30 ～ 60TOPS，L4 需要的计算力大于 100TOPS，L5 需要的计算力为 500 ～ 1 000TOPS。

执行层则偏机械控制，将机器的决策转换为实际的车辆行为。它可能选择制动、加速或转向更安全的路径。

根据上述技术框架，自动驾驶技术实现的基本原理是：首先感知层的各类硬件传感器捕捉车辆的位置信息以及外部环境（行人、车辆）信息；然后决策层的"大脑"（计算平台＋算法）基于感知层输入的信息进行环境建模（预判行人、车辆的行为），形成对全局的理解并做出决策，发出车辆执行的信号指令（加速、超车、减速、刹车等）；最后执行层将决策层的信号转换为汽车的动作行为（转向、刹车、加速等）。

而实现自动驾驶 L4/L5 时，存在仅仅依靠单车智能无法解决的场景，如前方大车遮挡住红绿灯、大车遮挡"鬼探头"、前方几公里外交通事故超视距预知等。这些场景中面临的问题，依靠车联网技术可以较好地解决。

另外，仅仅依靠单车智能虽然能够较好地满足一些场景需求，但依然存在长尾效应。长尾效应是指 99% 的力量用于解决 1% 的问题。例如，依靠单车视觉识别交叉路口红绿灯信息，由于存在树木遮挡、强光效应、极端天气等因素，无法做到 100% 准确。对于这样存在自动驾驶长尾效应的场景，可以利用车联网的车路协同技术共同解决。

自动驾驶如果仅仅依靠单车智能，需要依托于多传感器融合，以及视觉、雷达、激光雷达、高精度地图和定位等技术，同时对车载算力要求极高。而采用车联网技术将有效降低实现 L4/L5 自动驾驶的汽车端成本压力，可以省掉激光雷达或者大幅度降低激光雷达规格，以及高精度地图采集成本，对车载算力的要求也会降低。

以上 3 方面因素，意味着 5G 车联网是实现 L4/L5 自动驾驶的必要条件之一。这也是为什么网联自动驾驶，即网联＋自动驾驶是自动驾驶发展的重点方向之一。

网联自动驾驶汽车包括自动驾驶模块（决策层，高精度地图和定位，毫米波雷达、激光雷达、视觉等传感器，以及处理器等）、车载终端和通信网络（前装 T-BOX 和后装 OBD 等）等。网联自动驾驶汽车简介如图 4-5 所示。

L1 主要依靠摄像头和算法芯片，L2 主要依靠摄像头和毫米波雷达等，L3 和 L4 引入激光雷达、高精度地图和智能网联。未来的汽车不仅是数据发送和接收方，还是计算节点，更是数据分享节点 [6]。

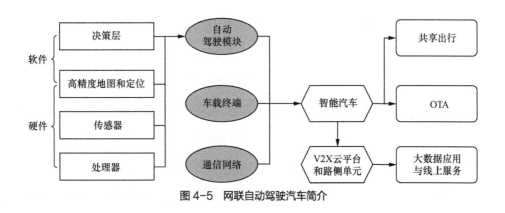

图4-5 网联自动驾驶汽车简介

4.2 交通行业边缘计算现状

4.2.1 智能网联边缘计算现状

对于车辆之间的直连通信，主要的通信需求是在有限的范围内，即几百米范围内，通过 V2V 的 PC5 接口通信技术实现百毫秒级的时延。但是 PC5 受限于传输距离和传输带宽，所以承载的消息主要是预警类信息（包括碰撞预警、信号灯导引等辅助类信息），数据量很小（小于 1KB），通信的频率在 1 ～ 10Hz。但是当车的渗透率增大时，特别在道路拥塞的情况下，车辆之间的直连通信很可能受到频谱的阻塞，另外在恶劣天气下直连通信的传输距离和传输可靠性都有很大的限制，保持或者扩大原有的通信距离都是需要传统广域网络辅助的。而这种通信数据都是只在本地范围内有效的，MEC 的出现恰恰可以在不过多改造通信网络的情况下完成数据长距离的可靠传输。另外，C-V2X 中至关重要的安全应用所需要的实时计算、存储、控制、加速等资源和能力，从现有的基站和终端上皆无法获得；而从云平台获取这些资源和能力的时延急剧增加，无法达到 C-V2X 应用的低时延和带宽要求。因此，一方面，需要对相应资源和能力进行重新部署，另一方面，需要对基站和终端等的功能模块进行适当划分，对终端和基站进行相关参数和接口的定义。通过支持应用在靠近车辆的位置部署，C-V2X 应用中产生的巨大流量和网络负担将可以在本地被卸载，从而减少对信息传输的时延和对网络带宽的需求。

对于未来整个智能交通的发展,更加关键的是扩展智能交通业务的场景支持,最终实现自动驾驶、系统级交通控制,从而提高整个交通系统的效率,实现智能化交通。例如,在对时延要求很严格的自动驾驶和传感器共享场景中,最低的时延要求达到了 3ms,在对带宽要求很高的传感器共享场景中,最高的带宽要求达到了 1Gbit/s。在这种低时延、大带宽的要求下,支持把应用部署到网络边缘的 MEC 相关技术成为最佳的候选。

MEC 通常部署三级计算体系实现 C-V2X 云边协同,车联网三级计算体系如图 4-6 所示。云计算中心具备全局交通环境感知及优化、多级计算能力调度、应用多级动态部署、跨区域业务及数据管理等计算能力;区域中心具备区域交通环境感知及优化、边缘协同计算调度、多源数据融合分析、区域数据开放等计算能力;边缘具备全景感知图构建、边缘信息感知分析、高实时性交通场景等计算能力。MEC 将与车联网深度融合,为车辆或行人提供低时延、高性能的服务,构建云边协同应用场景。

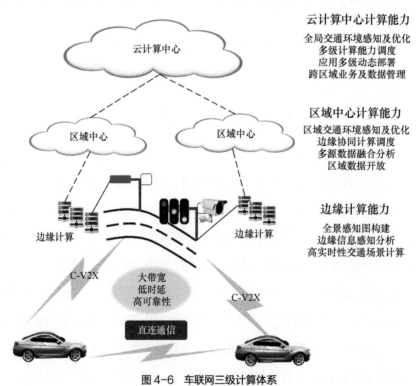

图 4-6 车联网三级计算体系

MEC 接收来自路侧感知单元(雷达、视频、交通信号、智慧锥桶、环境信息、RFID

信号等）、车载单元和 V2X/ 区域 MEC 等的信息，并对其进行分析、检测、跟踪与识别等处理，将处理后的消息发送给 RSU，RSU 通过 Uu 接口或者 PC5 接口发送给车载单元。

区域 MEC 是车路协同区域管理与服务中心，接收来自路侧边缘 MEC 和云计算中心 V2X 平台的信息，对其进行综合分析和处理，并及时地将处理结果与路侧边缘 MEC 和云计算中心 V2X 平台交互。

MEC 系统功能如图 4-7 所示，其提供各类综合信息的存储能力，并与区域 MEC 或者云计算中心 V2X 平台交互[10]。

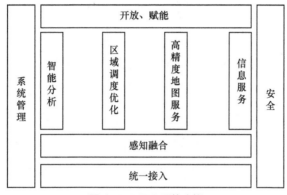

图 4-7 MEC 系统功能

统一接入用于实现对 OBU（On Board Unit，车载单元）、RSU（Road Side Unit，路侧单元）、感知单元、云计算中心 V2X 平台和 MEC 等网元信息的接入与适配。通常要求路侧 MEC 接入其他公路附属设施的数量在 16 个以内，区域 MEC 接入其他公路附属设施的数量为 16 ～ 100 个，云计算中心 V2X 平台接入其他公路附属设施的数量在 100 个以上。

感知融合用于获取本区域人、车、路、环境和车联网系统信息，对区域形成全面感知，实现综合信息汇聚与存储。通常路侧 MEC 能够同时支持的雷达和不低于 2 路高清视频处理；本地检测数据能够连续存储 168 小时；支持 12TB 存储容量，16 路 1080p@4Mb 码流视频缓存 7 天，8 路 1080p@4Mb 码流视频缓存 30 天。

智能分析是指利用大数据分析和人工智能算法，实现多维数据智能分析，形成区域内的提示、告警、决策、预测、规划、根本原因分析等各种服务信息。

区域调度优化是指根据终端业务请求，区域车辆密度、道路拥堵严重程度、拥堵节点位置以及车辆目标位置等信息，对路况进行分析和统一调度，对车辆开展导航调度优化，改善拥堵状况，实现区域范围内车辆协同、车辆编队行驶等功能。

高精度地图服务。MEC 存储动态高精度地图信息，为 OBU 提供区域实时高精度地图服务，减少由云端服务带来的时延；结合路侧和车辆实时信息，在发现高精度地图存在偏差时，更新该区域高精度地图状态，为 OBU 提供更准确的实时高精度地图服务；同时将更新后的高精度地图信息发送给区域 MEC 和云计算中心 V2X 平台。例如，通过在路侧 MEC 上部署新增算法，对新类别的交通事件进行检测和识别，并将识别结果与地图数据匹配，然后通过 RSU 将匹配结果发送给指定区域的自动驾驶车辆。

信息服务。MEC 可通过本区域/路口智能分析、调度优化、高精度地图、V2X 平台通知等提供信息服务。MEC 可提供实时交通信号灯提示、实时交通拥堵状态、气象环境信息、交通事故状况、车流量、实时交通管制信息、事故高发路段提示、异常告警等；可为车辆提供音/视频等多媒体休闲娱乐信息服务、区域性商旅餐饮等信息服务；车辆在线诊断服务。信息通过 RSU 转发给车载单元，也可由车载单元主动获取。

系统管理用于实现系统设备管理、业务配置、区域事件管理、区域事件定向分发等车路协同综合管理服务，并实现对各网元综合监控、异常告警与在线升级更新/固件升级等服务。MEC 应具备以下故障管理功能：设备自检功能，即自动检测设备状态和故障并上报自动驾驶监测与服务中心；系统资源监测与告警功能，即当 CPU 计算资源、存储空间等重要设备资源不足时，自动向自动驾驶监测与服务中心发出报警信息；路侧计算设施应根据实际情况对关键的算法或软件功能的运行状态或数据进行监测，在软件运行异常或数据超出规定阈值后向自动驾驶监测与服务中心发出报警信息。

安全是指系统运行中产生大量的数据，这些数据涉及系统安全与个人隐私保护，需要从技术和管理上做好防护，保障车联网健康发展。

开放、赋能是指将 MEC 能力封装提供给授权的第三方，由第三方开发特色服务。

实现 MEC 涉及雷达与视频信息融合技术、多维信息融合技术、MEC 主机实现技术、及时区域高精度地图服务技术等[10]。

雷达与视频信息融合技术：雷达和视频是路侧最主要的感知单元，雷达和视频具有很好的互补性，一般需要同时部署。雷达能准确地感知速度与位置信息，但目标分辨能力不足；视觉能准确感知目标（人、车辆属性、非机动车、事件等），但无法准确感知位置和速度信息。实现雷达和视频的融合需要将两个不同视野下的目标对齐，将两个传感器对准同一目标，即实现同一目标的融合，这样就可准确识别和计算目标和目标的位置、速度，这也是自动驾驶的关键技术。路侧与自动驾驶部署和实现目标不同，自动驾驶以自身为中心进行感知和识别，而路侧需要感知全景和中远距离，目标更多，且传感器的融合难度更高，特别是多传感器融合和信息重建。不同场景差异大，技术和工程实施都存在难点，需要针对性研究和实现，业界尚无完全成熟的解决方案。雷达与视频信息融合技术是路侧感知最关键的技术趋势之一，需要解决的问题包括保持双方目标的一致性，检测、跟踪与识别，功耗和散热，降低成本等。

多维信息融合技术：除雷达和视频信息外，MEC 还接收路侧的红绿灯等交通信号、来自 V2X 云服务平台的信息或者相邻 MEC 的信息、车载终端的信息，并进行综合的信息处理。信息融合将以车联网业务为中心。

MEC 主机技术：MEC 路侧的硬件平台如何选择，采用 "CPU+GPU"、FPGA 还是 AI 芯片？路侧 MEC 散热是关键，采用 GPU 需要配置风扇，对环境要求高，需要保证在路侧长期稳定运行；FPGA 成本低、功耗低，对研发团队的技术要求高；采用 AI 芯片功耗和灵活性都有保证，成本相对合理，该方案可能会成为主流。

及时区域高精度地图服务技术：路侧 MEC 与路侧感知单元协作实时感知路侧的整体状况，将信息与高精度地图服务商结合，提供实时的高精度地图服务，并与 V2X 平台的高精度地图服务保持同步，车载终端将从路侧 MEC 获得更及时的高精度地图服务。

4.2.2　基于 MEC 的 C-V2X 整体架构

3GPP 在 TS 23.285 中定义了 4G 蜂窝网络支持 V2X 应用的改造架构，在蜂窝网络原有的架构中增加了 V2X 应用服务器、V2X CF（Control Function，控制功能）、V2X 应用等网元 / 功能。在此基础上引入关键 5G 核心网网元和 MEC，形成了图 4-8 所示的基于 MEC 的 C-V2X 整体架构。其中，UMTS、E-UTRAN、MME、S/P-GW、HSS 等 4G 网元功能，将演变为 5GNR、AMF、SMF、UPF、UDM 的 5G 架构，而 V2X 应用服务器将成为 5G 体系中的 AF（Application Function，应用程序功能）。该功能可以位于运营商网络，也可以位于第三方的域。同样，随着 5G 核心网络设计的不断进步，V2X CF 将集成到架构中。

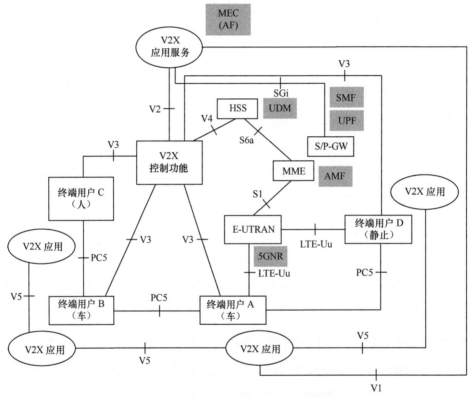

图 4-8 基于 MEC 的 C-V2X 整体架构

3GPP 定义的蜂窝网络中与 C-V2X 通信相关的接口说明如表 4-16 所示。

表 4-16 与 C-V2X 通信相关的接口说明

接口	说明
V1	UE 中的 V2X 应用和 V2X 应用服务器中的 V2X 应用之间的接口
V2	运营商网络中的 V2X 应用服务器和 V2X CF 之间的接口。其中 V2X 应用服务器可能连接到多个 PLMN

接口	说明
V3	在该 UE 对应的 HPLMN 中，UE 和 V2X CF 之间的接口。基于 TS 23.303 的 5.2 节定义的业务授权和业务提供功能。V3 接口可用于 PC5 接口和 LTE-Uu 接口的 V2X 通信，还可用于 MBMS 和 LTE-Uu 接口的 V2X 通信
V4	运营商网络中的 HSS 和 V2X CF 之间的接口
V5	各 UE 的 V2X 应用间的接口 3GPP 未定义该接口的具体内容
V6	UE 对应的 HPLMN 的 V2X CF 和 VPLMN 的 V2X CF 之间的接口
PC5	支持 V2X 业务的 ProSe 直接通信的 UE 之间的接口
LTE-Uu	UE 和 E-UTRAN 之间的接口
S1	运营商网络中的 E-UTRAN 和 MME 之间的接口
S6a	运营商网络中的 MME 和 HSS 之间的接口
SGi	运营商网络中的 V2X 应用服务器和 S/P-GW 之间的接口

从网络部署角度讲，C-V2X 可支持的工作场景既包括蜂窝网络覆盖的场景，也包括没有蜂窝网络覆盖的场景。当支持 C-V2X 的终端设备（如车载终端、智能手机、路侧单元等）处于蜂窝网络覆盖的区域内时，可在蜂窝网络的控制下使用 Uu 接口和／或 PC5 接口进行 V2X 通信；当设备处于无网络覆盖的区域时，则主要使用基于 C-V2X 的 PC5 接口进行 V2X 通信。通过添加 V2X CF 逻辑实体，为用户车载设备提供必要的参数进行 V2X 通信。

MEC 支持多接入技术，其部署既可以和 4G 网络结合，也可以在 5G 部署后与 5G NR 边缘计算节点结合。针对具备超低时延、超高可靠性传输需求的 C-V2X 业务（如自动驾驶、实时高清地图下载等），引入 MEC 技术后，计算能力从核心网侧下沉到更加贴近用户的接入侧，大幅度降低了服务响应时延。该技术的特点是接近无线设备，支持超低时延和高带宽、位置感知，实时访问网络和上下文信息。MEC 在架构中的角色定位更接近 AF，提供强大的计算平台，使得应用服务，包括 V2X 应用可以部署在其中。

为了进一步降低端到端通信时延，提供结合地理信息的本地车联网服务，网络中通过引入 MEC 实现在本地部署更具特色的服务。例如，MEC 的服务器端应用可以直接从车辆和路面传感器的应用程序中获取本地消息，通过算法分析后识别其中需要近乎实时传输的高风险数据和敏感信息，并将预警消息直接下发至该区域的其他车辆，使得附近汽车可以在 20ms 内接收预警，驾驶员将有更多时间反应并处理突发情况，如躲避危险、减速行驶或改变线路等。服务器端应用也可以快速通知在附近其他 MEC 服务器上运行的应用程序，使危险告警传播到更广泛的区域，便于驾驶员提前决策，降低道路拥堵的可能。

4.2.3 面向 LTE-V2X 的 MEC 业务架构

面向 LTE-V2X 的 MEC 业务可基于灵活的网络架构实现。面向 LTE-V2X 的 MEC 业务架构，如图 4-9 所示。

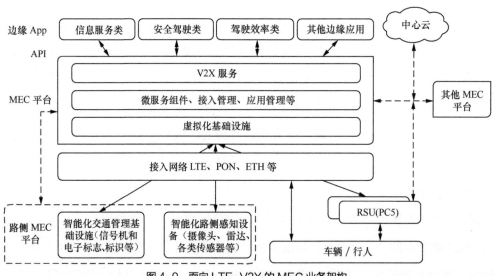

图 4-9 面向 LTE-V2X 的 MEC 业务架构

可采用多种 LTE-V2X OBU、RSU 及摄像头、雷达等其他路侧智能化设备接入网络或 MEC 平台的方式，即各类型终端可以选择通过 Uu 或 PC5 接口接入 LTE-V2X 网络进而接入 MEC 平台，或通过其他合理的接入技术直接接入 MEC 平台；可灵活部署 MEC 平台，即 MEC 平台可以部署在 RSU 后，或部署在 eNB 节点后，抑或部署在其他合理的位置；可灵活配置网络中 MEC 平台的层级数目，即网络中可部署多级 MEC 平台，下级 MEC 平台可作为上级 MEC 平台的接入端,且当网络中存在多层级 MEC 平台时,不限制上下级 MEC 平台之间的网络连接方式;MEC 平台分为 3 层,包括虚拟化基础设施,微服务组件、接入管理、应用管理以及 V2X 服务等。其中,V2X 服务提供统一的 V2X 综合服务以及多种其他服务等;网络中所有 MEC 平台应提供 LTE-V2X 边缘应用的运行环境。

当 MEC 平台位于 LTE 或 5G 网络内时,终端可通过 Uu 接口接入 LTE 或 5G 网络,进而接入 MEC 平台,该类 MEC 平台称为 Uu 型 MEC。Uu 型 MEC 的组网部署策略需根据业务的时延要求和业务属性,以及运营商的实际网络部署来决定。图 4-10 所示的部署位置包括基站、接入环、汇聚环和核心层。不同的部署位置会存在不同的组网部署方案。

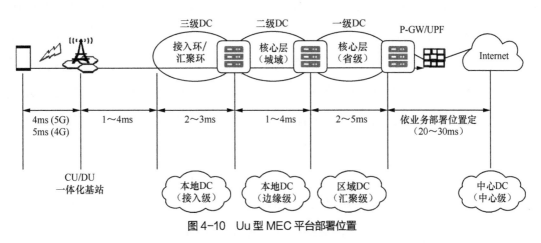

图 4-10 Uu 型 MEC 平台部署位置

当组网部署在基站时,覆盖范围有限,单用户成本较高,但是此时时延是最低的,只需要对基站进行软件升级来使能 MEC 所需要的数据平面功能,如 4G 本地分流网关或 5G-UPF;当组网部署在接入环时,覆盖用户数有了一定提升,节省了传输带宽,但是实际服务的用户仍然较少,这种部署方式成本较高,同时针对机房改造较大;当部署在汇聚环和传输核心层时,覆盖用户数较多,这种方式实现成本较低,同时时延较前两种略有增加。

对于 5G 网络移动增强宽带场景,MEC 的部署位置不应高于地市级。考虑到 5G 网络，UPF 极有可能下沉至地市级（控制面依然在省级），此时 MEC 可以和 5G 网络下沉的 UPF 合设，以满足 5G 网络增强移动宽带场景对于业务 10ms 的时延要求。然而对于超低时延、高可靠场景 1ms 的极低时延要求，由于空口传输已经消耗 0.5ms，所以未给回传留下任何时间。可以理解为，针对 1ms 的极端低时延要求，直接将 MEC 功能部署在 5G 网络接入 CU 或者 CU/DU 一体化的基站上，将传统的多跳网络转化为一跳网络，完全消除传输引入的时延。同时，考虑到业务应用的处理时延，1ms 的极端时延要求对应的应该是终端用户和 MEC 业务应用间的单向业务。

对于 LTE 网络，3GPP 要求空口单向时延小于 5ms，即当 MEC 部署于基站时，业务可能获得小于 5ms 的单向时延。以空口单向时延 5ms 作为基准，并结合图 4-10 所示的运营商传输网络架构及其对应的时延参考值，可简单推算到，当 MEC 部署于接入环 / 汇聚环上的接入级本地 DC 时，业务单向时延为 8～12ms；当 MEC 部署于城域核心的边缘级本地 DC 时，业务单向时延为 9～16ms；而部署于省级核心的汇聚级区域 DC 时，业务单向时延为 11～21ms。需要说明的是，3GPP 空口单向时延 5ms 的要求是在特定条件下获得的理论值，在实际网络的数据传输过程中，业务传输时延还会受到调度、重传等底层处理的影响，从而导致空口可体验的时延大于 5ms，其经验值为10～15ms。

当 MEC 平台与 LTE 网络相对独立时，终端可通过 PC5 接口接入 RSU，进而接入 MEC 平台，或通过其他合理的接入技术直接接入 MEC 平台。该类 MEC 平台称为 PC5 型 MEC。基于 PC5 型 MEC 平台支持灵活的网络架构。PC5 型 MEC 平台部署位置如图 4-11 所示。

PC5 型 MEC 平台可选择与 PC5 型 RSU 或路侧智能设备集中部署，为小范围内的接入终端提供服务，如图 4-11 中路侧 MEC 平台。

PC5 型 MEC 平台可选择独立部署，为一定区域内的接入终端或路侧 MEC 平台提供服务，如图 4-11 中区域 MEC 平台。

多个 PC5 型 MEC 平台可级联部署，PC5 型 MEC 平台也可通过 Uu 接口接入 LTE 网络，作为 Uu 型 MEC 的接入终端 [11]。

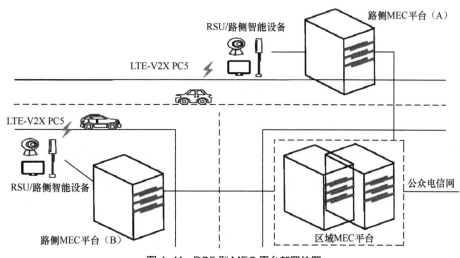

图4-11 PC5型MEC平台部署位置

PC5型MEC具有如下不同的产品形态[10]。

路侧边缘独立MEC：随着车路协同的不断发展，MEC的重要性日益凸显，功能要求与时俱进，在车路协同的起步阶段，其将大概率以独立的方式部署，形成独立的产品。

路侧边缘MEC与路侧通信单元一体化：路侧通信单元的功能相对独立和稳定，性能与MEC紧密相关，同一厂商将两个硬件一体化，不仅节省成本，采用内部接口还能提高通信和处理效率，未来可能是车路协同的主流形态。

路侧边缘MEC与雷达、视频传感设备计算单元一体化：在标准十字路口，激光雷达至少需要部署2个，双方信号融合实现360°覆盖，减少或者消灭盲区，雷达的信息处理需要专门的计算单元。视频信号检测、跟踪和识别等智能化处理需要专门的计算单元。实现视频与雷达的信息融合需要计算单元，将计算单元统一部署于MEC是最好的选择，有利于系统优化和成本最小化。毫米波雷达的点云数据较稀疏，需要处理的数据量较小，对计算能力的要求较低；激光雷达的点云数据稠密，对检测识别的算力要求较高；视频数据量最大，检查和识别所需的算力要求最高。

路侧MEC融入区域MEC：该方案单独部署路侧MEC，功能由区域MEC实现，具有技术可行性。将雷达、视频、交通信号等原始信息实时传送到区域MEC，需要网络支持，如果采用5G网络，需考虑流量费用和网络稳定性，且占用公用通信资源，运行成本相对较高，处理及时性稍差。随着基础设施日益完备，路侧 MEC 上移融入区域 MEC 的方案会成为可选项。

4.2.4　基于 MEC 的 C-V2X 业务场景

基于 MEC 的 C-V2X 业务主要分为以下几类[11]。

信息服务类——指利用 MEC 快速、便捷地为车主提供所需要的信息服务，典型业务包括地图下载 / 更新、远程车辆诊断、影音娱乐等。此类业务对时延有一定容忍度，对业务速率要求较高，例如，4K 高清视频需要至少 25Mbit/s 的速率。

安全驾驶类——指车通过 MEC 获取周围的车辆、行人、路侧设备的信息，辅助驾驶员做出决策，控制车辆，典型的辅助驾驶业务包括交叉路口预警、行人碰撞预警等。通常需要满足 20ms 以内的通信时延，99% 以上的通信可靠性。

驾驶效率类——指 MEC 利用 LTE-V2X 技术及大数据分析技术优化交通设施管理，提高交通效率。典型应用包括交叉路口智能信号灯管控、车速引导等。通常时延要求 100ms 以内。

上述 V2X 业务除了对 MEC 平台已有基础能力的需求，还需要 MEC 平台针对 V2X 业务提供其他相应的能力，例如，V2X 相关应用的管理能力、V2X 用户的位置服务能力、V2X 业务分流及 QoS 服务能力、大数据存储和智能分析能力、V2X 用户身份识别和车辆管理能力、协同管理能力等。

依据是否需要路侧协同以及车辆协同，可以将 MEC 与 C-V2X 融合场景分为"单车与 MEC 交互""单车与 MEC 及路侧智能设施交互""多车与 MEC 协同交互""多车与 MEC 及路侧智能设施协同交互"四大类[12]。MEC 与 V2X 融合场景，如图 4-12 所示。

无须路侧协同的 C-V2X 应用可以直接通过 MEC 平台为车辆或行人提供低时延、高性能服务；当路侧部署了能接入 MEC 平台的雷达、摄像头、智能红绿灯、智能化标志等智能设施时，相应的 C-V2X 应用可以借助路侧感知或采集的数据为车辆或行人提供更全面的信息服务。在没有车辆协同时，单个车辆可以直接从 MEC 平台部署的相应 C-V2X 应用中获取服务；当多个车辆同时接入 MEC 平台时，相应的 C-V2X 应用可以基于多个车辆的状态信息，提供智能协同的信息服务。

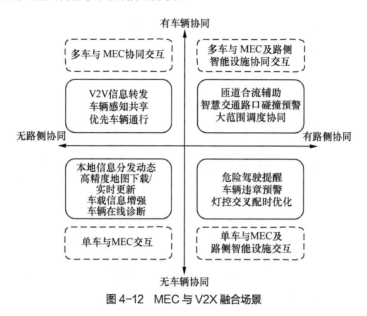

图 4-12 MEC 与 V2X 融合场景

下面描述部分典型场景[11, 12]。

动态高精度地图下载 / 实时更新：MEC 可以存储动态高精度地图，并向车辆分发高精度地图信息，减少时延，降低核心网传输带宽的压力。在应用中，车辆向 MEC 发送自身具体位置以及目标地理区域信息，部署在 MEC 的地图服务提取相应区域的高精度地图信息发送给车辆。当车辆传感器检测到现实路况与高精度地图存在偏差时，可将自身传感信息上传至 MEC 以对地图进行更新，随后 MEC 的地图服务可选择将更新后的高精度地图回传至中心云平台。在此类场景中，MEC 提供存储高精度地图的能力、用于动态地图更新的计算能力，同时提供与中心云的交互能力。在网络部署了 MEC 及相应的功能服务后，车辆可通过对应的通信模组使用此类应用服务，若车辆配备了智能传感器，可以通过上传自身采集到的信息对地图进行更新。

车辆在线诊断：MEC 可支持自动驾驶在线诊断功能。当车辆处于自动驾驶状态时，可将其状态、决策等信息上传至 MEC，利用在线诊断功能对实时数据样本进行监控和分析，用于试验、测试、评估或处理紧急情况。同时 MEC 可定期将样本及诊断结果汇总并压缩后回传至中心云平台。在此场景中，MEC 提供支持实时处理大量数据的计算能力、数据存储能力和低时延的通信能力，同时提供与中心云的交互能力。在网络部署 MEC 及相应的功能服务后，车辆需将自身传感器采集、决策、控制信息通过对应的通信模组上传至 MEC。

智慧交叉路口碰撞预警：交叉路口处的路侧智能传感器（如摄像头、雷达等）将在路口处探测的信息发送至 MEC，同时相关车辆也可以将车辆状态信息发送至 MEC。MEC 通过信号处理、视频识别、信息综合等应用功能对交叉路口周边内的车辆、行人等的位置、速度和方向角等进行分析和预测，并将分析和预测结果实时发送至相关车辆，综合提升车辆通过交叉路口的安全性。

匝道合流辅助：在匝道合流汇入点部署路侧智能传感器（如摄像头、雷达等）对主路车辆和匝道车辆同时进行监测，并将监测信息实时传输到 MEC，同时相关车辆可以将车辆状态信息发送至 MEC。MEC 将合流点动态环境分析结果实时发送至相关车辆，提升车辆对于周边环境的感知能力，减少交通事故，提高交通效率。在此场景中，MEC 提供用于监测信息分析及环境动态预测的计算能力，以及低时延、大带宽的通信能力。

灯控交叉口配时优化：在城市及郊区的灯控交叉口，根据各方向实时变化的交通需求，对交叉口各相位配时参数进行动态优化，从而提高交叉口通行效率。例如，在早晚高峰期，进城车辆和出城车辆的流量是不同的，主干路与次级马路的流量也是不同的，通过动态配置信号灯参数的形式，不仅合理地疏导了当前路口的交通流量，还更加有效地配合了整体路网流量的快速疏导方案。车辆上报信息以及路侧摄像头、毫米波、激光雷达等设施采集的信息中包含得比较全面的交通流信息，基于上述信息，可以在 MEC 上对交叉口附近及相关路线或区域内的交通流进行综合分析，计算出优化的配时策略并下发给相关信号设备，进而实现灯控交叉路口的配时优化，提高交通效率。

优先车辆通行：在城市和高速交通中，如果出现紧急情况，需要进行交通管控，并进行管控效果评估。传统管控系统放在云端，并且通过本地摄像头进行交通统计和管控效果识别，以上方式存在处理时延大、专用智能摄像头费用高等缺点。由于 MEC 具备本地化和低时延的处理特性，以及 MEC 平台上的应用可以进行视频识别与统计，因此可以通过边缘计算技术进行交通管控。相关区域车辆将收到管控信息发送给边缘服务器分析管控效果，从而发布优化后的管控信息，最终使车辆顺利通行。

4.2.5　自动驾驶边缘计算现状

自动驾驶是"4 个轮子上的数据中心"，车载计算平台成为刚需。随着汽车自动驾驶程度的提高，汽车自身产生的数据量越来越庞大。假设一辆自动驾驶汽车配置了 GPS、摄像头、雷达和激光雷达等传感器，每天将产生约 4 000GB 待处理的传感器数据。自动驾驶汽车能够实时处理如此海量的数据，并在提炼出的信息的基础上得出合乎逻辑且形成安全驾驶行为的决策，需要强大的计算能力来支撑。考虑到自动驾驶对时延要求很高，传统的云计算面临着时延明显、连接不稳定等问题，这意味着一个强大的车载计算平台（芯片）成为刚性需求。

观察现阶段展示的自动驾驶测试汽车后备箱，会发现其与传统汽车的不同之处——装载一个"计算平台"，用于处理传感器输入的信号数据并输出决策及控制信号。高等级自动驾驶的本质是 AI 计算问题，从最终实现的功能来看，计算平台在自动驾驶中主要负责解决两个主要问题：一是处理输入的信号（雷达、激光雷达、摄像头等输入的信号）；二是做出决策，给出控制和执行信号，如是左转、变道还是减速。

自动驾驶计算平台演进方向——芯片 + 算法协同设计。目前运用于自动驾驶的芯片架构主要有如下几种：CPU、GPU、FPGA、DSP 和 ASIC（Application Specific Integrated Circuit，专用集成电路）。从应用性能、单位功耗、性价比、成本等多维度分析，ASIC 架构具备相当大的优势。

GPU：CPU 更擅于计算复杂、烦琐的大型计算任务，而 GPU 可以高效地同时处理大量简单的计算任务。GPU 有多核心、高内存、高带宽的优点，它在进行并行计算和浮点运算时性能是传统 CPU 的数十倍甚至上百倍。GPU 通用性强、速度快、效率高，特别是当人工智能在自动驾驶广为应用的时候，使用 GPU 运行深度学习模型，在本地或者云端对目标物体进行切割、分类和检测，不仅缩短了时间，而且有比 CPU 更高的应用处理效率。因此 GPU 凭借强大的计算能力以及对深度学习应用的有力支持，正逐渐成为自动驾驶技术开发的主流平台解决方案。

FPGA：它其实就是一个低能耗、高性能的可编程芯片，可以通过软件手段更改、配置器件内部连接结构和逻辑单元，完成既定设计功能的数字集成电路。顾名思义，其内部的硬件资源是一些呈阵列排列的、功能可配置的基本逻辑单元，以及连接方式可配置的硬件连线。简单来说，FPGA 就是一个可以通过编程来改变内部结构的芯片，而且可擦写，所以用户可以根据不同时期的产品需求进行重复的擦写。FPGA 很早被研发，长期在通信、医疗、工控和安防等领域占有一席之地。相比 GPU 而言，它的主要优势在于硬件配置灵活、能耗低、性能高以及可编程等，比较适合感知计算。目前针对 FPGA 的编程软件平台的出现进一步降低了准入门槛，使得 FPGA 在感知领域应用得非常广。

DSP：它是一种特别适合进行数字信号处理和运算的微处理器，在数学运算以及数据移动方面有着优异的性能。DSP 引擎所需电源只有 GPU 的 1/30，其所需的内存带宽也只有 GPU 的 1/5 左右。CNN（Convolutional Neural Network，卷积神经网络）算法是一种从摄像头源中提取和分辨信息的、高度专业和高效的方法，在自动驾驶汽车中，它从摄像头获取输入并识别车道标记、障碍物和动物等。CNN 不仅能够完成雷达和激光雷达所能做的所有事情，而且能够在更多方面发挥作用，例如阅读交通标识、检测交通灯信号和道路的组成等。CNN 属于乘积累加运算（Multiply Accumulate，MAC），因此本质上十分适合使用 DSP。也就是说，若要在嵌入式系统中实现 CNN，DSP 不仅能够取代 GPU 和 CPU，而且成本和功耗更低。

ASIC：它是为某种特定需求而定制的芯片。一旦定制完成，内部电路以及算法就无法改变。它的优势在于体积小、功耗低、性能以及效率高，大规模生产的话，成本非常低。它和 FPGA 最明显的区别就是，FPGA 就像乐高，可以在开发过程中多次修改，但是量产后成本也无法下降。ASIC 类似开模生产，投入高，量产后成本低。从 ADAS 向自动驾驶演进的过程中，激光雷达点云数据以及大量传感器加入系统，需要接受、分析、处理的信号量大且复杂，定制化的 ASIC 芯片可在相对低水平的能耗下，使车载信息的数据处理速度提升更快，并且性能、能耗均显著优于 GPU 和 FPGA，而大规模量产成本更低。随着自动驾驶的定制化需求提升，定制化 ASIC 芯片将成为主流。ASIC 可以更有针对性地进行硬件层次的优化，从而获得更好的性能、更优的功耗比。但是 ASIC 芯片的设计和制造需要大量的资金、较长的研发周期和工程周期，而且深度学习算法仍在快速发展，若深度学习算法发生大的变化，FPGA 能很快改变架构，适应最新的变化，ASIC 类芯片一旦定制则难以修改。所以一般前期开发阶段多用 FPGA，量产多用 ASIC。

计算能耗比：ASIC>FPGA>GPU>CPU。究其原因，ASIC 和 FPGA 更接近底层 I/O，同时 FPGA 有冗余晶体管和连线用于编程，而 ASIC 是固定算法最优化设计，因此 ASIC 能耗比最高。相比前两者，GPU 和 CPU 屏蔽底层 I/O，降低了数据的迁移和运算效率，能耗比较高。同时 GPU 的逻辑和缓存功能简单，以并行计算为主，因此 GPU 能耗比高于 CPU。

未来芯片有望迎来全新的设计模式——应用场景决定算法，算法定义芯片。如果说过去是算法根据芯片进行优化设计的时代（通用 CPU+ 算法），现在则是算法和芯片协同设计的时代（ASIC 芯片 + 算法），这在一定程度上称得上是 "AI 时代的新摩尔定律"。具体而言，自动驾驶核心计算平台的研发路径将是根据应用场景需求，设计计算法模型，在大数据情况下做充分验证，待模型成熟后，再开发一个芯片架构去实现。该芯片并不是通用的处理器，而是针对应用场景与算法协同设计的人工智能算法芯片。

4.3　交通行业中应用边缘计算的典型案例

4.3.1　智能网联中应用边缘计算的典型案例

4.3.1.1　启迪云控——MEC 与 C-V2X 融合测试床

启迪云控建设 "一网一平台" 的 MEC 与 C-V2X 融合测试床，如图 4-13 所示。一网指的是多模通信网，包含 4G/5G 和 C-V2X，主要实现车辆、路侧单元、云端三者之间的高速、低时延数据连接与数据传输，具备基于实际智能网联驾驶具体应用实时调度、管理网络以及保证网络安全的能力。

一平台指的是云控基础平台，包括区域云、MEC 边缘云、车路协同体系等，主要通过部署面向 MEC 的车路云协同式的基础设施体系，实现跨品牌车辆、跨领域设备、跨平台数据之间的信息高效协同，支撑面向全路段、全区域的集中式决策与多目标优化控制。

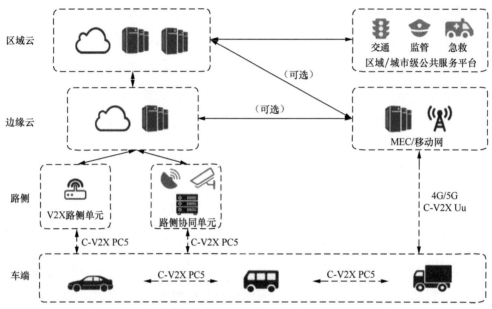

图4-13　启迪云控建设"一网一平台"的MEC与C-V2X融合测试床

MEC与C-V2X融合测试床可以提供如下环境。

丰富的ICT基础资源：大带宽、低时延、多接入；车路云三级计算/存储能力；通用硬件+虚拟化资源编排。

全面的基础网络功能：支持多种路由转发协议；DNS解析及处理；网络同步；国密算法+安全认证。

MEC平台能力开放：标准化数据交换；协同感知、决策、控制数据；主动推送、被动拉取和查询。

灵活的可靠性保证机制：基于带宽、时延、业务的QoS机制；VPN网关；OpenSSL安全加密。

数据监测与管理功能：车路历史大数据挖掘和分析；监测数据流向和使用情况；全过程管理MEC应用及其测试。

业务连续性支持：网络接入层面依赖无线接入技术；MEC平台层面涉及多种网元、功能、协议；基于车辆线路、网络拥塞、平台负载均衡等策略支持业务。

4.3.1.2 中兴通讯和北京邮电大学——5G 远程驾驶实验

中兴通讯和北京邮电大学在许昌芙蓉湖 5G 自动驾驶示范区进行 5G 远程驾驶实验。2.6km 的开放测试路段包含主路、辅路、非机动道路 7 个路口（其中有 6 个 T 字路口）。该路段部署了 63 个 16 线激光雷达、100 个高清摄像头、3 个智能红绿灯，配有 1 个 5G 通信基站，50 台路侧设备网络接入交换机、一套临时应急覆盖设备，在一辆道路环卫自动清扫车、一辆园区环卫自动清扫车、3 辆自动观光车、1 辆乘用车上部署车载终端，部署 MEC 机房，4 个 42U 机柜。该路段可实现交通标志和标线的识别及响应、交通信号灯的识别及响应、障碍物的识别及响应、行人和非机动车的识别及避让、跟车行驶、靠边停车、并道、人工操作接管、联网通信等网联汽车测试场景。

4.3.2 自动驾驶中应用边缘计算的典型案例

4.3.2.1 华为 MDC

华为 MDC（Mobile Data Center，移动数据中心）具有"三高一低"特性。

高算力：因为其搭载了华为多颗昇腾 310 芯片，最高可提供 352TOPS 的算力，满足 L4 级别的自动驾驶需求。同时，高算力意味着可以接入与实时处理更多的外部传感器数据流（如摄像头、毫米波雷达、激光雷达、GPS 等），也意味着能够为自动驾驶提供更安全、可靠的计算力支持，从而能够处理复杂的路况。

高安全：一方面源于华为 MDC 智能驾驶计算平台凝聚了华为多年的 ICT 设备研发、设计、生产制造经验，从而使其能够进行端到端的冗余备份，规避单点故障，并能够支持 −40℃～85℃的环境温度，应对苛刻的外部环境；另一方面源于华为遵守从业界车规级可靠性与功能安全等级的要求，如 ISO 26262 的 ASIL D 级。基于此，我们可以看到，当前华为 MDC 产品的商用场景不仅包括我们平常看到的乘用车，还包括对特定的场景需求的商用产品，如园区内的物流车、清洁车以及城市中固定的公交等。

高能效：领先业界的端到端 1TOPS/W 的高能效（业界一般为 0.6TOPS/W）。高能效的主要价值不仅在于节能和延长续航里程,还在于实现同等算力时其功耗和温度更低,提升电子元器件的可靠性,且无须配置风扇散热或水冷散热等易损部件,减小体积,降低对车辆现有结构的影响。

确定性低时延:因为 MDC 智能驾驶计算平台的底层硬件平台搭载实时操作系统,从而能够高效地进行底层软硬件一体化的优化。在操作系统方面,则使用的是华为自研车控操作系统,其是基于低时延、高安全的华为鸿蒙内核而研发的。内核调度时延低于 10μs,内部节点通信时延小于 1ms,MDC 为客户的端到端自动驾驶带来小于 200ms 的低时延(业界一般是 400 ~ 500ms),提升了自动驾驶过程中的安全性。

华为新一代 MDC 系列产品,具有"全系、安全、协同、开放"的独特优势。

全系:采用统一的硬件 π 架构,提供 48 ~ 160TOPS 强劲算力的系列化产品,配套持续升级的操作系统 AOS、VOS 及 MDC Core,保护客户投资;满足 L2 ~ L4 级别的乘用车、商用车、作业车等不同智能驾驶场景的需求。

安全:基于六维度全面可信设计,通过 R-Lock 双冗余互锁架构与多重可靠性设计,提供接入 / 平台 / 应用 3 层信息安全体系,抗震、防水防尘、防电磁辐射,满足 ASILD/CCEAL5+ 的车规级安全认证要求。

协同:华为 Octopus 与 OceanConnect 平台提供丰富的仿真与训练服务、高精度地图云服务、OTA(Over The Air,空中激活)升级、车联网服务、远程运营管理等功能。通过与 MDC 的无缝对接,实现训练的仿真协作,提升算法研发效率,以及实现车路网云协同,提升用户的用车体验。

开放:MDC 平台硬件遵循传感器、执行器等主流接口标准,MDC 平台软件通过 MDC Core 对外开放丰富的 API,与传感器、执行器及应用软件算法等形成产业链生态。

4.3.2.2　地平线征程芯片

征程 2 芯片等效算力超过 4 TOPS,采用 17mm × 17mm 的 BGA388 封装工艺,以及 28HPC+ 低功耗 CMOS(Complementary Metal-Oxide-Semiconductor,互补金属氧化物半导体)工艺,其典型功耗仅为 2W,采用地平线 BPU2.0 架构,达到车规级

AEC-Q100 标准。它不仅能够处理多类 AI 任务，对多类目标进行实时检测和精准识别，还支持主流深度学习框架，能够满足自动驾驶的视觉感知辅助驾驶、高级别自动驾驶、众包高精度地图与定位和智能人机交互这四大智能驾驶应用场景的需求。

征程 3 芯片基于地平线 BPU2.0 架构打造，采用了 16nm 工艺，单芯片 AI 算力达到 5TOPS，功耗为 2.5W，支持 6 路摄像头接入，并且还内建了 Codec 核心。

自动驾驶、智能交互等技术是智能汽车的核心竞争力，但并非所有车企都具备研发实力，这时就需要具备软硬件一体的解决方案。地平线基于征程芯片直接研发出了智能感知打包方案，车企与供应商在此基础上可直接开发自动驾驶系统，缩短开发周期。而对于自研实力较强的车企，地平线又可以实现软硬件解耦，通过提供完整的工具链让车企将自己的算法移植到地平线的平台。

征程 3 芯片可支持智能座舱、L2/L3 级自动驾驶在内的多种应用。同时其新增的多摄像头接入能力和 Codec 核心，让车企能基于它打造 AVP 自动代客泊车系统和行车记录仪功能。地平线还通过了 ISO 26262 功能安全流程认证，从研发流程保证了产品的安全性。

地平线形成了由征程 2 芯片和征程 3 芯片组成的产品矩阵，可以满足车企的 L0 ～ L3 级自动驾驶、智能座舱、驾驶员监测等各种应用开发需求。到 2021 年，地平线还将发布单芯片算力为 96/128 TOPS 的征程 5/5P 芯片，为 L4 级自动驾驶系统的量产做好硬件准备[25]。

4.3.2.3　特斯拉 FSD HW3.0

每台 FSD（Full Self-Driving，完全自动驾驶）计算机的电路板上会集成 2 个 Tesla FSD 芯片，执行双神经网络处理器冗余模式，2 个处理器相互独立，即便一个出现问题另一个也能照常执行。每个芯片里面封装了 3 种不同的处理单元：负责图形处理的 GPU、负责深度学习和预测的 NPU，还有负责通用数据处理的 CPU。每个芯片有两个 NNP（Neural Network Processor，神经网络处理器），每个 NNP 有一个 96×96 的矩阵，32MB SRAM，工作频率为 2GHz。所以一个 NNP 的处理能力是 96×96×2（OPs）×

2（GHz）= 36.864TOPS，单芯片计算能力 72TOPS，板卡计算能力 144TOPS。

FSD 芯片最显著的特征是满足了自动驾驶对冗余性的要求。FSD 芯片的同一个电路板上，紧挨着两个完全相同的处理模块。将芯片一分为二，意味着性能也将受到影响，若放在性能是唯一考核指标的环境中，那么这种方式肯定很难被接受。然而在自动驾驶系统中，系统具备冗余性意味着，一旦其中一个模块出错或者被损坏，软件可及时发现并标记，隔离故障模块，而另一个模块有独立的供电和存储系统，不受影响，可继续承担相应工作。

数据的安全性也是 FSD 芯片设计的一大亮点,芯片对指令和数据都进行了加密处理，也会对数据进行审查，以防止外部黑客的恶意入侵。对自动驾驶系统来说，外部入侵是绝对不被允许的，FSD 芯片严格监控输入和输出数据，旨在发现所有可疑数据，如伪造的视频输入数据（欺骗汽车认为前方有行人），以及遭恶意篡改的输出指令（如车辆确实发现了前方有行人，遭恶意篡改后的输出指令可能阻止车辆采取合适的反应措施）等。

台湾积体电路制造股份有限公司（简称台积电）正在试制特斯拉下一代车载芯片 HW4.0，将采用 7nm 工艺制作。预计该芯片 2021 年第四季度开始量产，首批搭载该芯片的车辆最早于 2022 年第一季度开始交付。

4.3.2.4 英伟达 Driver Xavier

在自动驾驶时代之前，英伟达通过负责车载娱乐方面的 Tegra 系列处理器进入了众多整车厂的供货商名单。

英伟达自动驾驶芯片始于 2015 年初推出的 Drive PX 系列。在 2015 年 1 月的 CES（Consumer Electronics Show，消费类电子产品展览会）上英伟达发布了第一代 Drive PX。Drive PX 搭载 TegraX1 处理器和 10GB 内存，能够同时处理 12 个 200 万像素的摄像头每秒 60 帧的拍摄图像,单浮点计算能力为 2TOPS,深度学习计算能力为 2.3TOPS,可支持 L2 高级辅助驾驶计算需求。

在 2016 年 1 月的 CES 上英伟达又发布了新一代产品 Drive PX2。Drive PX2 基于 16nm FinFET 工艺制造，TDP（Thermal Design Power，热设计功耗）达 250W，采

用水冷散热设计，支持 12 路摄像头输入、激光定位、雷达和超声波传感器。其中，CPU 部分由 2 个 NVIDIA Tegra2 处理器构成，每个 CPU 包含 8 个 A57 核心和 4 个 Denver 核心；GPU 部分采用 2 个基于 NVIDIA Pascal 架构设计的 GPU。Drive PX2 单精度计算能力达到 8TOPS，深度学习计算能力达到每秒 24TOPS，单精度运算速度是 Drive PX 的 4 倍，深度学习速度是 Drive PX 的 10 倍，可以满足 L3 自动驾驶的计算需求。

Drive Xavier 是英伟达新一代自动驾驶处理器，最早在 2016 年欧洲 GTC 大会上提出，在 2018 年 1 月的 CES 上正式发布。同时发布的还有全球首款针对无人驾驶出租车打造的车载计算机 Drive PX Pegasus。Drive Xavier 由一个特别定制的 8 核 CPU、一个全新的 512 核 Volta GPU、一个全新深度学习加速器、全新计算机视觉加速器，以及全新 8K HDR（High Dynamic Range，高动态范围）视频处理器构成。Drive Xavier 每秒可运行 30TOPS，功耗仅为 30W，能效比上一代架构高 15 倍，可以满足 L3/L4 自动驾驶的计算需求。

Drive PX Pegasus 是针对 L5 全自动驾驶出租车的 AI 处理器，搭载了 2 个 Xavier SoC 处理器。SoC 上集成的 CPU 也从 8 核变成了 16 核，同时增加了 2 个独立的 GPU，计算能力可达到 320TOPS，算力能够支持 L5 全自动驾驶系统，但其功耗也达到了 500W。

4.3.2.5 Mobileye EyeQ5

Mobileye 的 EyeQ 系列芯片最初是 Mobileye 和意法半导体公司共同开发的，第一代芯片 EyeQ1 从 2004 年开始研发，2008 年上市；EyeQ2 则于 2010 年上市。最初的两代产品仅提供 L1 辅助驾驶功能，EyeQ1 的计算能力约 0.0044TOPS，EyeQ2 的计算能力则约 0.026TOPS，功耗约为 2.5W。

2014 年量产的 EyeQ3 基于其自主研发的 ASIC 架构自行开发，使用了 4 个 MIPS 核心处理器、4 个 VMP（Vector Microcode Processors，矢量微码处理器）芯片，每秒浮点计算能力为 0.256TOPS，功耗为 2.5W，可以支持 L2 高级辅助驾驶计算需求。

第四代 EyeQ4 芯片在 2015 年发布，2018 年量产上市，采用 28nm 工艺。EyeQ4

使用了 5 个核心处理器（4 个 MIPSi-class 核心和 1 个 MIPSm-class 核心）、6 个 VMP 芯片、2 个 MPC（Multithreaded Processing Clusters，多线程处理集群）核心和 2 个 PMA（Programmable Macro Array，可编程宏阵列）核心，可以同时处理 8 个摄像头产生的图像数据，每秒浮点计算能力可达 2.5TOPS，功耗为 3W，最高可实现 L3 半自动驾驶功能。

Mobileye EyeQ5 2018 年出工程样品，2020 年实现量产，将采用 7nm FinFET 工艺。该产品对标英伟达的 Drive Xavier 芯片，定位于 L4/L5 全面自动驾驶的计算需求。单个芯片的浮点计算能力为 12TOPS，TDP 是 5W。EyeQ5 系统采用双路 CPU，使用了 8 个核心处理器、18 核视觉处理器，浮点计算能力为 24TOPS，功耗为 10W。

第 5 章
边缘计算和安防行业

5.1 安防行业的发展趋势

5.1.1 智慧安防助力行业高速发展

安防技术在预防和打击犯罪，维护社会治安，预防灾害事故，保护国家、集体财产和人民生命等方面具有重大作用。经过长期的技术发展，安防行业已从传统的人员安防发展到数字时代的智慧安防。安防行业作为利用高科技手段维护社会公共安全的重要行业，成为最新科技与社会经济生活深度融合和快速落地的实体经济之一。

随着我国近年来经济快速发展，安防需求不断增加，国内安防行业总产值呈现逐年增长的趋势。据 CPS 中安网数据统计，2020 年全国安防行业总产值为 8 510 亿元，且2015—2019 年连续 5 年保持 10% 以上的增长率，尽管 2020 年受新冠肺炎疫情影响，但产值仍然比上一年增长 3%。2015—2020 年中国安防行业产值及增速，如图 5-1 所示。

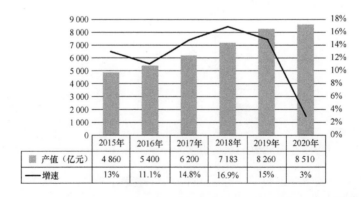

	2015年	2016年	2017年	2018年	2019年	2020年
▇ 产值（亿元）	4 860	5 400	6 200	7 183	8 260	8 510
── 增速	13%	11.1%	14.8%	16.9%	15%	3%

图 5-1　2015—2020 年中国安防行业产值及增速

安防行业根据不同的使用场景可以分为城市级安防、行业级安防和消费级安防，其服务分别面向 G（政府）、B（企业）和 C（消费者）。我国安防产业高速发展的驱动力来自两点：城镇化带来的 G、B 和 C 需求增加，与技术变革带来的发展契机。

需求方面，在平安城市、天网工程以及雪亮工程、智慧公安的推动下，行业用户对智能技术需求不断增长，使得我国安防行业发展迅速。技术驱动方面，随着 5G、人工智能、大数据、物联网、云计算等新兴技术与超高清、热成像、低照度、全景监控等传统安防技术的融合应用，安防行业向超高清、网络化、移动化、智能化、云化的智慧化方向发展，智慧安防市场规模还将进一步扩大。

5.1.2 强需求拉动

随着我国的快速城镇化，人口流动性大幅提升，更多的人在城市生活，这直接增加了社会治理难度。为了高效、低成本地提升城市安全水平，运用视频监控等技术手段成为必然。

在快速城镇化背景下，平安城市的概念被提出来。平安城市解决方案的核心是视频监控系统、应急指挥系统及关键通信系统。视频监控系统为平安城市提供主要信息输入；应急指挥系统提供分析和应对各种威胁的手段；关键通信系统则确保在现场和应急指挥中心的相关人员能保持良好的通信。在"科技强警"战略的进一步推动下，我国的平安城市建设成为一个持续过程，大致分为图 5-2 所示的 4 个工程。

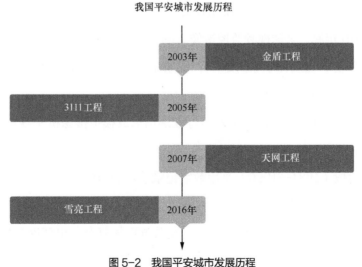

图 5-2 我国平安城市发展历程

2003 年启动的金盾工程：主要任务是建设全国公安通信网、全国犯罪信息中心、全国公安指挥中心和全国公共网络安全监控中心。其中，全国公安通信网又分为 3 级：国家级、省级和市级。

2005 年启动的 3111 工程：主要任务是建设省、市、县级大型视频监控和报警网。

2007 年启动的天网工程：主要任务是建设一个大规模的分布式视频监控网络，在公安系统内部的部、省级和市、县级之间共享信息。

2016 年启动的雪亮工程，是天网工程的进一步拓展，主要任务是将县、乡、村的视频监控系统接入市级和国家级监控平台上，同时建立包含执法、应急和其他相关政府机构的视频数据分享机制。

除了由公安系统所主导的平安城市建设，还有交通、金融、教育、楼宇、能源等城市生产生活配套设施所带来的安防需求，也在随着城镇化进程的发展而快速增长。

在平安城市以及众多其他行业需求的推动下，我国安防及视频监控产业经历了快速发展。在整体安防产品中，视频监控市场规模占比高达 50% 以上，是构建安防系统的核心。纵观安防行业的发展历程，其主要围绕着视频监控在不断改革和升级。

5.1.2.1　从时间维度看视频监控发展

我国的视频监控经历了多次更新和升级。美国 IHS 公司在 2020 年初发布的报告中指出，截至 2019 年底，全球视频监控摄像头的安装量已经达到 7.7 亿，这个数字有望在未来一到两年突破 10 亿。从时间维度来看，视频监控从模拟到数字，再到当前的智能监控，总体经历以下几个阶段。

模拟监控阶段（1979—1983）：安防行业逐渐形成模拟摄像机 + 视频矩阵 + 磁带录像机产品矩阵。

数字监控阶段（1984—1996）：采用数字记录技术的 DVR 产品，取代了磁带录像机，在各项功能上产生突破性增强。

网络监控阶段（1997—2008）：视频监控系统更加复杂，出现网络摄像机 +NVR+软件系统产品矩阵。

高清监控阶段（2009—2012）：安防系统已经初步扩展成为集数据传输、视频、报警、控制于一体的平台化应用。

智能监控阶段（2012—至今）：随着计算机视觉等技术的落地，人工智能成为推动安防行业发展的重要手段。

5.1.2.2　从业务维度看视频监控发展

从业务维度来看，视频监控发展从"看得见"到"看得清"，再向"看得懂"转变。

第一阶"看得见"：视频成为最常见的事件证据形式之一。通常情况下，调取案发现场周遭的视频监控就能发现案件侦破的重要线索，而这个概率与案发环境的监控探头密度息息相关。到目前为止，我国基本实现了主要城市街区的无死角监控。大量案件的犯罪过程被完整、清晰地记录下来，成为指控犯罪、还原案件事实的最有力证据。视频监控在安全防护、犯罪侦查和防治犯罪等方面具有非常高的价值[1]。

第二阶段"看得清"：从2016—2018年初，"十三五"规划、十九大报告、公安部雪亮工程等不断强调加强安防视图资源共享，提升联网率，加快高清化建设。2019年3月，工信部、国家广播电视总局、中央广播电视总台联合印发了《超高清视频产业发展行动计划（2019—2022年）》，视频监控在覆盖范围、部署密度等都有了显著提升的基础上，迎来超高清视频应用的蓝海。行动计划中指出将明确按照"4K先行、兼顾8K"的总体技术路线，大力推进超高清视频产业发展和相关领域的应用。其中提到在安防监控领域，将加快推进超高清监控摄像机等的研发和量产，推进安防监控系统的升级改造，支持发展基于超高清视频的人脸识别、行为识别、目标分类等人工智能算法，提升监控范围、识别效率及准确率，打造一批智能超高清安防监控应用试点。

第三阶段"看得懂"：实现了"看得见"到"看得清"之后，人工智能技术正在把安防系统从被动的记录、查看，逐渐转变为"事前有预警、事中有处置、事后有分析"。通过主动预警、及时处置、自动分析，实现从"看得清"到"看得懂"。从车牌识别到车辆数据结构化分析，从人脸检测到人脸比对，以及目标全结构化分析、行为事件的检测与分析等，每一项新技术的落地，都象征着安防智能正在一步步变成现实[2]。

5.1.3 新技术驱动

"十三五"以来，5G、大数据、人工智能、人工智能物联网、云计算等新技术在安防行业技术链、产品链、应用链上逐步融合，并不断重塑安防的技术生态、产品形态、应用生态和业务创新模式，进而推动中国安防产业在技术、产品、应用等维度上的变化与重组。

5.1.3.1　5G＋安防

5G 的正式投入使用使得安防行业从此面向更广泛、更深入的应用领域 [3]。

安防领域诸多技术的应用都需要大量带宽投入。这些带宽投入在整个安防建设中的资金占比非常高，随着时间的推移，后期的运维费用也很高。加之线路供电、网络接入、设备安装等方面限制了有线方式的设备应用。而固定安装的设备在使用场景和范围方面极有可能存在盲区，也很容易被破坏或者被人为躲避。因此，移动化设备在组网和布线方面都存在很大优势。

从移动化发展方向来看，移动执法记录仪、安防无人机、安防机器人、可穿戴侦查设备等移动化安防设备大规模使用。这类设备作为移动网络的一种纯数据终端设备，通过摄像头采集到视频数据后，将其发送到基站，再传输到应用平台进行数据存储、分析。通常这类设备部署在那些无法铺设线路或者临时架设相关设备的重点场所优势更为明显，如火车站、景点、森林、高速公路等。例如，在春运、国庆等重要节假日期间，可以在人员密集的站点（火车站、景区等）临时架设视频监控设备监控车辆，以防可能出现的意外事故，或对重要人员进行监控跟踪。而对于一些危险区域或环境恶劣的地点，也可以借助支持远程操控的超清视频拍摄车，通过无线网络回传监控画面或环境数据。

随着移动化发展而来的问题是移动网络的传输带宽压力和终端连接数激增，移动视频监控设备的需求更加突出。如同 4G 技术让监控画面实时传播、云端控制等成为可能，5G 技术全国性商用也为安防行业带来了新的可能性，5G 技术的成熟使得这些设备的使用场景越来越广泛。5G 应用中的 eMBB、mMTC、uRLLC 技术特征正好能够满足移动化的视频监控业务的带宽和接入需求，如图 5-3 所示。

5G三大场景	安防行业细分应用场景
eMBB	视频监控(5G+超高清)、移动视频侦查视频（AR）、视图大数据、警用无人机系统……
mMTC	智慧城市安防、智能社区安防、智慧公安、智能安防校园……
uRLLC	智能安防机器人、智能警用头盔……

图 5-3　5G 三大场景在安防行业的应用 [4]

　　eMBB 能够为带宽要求极高的视频类业务提供技术实现，解决视频监控随着高清化的演进而带来的带宽压力问题，改善现有视频监控中存在的反应迟钝、监控效果差等现状。终端设备的更新和迭代已经能够支持超高清、HDR 及三维声等沉浸式的声画体验，结合 5G 技术，移动端可以非常流畅地享受更高质量的沉浸式视频内容，并实现随时随地视频采集、分享、上传、面对面传输和移动视频控制，如移动指挥、移动视频侦查、移动巡逻执法等。

　　mMTC 则能满足连接密度要求高的业务需求，解决移动化的终端设备接入问题，并为智能安防云端决策中心提供更周全、更多维度的参考数据，有利于进一步分析和判断，做出更有效的安全防范措施。城市安防的物联网终端如防灾设施、水位监测，社区安防中的人脸闸机、车辆道闸、智能门禁、消防设施、垃圾储量感应、智能车棚、停车位感知，乃至家庭中的智能家居终端，都可以通过 5G 技术实现统一联网，让社区治理与服务实现秒级通信，让居民生活更安全。

　　而 5G 的 uRLLC 结合物联网、人工智能、云计算、大数据技术，在安防机器人方面已有较大的技术突破。据报道，已经有研究机构研发出基于 5G+AI 能力的智能安防机器人，可以实现从智能感知采集到云端智能分析、处置指令发送，再到机器人控制和处置。由此，未来将有更多类似的安防机器人可应用于学校、商场、火车站、机场、政务大厅、街区等区域，机器人利用视频感知、红外感知、智能探测技术便可进行无死角智能巡逻执勤，能够在很大程度上减轻工作人员的负担。

除此之外，5G 的 D2D 通信技术可以实现 5G 终端在同一个基站的情况下，不通过基站来和设备进行通信。通过 D2D 技术可以解决多个摄像头之间数据互联时效性的问题，在一个基站范围内的摄像头之间可以进行犯罪分子或者是犯罪嫌疑人视图信息的直接交换，为公安部门破获案件更快地提供具有更高的准确性的线索。

因此，可以说 5G 与安防行业具有天然的适应性，除了带来数据传输速率的提升与产品升级以外，更为大数据、人工智能、物联网、云计算等技术带来新变革，促进安防业务的开放与创新，促进安防与其他信息化系统的融合。5G 给安防行业带来了新机遇，将深度改造整个安防产业链，推动安防行业迈入智能时代。

5.1.3.2　安防大数据

安防从不缺数据，在大范围、高密度、高清晰度的趋势下，国内现有的监控设备每月产生数百 EB 的数据，安防产业已进入数据爆炸时代。接下来的关注重点是如何处理海量数据，尤其是非结构化的图像数据。将数据上传到云端存储，并转换为计算机能够理解的结构化数据，再利用大数据分析，在海量的、无序的数据中提取出有用信息，并结合多种时空交叉数据进行快速检索、研判和比对，以提升安防应用效率与效果。

1.　安防大数据的场景需求

在安防大数据领域，由于数据实时采集的业务场景特性，系统积累了大量的人、车、物等数据，这些数据类型多样（文本、图片、视频、特征值数据等）、体量庞大（PB 级以上）。安防系统用户特别是公安用户需要通过这些数据挖掘出特定的信息，以便进行研判和决策。同时，他们希望在这些海量数据中能快速地实现对目标的布控和定位，针对不同的应用场景和业务应用需求，形成一些明确的、有实战效果的技战法应用。例如，车辆技战法中囊括了初次入城分析、嫌疑车辆分析、跟随车分析、假套牌分析等多种战法技术，这些技战法可以说是具体业务的数据分析算法模型；人像技战法在一人一档、人像聚类、人像布控等业务上也在大规模使用。上述的这些应用业务，面临的是不同场景下的分析需求，既有对离线数据的联合碰撞挖掘，也有对海量实时数据的分析，特别是在突发事件处理、重大案事件处理的时候，对时效性要求很高[5]。

2. 安防行业的数据特点

安防大数据涉及的类型比较多，主要包含结构化、半结构化和非结构化的数据信息。其中，结构化数据主要包括报警记录、系统日志、运维数据、摘要分析、结构化描述记录以及各种相关的信息数据库，如人口库、"六合一"系统信息等；半结构化数据包括人脸建模数据、指纹记录等；而非结构化数据主要包括视频录像和图片记录，如监控、报警、视频摘要等录像信息和卡口、人脸等图片信息。

区别于其他行业大数据，安防大数据以非结构化的视频和图片为主，其中视频数据是结构最为复杂的一种数据，需要以不同的方式来组织视频数据，所以形成了多样的视频编码格式和封装格式。视频的编码格式和封装格式种类远远超过了文本、图像、声音这些类型的文件数据格式种类，这也从侧面反映了视频结构的复杂性。视频本身结构复杂，不适合机器直接解读，要想利用机器去"读懂"视频，必须对视频流进行解析，将其转化成结构化数据，所以视频数据的处理也比文本、图像等数据要复杂。

海量视频数据的大量涌现，再加上丰富的场景应用需求，为计算机视觉技术的快速发展提供了肥沃的土壤。传统的计算机视觉系统主要从目标图像中提取特征，随着海量视频数据的出现，深度学习成为人工智能中进行大数据分析与处理的最好方法。计算机视觉与深度学习相互融合，解决了对大量非结构化数据进行分析与处理的难题，使得我们从识别图像发展到理解视频，促进了视频大数据的开发和应用。

3. 安防大数据技术的应用与发展趋势

安防大数据经过多年的发展，已经形成比较成熟的应用技术，包括大数据融合技术、大数据处理技术、大数据分析和挖掘技术。这些技术为安防大数据分析提供了坚实的基础，并对大数据的应用提供进一步支持，实现大数据在安防领域的深入应用[6]。

随着技术的不断成熟和应用的不断深入，安防大数据将向更成熟、更准确、更深层次的方向发展，其发展趋势主要有几点：安防智能化成为安防大数据的主流；具有感知的摄像系统将运用在安防行业中；强大的云存储系统将成为安防的重大发展趋势；可视化技术将得到提升；安防大数据将主要应用开源系统；大数据技术开发和课程体系建设将成为安防人才培养的关键等 [7]。

在大数据时代，随着物联网、移动互联网、云计算、人工智能等技术的不断应用，大数据建设需要整合包括物联网、互联网以及其他社会资源在内的数据，并与这些技术交叉融合，基于更加复杂的数据关联模型，更加高效的数据计算，提供综合性分析应用，提高数据治理、预测预警、关系挖掘、比对布控等各方面的能力，从而提高整个安防智能化水平。

5.1.3.3　AI 赋能安防

近年来，推动 AI 与安防行业相结合已成为社会、产业以及企业的共识。以机器视觉为代表的 AI 技术席卷全球，而安防产业由于其天然属性与 AI 高度匹配，在政策和技术双轮驱动下成为 AI 落地的重要场景。一方面，安防亟须智能化技术；另一方面，安防产业各场景下累积的庞大数据量，恰恰为当前以深度学习为主要代表的 AI 技术提供了用武之地。在安防场景中的 AI 技术落地，主要包括在感知方面的计算机视觉技术和认知方面的知识图谱技术的应用。

1.　安防感知

人类有史以来积累的大数据中 85% 以上是视频和图像数据，AI+ 安防软硬件市场中视频监控份额占比接近 90%。因此在安防领域，AI 的核心之一是视觉智能。AI 技术与安防监控的契合分析如表 5-1 所示。一方面为安防的海量视频数据 AI 化的数据训练工作提供了优质资源，另一方面将这些非结构化的图像信息转换为计算机能够理解的结构化数据迫在眉睫。算法方面，深度学习算法取得了重大突破，通过设置多层神经网络结构，让算法自行寻找和调节中间参量来进行大规模训练，可大幅提升效率与准确性。算法的成熟让安防领域利用计算机视觉来实现 AI 具备了先决条件。算力方面，随着 GPU 架构的推出和性能优化，在浮点运算、并行计算中，GPU 可以提供数十倍乃至上百倍于 CPU 的性能。安防领域的图像数据量大且数据层次复杂，让 GPU 加速图像处理和高性能计算的两大特点在安防领域得以充分发挥。算法和算力的成熟，让 AI 为视频监控系统提供了两类基础能力：基于视频流的动态对比识别和基于图片流的静态对比识别 [8]。

社会治安防控的基础逻辑是围绕人及其轨迹进行监测、布控，即围绕"居住的人"和"流动的人"，而城市摄像头密度高、人员复杂且活动频繁。随着我国城镇化率不断提升，大型城市（常住人口在百万以上）人口占比增长明显，轨道交通、铁路、民航等客运量大幅提高，未来这一趋势还将继续存在。传统安防依靠人力查阅监控的方式难以满足业务需求，对视频流或图片流进行 AI 化处理的技术手段需求迫切。

表 5-1　AI 技术与安防监控的契合分析

安防特点	AI 特点
基于人员及其轨迹进行监测与布控	人脸识别、视频行为分析技术日益成熟，可应用于对人的识别和追踪
视频监控数据巨大，但嘈杂信息多，有效数据需挖掘	能够将各种属性关联再进行数据挖掘
对利用技术手段提高业务效率的需求更强，单个案件侦破平均要调看 3 000 小时的录像，执法资源耗费巨大	通过感知和认知技术可将人力查阅和锁定嫌疑人轨迹的时间由数天缩短到分秒
传统安防侧重事后侦查，面临源头管理、动态管理不足等问题	可对监控信息进行实时分析，使安防管控前移到预警和实时响应阶段

人工智能在公共安全中较早的核心主流应用包括视频结构化和人脸识别。视频结构化包括对视频内容自动处理，提供目标的监测、跟踪、属性分析、以图搜图等功能，以用于案件侦破全流程的效率提升。人脸识别则包括对动态视频中的人脸与黑名单中的底库做实时比对，目前实战应用已较为成熟。

2. 安防认知

知识图谱与视频结构化分析、大数据分析同属于软件应用类服务，但存在明显区别。视频结构化分析是通过计算机视觉技术，对非结构化的视频数据进行处理，使其变为机器可识别的数据集，是知识图谱上游的数据来源之一。可以说，视频结构化分析解决的是人眼及人右脑视觉区域所解决的部分问题，而知识图谱更像是人的左脑，通过对右脑存储信息的分析进行知识构建和调用。大数据分析实现的是数据结构化及关联，知识图谱是在大数据分析的基础上，通过语义理解将"点、线、面"的数据关联与事物现实中非简单指向性的复杂关系相联结，而形成实用型认知应用。

安防知识图谱通过数据采集、数据处理、数据库重构、知识转化和实战应用 5 个步骤，运用分布式存储、关联算法、语义推理等技术，以及使大量的业务专家与技术人员配合，来实现技术与业务的深度融合。

常见的、具体的 AI 应用场景：一是人体分析，包括人脸识别、体态识别、人体特征提取等；二是车辆分析，包括车牌识别、车辆识别、车辆特征提取等；三是行为分析，包括目标跟踪监测、异常行为分析等；四是图像分析，包括视频质量诊断、视频摘要分析等。

5.1.3.4　从 IoT 到 AIoT

随着 5G 时代的到来，IoT 将在安防行业获得大规模的发展，IoT 的终极目标是"万物智联"。Gartner 的数据表明，2020 年全球 IoT 设备数量超过 200 亿台。然而单纯的万物互联缺乏意义，只有赋予其一个"大脑"，才可以真正实现万物智联，发挥出 IoT 的巨大价值。

IoT 前期的应用场景以数据采集、监测等为主，其业务流程和应用模式更多依赖于后台软件，不仅业务模式较为单一，而且由于标准不统一等问题，往往形成一个个"烟囱型"应用。大数据应用出现后，通过从各个应用后台数据库抽取数据并对其进行规范化处理，解决了横向数据整合和融合应用的部分问题。但大数据系统在时延方面有天然的瓶颈，从不同应用的数据库中采集"二手数据"再处理时延问题将更加严重。大数据系统用来做数据图表或者趋势分析和预测等没有问题，但面对实时性要求高的应用就无能为力了。此外，IoT 采集的海量异构数据存在不精准问题，如时空基准不统一，将导致采集的数据质量差异大，存在数据泛滥和冗余[9]。

AI 技术可以解决以上实时响应和融合协同的问题。AI 通过分析、处理历史数据和实时数据，还可以对未来的设备和用户习惯进行更准确的预测，使设备变得更加"聪明"，进而提升产品效能，提高用户体验。所以，IoT 所产生的庞杂数据只有 AI 才能够有效处理，进而提高用户的使用体验与产品智能程度，而对于 AI 至关重要的数据也需要 IoT 源源不断地提供，通过 IoT 持续不断提供的海量数据可以让 AI 快速地获取知识。也就是说，一方面，通过 IoT 万物互联的超大规模数据可以为 AI 的深度洞察奠定基础，另一方面，具备了深度学习能力的 AI 可以通过算法加速 IoT 行业应用落地。

因此，AI 与 IoT 在实际应用中的落地与深度融合，催生出被越来越多提到的新名词——AIoT。在过去的几年里，AIoT 的发展不可谓不迅速，在安防领域也逐步得到广泛应用。

首先，在城市安防方面，大量的智能摄像机与 AIoT 设备相互连接或组合，让视频与物联网融合应用，这既是技术发展的必然，也是应用需求的必然。例如，通过视频与消防探测器融合、视频与门禁系统结合，视频与温度及湿度传感器组合等，实现数据的动静结合（动态数据与静态数据）、视物结合（视频数据与物联网数据）及时空结合（时间数据与空间数据），再通过对这些多维数据进行融合、分析和使能，可以对异常情况或突发事件做到智能主动发现与及时联动处置，以帮助城市管理者提升管理水平与效率。

其次，在作为城市基本单元的社区，AIoT 助力之下的智能安防在社区管理方面提高了效率，如出入人员智能比对、对可疑人员进行身份报警、可视对讲及门禁、消防监测与报警、停车管理等。AIoT 助力之下的智慧小区在便民生活方面提供人性化服务，如居家保全、独居老人安全、邻里互助或宠物照料等。尤其在新冠肺炎疫情之后，AIoT 在社区公共安全方面的应用具有更高的价值，如非接触式的体温筛查、进出人员登记、隔离人员关怀等。

最后，在国土防灾领域，AIoT 也大有用武之地。近年来政府力推智慧防灾，智能安防结合 AIoT 技术可监测或预警泥石流、洪水以及桥梁坍塌等，让安防智能化真正惠及人民。

5.1.3.5　云计算 + 安防

近年来，云计算技术蓬勃发展，在各领域均得到广泛应用。2020 年 4 月，国家发展和改革委员会明确了"新基建"的范围，将云计算纳入新技术基础设施。云计算具有节省成本、资源整合、灵活、跨平台、安全、节能环保等优势。随着云计算普及性和易用性进一步增强，安防后端呈现出的最大技术趋势之一就是向云计算技术的转变。安防后端的压缩、存储、计算、分析、展示等功能可以在云端实现。

云计算有海量的存储空间和对海量数据进行计算和分析的能力。在安防行业,一方面,云存储提供了较大的存储空间,为海量视频数据的存储提供了帮助,解决了安防行业从标清到高清转化所需要的巨大存储需求;另一方面,云计算平台提供强大的计算能力和分析能力,实现对海量数据和信息的关联、转化,并进行深入分析,一定程度上推动了图形、图像检索和智能分析技术的发展。

云存储、分布式智能分析技术和分布式大数据都用到了云计算技术,分布式大数据还使用了大数据的分析引擎。云存储、分布式智能分析技术和分布式大数据联系紧密,在安防领域的应用主要体现在以下 3 个方面。

第一,云存储技术解决了海量视频大规模存储、管理和应用的问题。

安防从标清到高清,再到"4K"甚至"8K",画质不断清晰化的同时,对于存储的需求加倍增长。海量的数据急需庞大的存储空间,便于记录和日后的调用、查证。云存储有几大特点:线性扩展的高并发读写性能、海量存储空间的弹性扩展、可靠和完善的数据保护、合理的数据安全保障、设备资源的有效整合等。

云存储大多采用分布式架构＋计算存储节点的方式支持快速的视频资源读写。云存储允许所有存储节点并行访问整个系统中的任何文件,且可以实现并发读写,相当于多个人干一个活,读写效率远远高于传统 IPSAN 存储。当设备容量增加时,性能可随容量线性提高,性能无瓶颈。云存储可提供数百 PB 的数据管理能力,并且能够平滑扩容,扩容过程对业务不影响。

在保护技术上,随着 CDN 技术、数据加密保护技术、存储备份和恢复技术、远程连续数据复制技术、快照技术等的推广和应用,云存储提供高可靠性,数据不会丢失。

在数据安全上,云存储通过纠删码技术对数据进行切片,将其分别存储在多个节点设备上,若意外发生设备级故障,存储数据将不会丢失;对于重要数据还可以采用多个 IDC 机房异地备份机制,即使发生火灾、地震等灾害,仍可以保证数据的安全。

此外,云存储通过集群应用、网络技术、分布式文件系统等将网络中大量不同类型的存储设备通过应用软件集合起来协同工作,可对系统内的设备资源、带宽资源、存储空间资源等进行有效整合,为用户提供大容量、高性能、高可靠的透明存储服务。

第二，基于云计算的分布式智能分析技术，快速处理海量视频图像。

海量的数据存储也带来了数据筛选的困难，处理、计算工作也随之成倍增加，想要从海量的数据中准确找到自己需要的数据，犹如海里捞针。因此，从大数据中精准、快速地找到目标数据已成为当务之急。云计算的出现很好地解决了上述问题，通过弹性资源分配、并发处理技术，大量的视频图像数据被快速处理，可快速提取目标视频，支撑视频分析应用。

视频分析应用是安防行业的一个不懈追求。采用智能分析技术可以实现对视频数据的智能化分析，提高高清视频数据的管理和处理能力。利用内置或者独立的软件管理平台，从设备资源（包括性能、存储容量、设备部件等）、视频图像资源的一体化管理和监管，实现智能、可视化、自动资源调度等全方位管理。随着智能视频分析算法的不断完善，各场景下各类系统数据的逐渐丰富，加上计算系统的算力持续提升，安防行业中的智能视频分析应用将得到进一步发展。

智能视频分析应用是视频深度信息化应用的重要基础，视频数据的信息结构化分析和描述、视频目标的识别和跟踪以及基于视频分析的预警等功能都离不开智能视频分析。云计算环境下，智能视频分析应用将呈现服务化的趋势，提供统一的智能视频分析业务服务。

第三，利用分布式大数据实现安防各类信息点的关联、综合分析。

分布式大数据技术可以将视频监控系统内的视频目标信息，包括前端感知型摄像机抓取到的目标信息、分布式智能视频分析系统分析出来的信息，以及报警信息、人员特征信息等都关联起来，进行信息的综合分析。

尽管云计算技术有上述诸多优势，云计算中心也在安防行业发展中扮演了非常重要的角色，但这一应用趋势正在发生改变。因为在实际应用中，把前端的数据全部传输到云端是不现实的；而且边缘设备越来越多地运用了人工智能和深度学习等技术，这些边缘设备需要处理大量的数据，甚至需要实时进行处理，实时做出反应，这使云计算变得越来越困难。因此，一个巨大的改变是云计算中心的大量计算能力慢慢从云端转移到网络边缘。边缘计算技术的引入，对安防行业具有重要意义和广泛的应用价值。

5.2 安防行业边缘计算现状

5.2.1 边缘计算在智慧安防领域有广泛的应用价值

我国一个一线城市可能有上百万个监控摄像头，面对产生的海量视频数据，云计算中心服务器计算能力有限。如果我们能够在边缘对视频进行预处理，将部分或全部视频分析迁移到边缘，就可以大大降低对云计算中心的计算、存储和网络带宽需求，所以视频监控行业是应用边缘计算技术较早的一个行业。由于使用了边缘计算技术，整个视频监控行业已经从传统的视频监控系统逐渐过渡到视频图像信息应用系统，以十分典型的视频在侦查方面的应用为例，其优势主要体现在以下方面。

第一，数据的分布式收集存储。

在边缘计算模型下，借助边缘服务器实现对政府、社会和个人等各类零散监控的整合，在边缘端进行一次预处理，对无价值的数据进行过滤，然后对视频数据进行短暂存储并自动分流，这一操作能有效减缓云端平台的存储压力。虽然每一个边缘计算节点的存储能力都无法与云端相提并论，但无数个边缘计算节点的存储能力不容小觑。

视频图像数据中可能包含重要的侦查信息，而数据在边缘端的分布式存储能有效保障这些信息的安全性，避免因黑客、不法分子对云端的攻击导致侦查信息泄露。

第二，数据的加密传输与共享。

监控设备所记录的各种视频信息关系社会公共安全，具有侦查价值的视频信息更影响着对违法犯罪活动的打击与案件的侦破。一旦某些关键视频数据被不法分子截取、篡改，则可能造成侦查情报线索或关键犯罪证据的丢失。在边缘计算模型下，公安机关可以通过对边缘端的设计，使经过初步处理的视频数据得到一次加密，通过通信技术将这些数据向指定的云端平台进行输送。这些视频数据中侦查信息的安全性得到充分保障，在传输过程中被窃取的可能性大大降低[1]。

另外，因为这些数据可能是异构化的，明确了各数据类型后，需要确定一种统一的数据格式，在视频数据源头附近完成转换，以有效保证来自各边缘端数据的兼容性，并基于此实现目标数据结构化，打破不同地域间视频监控数据的共享壁垒，从而做到不同部门、不同地域、不同人员之间的高效沟通与信息共享。

第三，数据的智能分析与协同。

边缘端能在一定程度下实现对所辖前端设备的自动化调整。监控识别运动物体后，相邻监控能够在同一边缘管理器的控制下实现一定范围内的配合，进而做到监控视角的自动调整、对焦或轨迹追踪。当人迹相对较少时（如夜晚时分、特殊场所等），这种运行模式能替代人员对监控体系及时做出调整。同时，边缘端智能识别的突发性案件可以经有效识别后向侦查机关自动预警，使视频信息应用同步化。例如，在当下人脸、车辆识别等技术愈发成熟的背景下，某些监控已经具备了强大的识别能力。监控所识别的人像、车辆等信息通过边缘端迅速完成与云端的比对，出现可疑人员、车辆时由边缘端自动下达相应指令，通过各边缘端、各监控探头的自动配合对可疑人员进行追踪，为侦查人员的介入争取宝贵时间[1]。

第四，数据的规范有序运营。

边缘计算的框架有利于视频数据的规范运转，从而形成有序的数据库资源。前端生成的视频数据，沿着边缘服务器利用通信技术向云端传输。云端可以对各边缘端、边缘端可以对各前端设备实现有序管理。

边缘计算可就近计算的特质，让其一方面可对人脸数据、人群分析、生物识别、商品识别等分析结果进行高效的处理，不用必须在现场部署昂贵、笨重的硬件设备实现智能场景，极大地提高智能场景的落地效率和复制速度；另一方面，分布广泛的摄像头也因为有边缘存储服务可以就近存储，提供就近高速可存、可分析的业务体验。边缘计算的这两个优势使其与安防行业紧密联系，在边缘计算的部署下安防场景能够更好、更快地落地实施。边缘计算在安防领域的实践从根本上打破了原本"智能"应用落地的壁垒，让原本受限于计算力、传输环境、存储环境等诸多因素的应用得以实现。

5.2.2 安防行业边缘计算技术应用发展的 3 个阶段

安防行业的边缘计算技术应用发展分为如下 3 个阶段[10]。

第一阶段，早期的视频编码及加密技术。

视频监控从模拟时代向数字时代过渡时，面临的一大问题就是庞大的视频数据量，尤其是对高清视频的需求，如果不对数据进行压缩，就无法进行视频传输。所以要传输数字视频，必须在数据源头对视频数据进行压缩处理。这种视频压缩技术其实就是一种边缘计算技术。另外有些场景要求对压缩视频进行加密传输，所以有些数字监控设备具备在设备端对视频进行加密的功能，这种技术其实也是一种边缘计算技术。因此早期的边缘计算技术在安防行业应用的主要特点是可缓解流量压力和安全性更高。

第二阶段，中期的各行业专用分析算法。

设备采集到数据后需要立刻进行数据处理，并对违规行为进行识别，然后将违规的现场音视频信息和相关人与物的信息上传到云端，这也是一种典型的边缘计算。例如在路口的具有分析能力的摄像头抓拍闯红灯等交通违法行为，智能摄像头检测和分析是否出现违规、并识别车牌号，随后将违规结果（如时间、地点、车牌号、违规项等）传到后端即可。

第三阶段，当下基于深度学习的人脸识别等人工智能算法。

最近几年，深度学习在人工神经网络优化方面获得突破，使得机器辅助成为可能，拓展了人工智能的应用领域。各大芯片厂商纷纷开始推出人工智能算法的芯片，使得人工智能在边缘端的实现成为可能。各大安防厂商也相继推出基于边缘计算技术的人工智能设备，如人脸抓拍系列产品等。基于边缘计算技术，人脸抓拍产品能够在行人通过的时候第一时间解析出人脸数据，并把人脸数据发到数据中心进行匹配处理。相比单纯云计算的方案，边缘计算技术无须把所有视频数据上传，能够大幅度减少数据流量，提升实时性，即使基于 4G 网络也能保证数据的完整性。当然，边缘计算技术可以部署在任何移动网络或固定网络上，但 5G 才是推动绝大多数边缘计算应用广泛落地的网络接入技术。

5.2.3 安防行业边缘计算两大特征：云边协同与边缘智能

5.2.3.1 安防云边协同

智慧安防中计算是关键。智慧安防是云计算与边缘计算的融合。云计算是新一代集中式计算，而边缘计算是新一代分布式计算，符合互联网的"去中心化"特征。边缘计算将数据采集、数据处理和应用程序集中在网络边缘的设备中，数据的存储及处理更依赖本地设备，而非服务器。如前文所述，边缘计算并不会取代云计算，二者更多的是协同工作，系统会根据数据量和架构的复杂程度来权衡。边缘计算可以作为云端数据的采集单元，以支持云端应用的大数据分析；而云计算则可以通过大数据分析将优化的信息反馈到边缘侧做进一步的优化处理。所以边缘计算与云计算的协工作，会将安防行业大数据分析推向一个新的高度。

第一，从业务需求来看，随着前端摄像头数量和传输数据量的飞速增长，未经处理的数据直接传输给后端设备，这些后端设备在空间、能耗、环境等方面的限制条件相对来说要少一些，能够大规模、集中部署，因而能够对海量的数据进行深度处理、分析，但会给网络传输带来巨大的压力。海量视频数据通过蜂窝网络、互联网和 VPN 技术进行传输，带宽的限制使数据传输效率难以得到保障。视频数据云端接收出现的高时延使紧急性侦查措施的实施和突发性刑事案件的处置出现滞后，而在某些情况下，这种滞后能直接影响到案件最终的侦办结果。

对于纯前端智能化处理的方式，其优势在于能够将后端的计算压力分摊到前端，节省带宽资源；其劣势在于前端的硬件计算资源量相对受限，运行的算法比较简单，并且由于设备部署很分散，算法升级、运维都会比较困难。而对于纯后端智能化处理方式，其优势在于能够提供足够的硬件计算资源，运行的算法可以很复杂、高效，而且集中设置的方式使得算法升级、运维很方便；其劣势在于端侧不做数据筛选、处理，原始的数据传输会占用大量带宽资源。

因此，"云边协同"方式是安防智能化发展的必然趋势。这样能够充分发挥两种方案各自的优势，有效缓解系统带宽压力、缩短处理时延和提高分析准确度。在整个系统中，边缘计算功能除了可以由前端设备本身的智能化来实现外，还可以借助承载网络的边缘计算功能来实现，也就是在靠近网络边缘的地方部署服务器，综合网络的资源使用情况、系统性能以及设备信息，尽可能在最靠近网络边缘的位置进行业务分流，或进行数据分析、处理，同样可以达到缓解骨干网的传输压力、降低处理时延、提升用户体验的目的。

第二,从技术发展来看,边缘计算与云计算是安防行业数字化转型的两大重要计算技术,两者在网络、业务、应用、智能等方面的协同发展将有助于安防行业更大限度地实现数字化转型。

云计算把握整体,适用于大规模、非实时业务的计算;边缘计算关注局部,适用于小规模、实时性计算任务,能够更好地完成本地业务的实时处理。与云计算相比,由于边缘计算靠近信息源,数据可在本地进行存储与处理,不必将全部数据都上传至云端,减少了网络的负担,避免了网络拥塞,提高了网络带宽的利用率。在人工智能应用中,云计算更适用于进行人工智能算法模型训练与大规模数据的集中化分析,边缘计算更适用于基于集成的算法模型,进行本地小规模智能分析与预处理工作。例如,视频监控和人工智能相结合,在边缘计算节点上搭载人工智能视频分析模块,面向智能安防、视频监控、人脸识别等业务场景,以低时延、大带宽、快速响应等特性弥补当前基于人工智能的视频分析中时延大、用户体验较差的问题,实现本地分析、快速处理、实时响应。云端执行人工智能的训练任务,边缘计算节点执行人工智能的推论,二者协同可实现本地决策、实时响应,实现表情识别、行为检测、轨迹跟踪、热点管理、体态属性识别等多种本地人工智能典型应用。

因此,在业务需求和技术发展下,云边协同将引领安防智能化技术潮流。

5.2.3.2　安防边缘智能

安防行业是人工智能落地"首站"之一。边缘计算与人工智能相互融合的新模式称为边缘智能。边缘智能是指在靠近数据产生端的边缘侧应用人工智能算法、技术、产品。边缘智能旨在利用边缘计算低时延、邻近化、高带宽和位置认知等特性,通过人工智能技术为边缘侧赋能,使其具备业务和用户感知能力,智能感知边缘侧的业务需求变化,并经过近端的智能分析,支撑本地业务的实时化处理与执行,实现快速响应和敏捷部署。

需求方面,来自政府、企业以及个人的安防需求,尤其是政府,如公安部的雪亮工程提出要实现"全域覆盖、全网共享、全时可用、全程可控"。我国安防领域信息化基础扎实,摄像头、抓拍设备等部署密度大,但大量的监控视频数据分析工作对人力的需求与当前基层人力缺失、人力成本上升之间的矛盾突出。另外，当前安防行业边缘侧的数据采集几乎已不存在障碍，但人工智能在云端处理所带来数据传输、存储等方面的问题突出，智能安防的建设成本高。尤其随着监控摄像头的清晰度从1080P向4K分辨率发展，将给数据传输、存储带来更加严峻的挑战。因此，急需将较大部分的视频智能化处理工作前置，保证目标识别的低时延，从而实现实时的犯罪预防、紧急事态预警。

技术方面，目前公共安全领域在数据库的搭建、算法模型的训练、业务场景的适配方面，已经具备较好的基础，且受益于近年来深度学习和机器视觉的阶跃式发展，人工智能在安防行业的落地步伐加快，不断拓展深度、广度。另外，人工智能芯片及嵌入式感知系统不断完善，增强了前端智能设备的算力，可以完成更为复杂的视觉计算功能，这样就可以将检测、识别、分类的结果在前端进行实时应用。特定场景下对智能分析的实时性、安全性要求，需要在前端智能设备上直接实现；前端智能化处理还能按需将高质量的结构化数据及分析结果传输至后端，减少丢包、压缩造成的信息丢失或误差，提高智能分析的准确性。

基于安防行业发展趋势所带来的痛点问题和最新技术发展，在未来安防行业的云边协同工作中，边缘侧要承载的人工智能任务更加复杂、多样、繁重。接下来的问题是边缘智能如何实现。

首先，边缘智能的载体一般是具备一定计算能力的硬件设备，它们可以实现不同的智能功能，我们称之为边缘计算节点。边缘计算节点就近收集和存储智能前端的各类异构数据、就近管理和调度智能计算资源，满足不同场合对智能分析的即时响应、即时分析的需要。边缘计算节点可以接收、整合、传递智能前端的结构化数据，也可以根据需要调配算力，应用不同的算法对当前分级内的数据进行智能分析，实现智能应用。

其次，单个边缘计算节点可以对本级内智能前端以及边缘计算所需的存储资源以及计算资源进行统一管理，根据需求调度智能算法，结合边缘计算节点的智能分析能力，在本级内完成所有预定的智能功能；多个边缘计算节点可以根据需求组合，形成一个智能网络，在网络中对数据进行加工，交换数据，共享计算结果。

以人脸识别应用为例，人脸检测、抓拍乃至对比等人脸识别算法可以利用深度学习神经网络算法离线训练,训练完成后再进行算法精简,将人工智能能力"注入"前端摄像机等边缘设备,通过高性能计算芯片和图像识别智能算法赋能边缘设备,在边缘实现视频图像目标的检测、提取、建模、解析等,把图像解析的计算压力均匀地分摊到小颗粒、大规模的边缘计算资源上,仅把精炼的结构化有效数据上传至云端并处理,有效降低视频流的传输与存储成本,分摊云计算中心的计算和存储压力,实现效率最大化。在本地设备上直接完成智能图像识别,实现低时延和快响应,提高了实时性。

边缘计算与人工智能技术在公共安全领域的应用能够有效提升公共安全管理的效率与水平,大幅降低人力和物力成本,对城市管理、民生改善具有巨大价值,市场前景广阔,且技术应用的基础条件已经成熟,边缘智能技术将得到进一步发展,边缘侧 AI 应用场景将得到进一步丰富。

5.2.4 基于云边协同和边缘智能的安防系统架构

边缘计算具备降低时延、扩展带宽、支持设备异构性、提高资源利用率和保护用户的安全和隐私等优势。安防行业越来越多的数据从云计算中心下沉到网络的边缘,尽可能地贴近用户进行数据的收集、计算和分析。尤其对于视频监控业务,很多时候视频监控的环境因素变化不大,导致很多数据属于冗余数据,使用价值并不大。因此,完全有必要通过边缘计算节点对这些视频数据进行分析、筛选或压缩,只将有价值的视频数据流回传到远端的应用平台,从而大大降低传输网的带宽压力,而原始的数据流则可以在本地进行分流,存储在边缘计算节点上,以备后续调用。

从逻辑架构上,基于云边协同和边缘智能的安防系统架构从下至上分为前端感知、边缘计算、云计算和安防应用 4 个层面[11]。基于云边协同和边缘智能的安防系统架构,如图 5-4 所示。

第一层,前端感知:前端感知是整个系统的神经末梢,负责现场数据的采集。除摄像头外,系统的接入终端还包括各类传感器、控制器等物联网设备。

第二层,边缘计算:汇总各个现场终端传输的非结构化视频数据和物联网数据并进行预处理,按既定规则触发动作响应,同时将处理结果及相关数据上传给云端。根据需要,边缘计算节点可实现一个或多个边缘应用的部署。

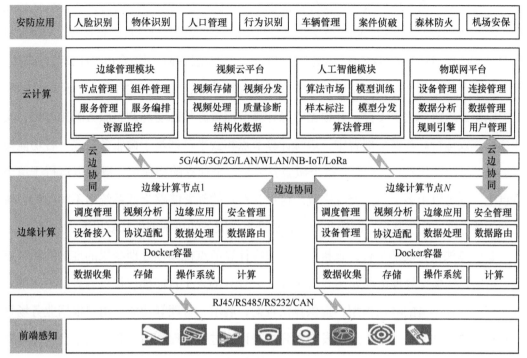

图5-4 基于云边协同和边缘智能的安防系统架构

第三层，云计算：主要由边缘管理模块、视频云平台、人工智能模块和物联网平台组成，负责全局信息的处理和存储，承担边缘计算无法执行的计算任务，并向边缘计算下发业务规则和算法模型，以及为各类应用的开放对接提供标准的 API。

第四层，安防应用：利用分析和处理的结构化/半结构化数据，结合特定的业务需求和应用模型，为用户提供具体的垂直应用服务，如人脸识别、物体识别、人口管理、行为识别、车牌管理、案件侦破、森林防火、机场安保等。

该架构的核心是边缘计算节点、云平台和智能算法模型。

边缘计算节点位于边缘计算层，融合了计算、存储、网络、虚拟化等基础能力，实际部署位置可按需灵活选择。由于业务场景和用户需求不尽相同，边缘计算节点须具备较强的场景适应性，支持业务规则、算法及应用的敏捷部署和快速调整。"通用硬件＋开放软件"显然是理想的实现方案，一方面，硬件白盒化有利于降低部署成本；另一方面，也为充分共享产业成果、加快落地应用提供了便利条件。当然，软硬件解耦也会带来额外的资源消耗，提高复杂度，运行效率和整体性能也有所损失，因此软硬件的适配和迭代优化尤为关键。边缘计算节点为边缘 PaaS 和 SaaS 应用的部署提供基础软件运行环境。与物理机和虚拟机相比，Docker 容器运行环境更轻量高效、可移植性强，更适合边缘计算节点部署。

云平台位于云计算层，用于统筹管理边缘计算节点，为其创建和部署、运行监控和维护以及云边协同提供支撑，并根据边缘计算节点资源状态动态调整服务编排方案，实现全局高效运行。在实际部署中，边缘计算节点和云平台都基于微服务方式，各功能模块通过 Docker 引擎工具实现。每个微服务都是一个独立的构建块，既可以运行于单个节点上，也可以由多个节点交互完成。这种分布式的部署能够降低系统中不同功能模块之间的耦合度，便于开发、部署和测试，提升系统服务的可拓展性和复用率。

智能算法模型成熟与否，直接决定了边缘计算节点视频预处理结果的准确性和可信度。智能算法模型处理流程如图 5-5 所示，云计算的人工智能模块提供与算法相关的业务功能，内置丰富的算法模型，提供算法查询、展示、管理等功能。用户根据业务场景订阅相应的算法，关联设备后下发模型到边缘计算进行推理使用。利用云平台的计算资源搭建训练环境，支持算法模型的训练和开发，并提供算法更新与移植能力，通过统一的算法配置接口，可实现便捷的算法调整和再部署。

仍然以十分典型的视频监控业务中人脸识别应用为例，进一步说明基于云边协同和边缘智能架构的业务流程。

首先，云计算中的人工智能模块在云端的人工智能训练环境中进行人脸模型训练和交付，边缘管理模块对云端、边缘端应用进行统一管理、监控、运维，确保云端、边缘端应用的一致性及高可用性。

其次，部署并下发相关人脸识别应用至边缘计算节点。

然后，前端感知的摄像头实时将视频流或抓拍的图片回传至边缘计算节点。

最后，边缘计算节点对前端数据进行收集、存储和预处理；处理后的数据送到人脸识别应用中，应用将数据与边缘端本地人脸数据库进行对比，并将计算结果返回到前端；同时将预处理后的特征数据等重要数据信息上传至云端中心数据库进行存储并实现多地信息同步。

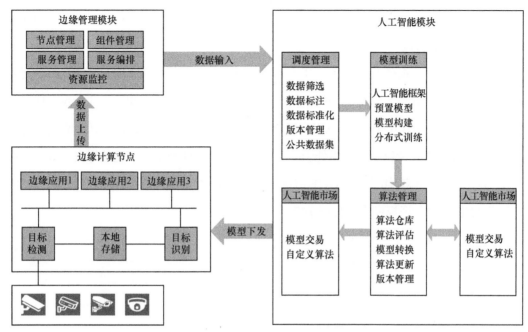

图 5-5　智能算法模型处理流程

在以上处理过程中，由于人脸识别应用在边缘侧发起，在近端进行处理，减少了在云端来回传输数据的需要，可对识别结果进行高效处理，满足安防行业在实时业务、应用智能等方面的基本需求，提高智能安防的落地效率和复制速度。

5.2.5　安防边缘计算 AI 芯片

5.2.5.1　安防 AI 芯片

芯片在智能安防整体框架中扮演着非常核心的角色，也在很大程度上影响着安防系统的整体功能、技术指标、稳定性、能耗、成本等，对安防行业未来的发展方向起着关键作用。AI 已经上升为国家战略，而作为支撑 AI 应用落地的基石——AI 芯片，其发展就显得尤为重要。

当前，关于 AI 芯片的定义并没有一个严格和公认的标准：第一种看法是，面向 AI 应用的芯片都可以称为 AI 芯片；第二种看法是，只要运行 AI 算法的芯片都可以称为 AI

芯片；第三种看法是，AI 芯片特指针对 AI 算法，特别是以 CNN 为基础的深度学习做了特殊加速设计的芯片。

Tractica 的研究报告显示，2019 年全球 AI 芯片的市场规模为 110 亿美元（1 美元 ≈ 6.404 元人民币，下同）。2019—2025 年全球 AI 芯片市场规模，如图 5-6 所示，中商产业研究院预测，2025 年全球 AI 芯片的市场规模将达 724 亿美元，7 年复合增长率将达 36.90%。中国 AI 芯片行业发展尚处于起步阶段，近两年迎来了新一轮的爆发。如图 5-7 所示，2019—2024 年中国 AI 芯片的市场规模将保持 40% 以上的增长速度，预计 2024 年中国 AI 芯片的市场规模将增长至 785 亿元。

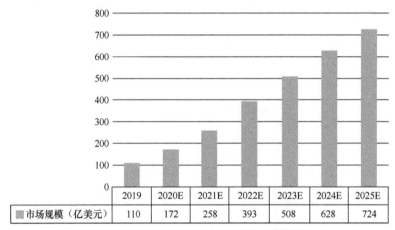

	2019	2020E	2021E	2022E	2023E	2024E	2025E
■市场规模（亿美元）	110	172	258	393	508	628	724

图 5-6　2019—2025 年全球 AI 芯片市场规模

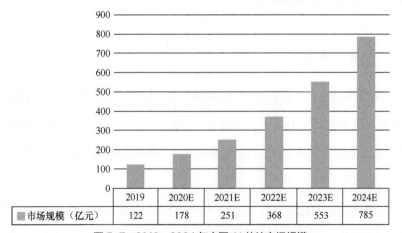

	2019	2020E	2021E	2022E	2023E	2024E
■市场规模（亿元）	122	178	251	368	553	785

图 5-7　2019—2024 年中国 AI 芯片市场规模

从技术架构上来看，AI 芯片一般包括 GPU、FPGA 和专属的 ASIC 芯片，这主要是由深度学习的特性决定的——对海量数据，尤其是非结构化数据（如图像、视频、语音等）进行大规模并行处理。深度学习算法的训练和推理：训练过程为高精度、高计算量的正反向多次迭代计算；推理过程为正向计算过程。考虑到应用场景的多样性，AI 芯片的核心指标是能效、速度、安全和硬件成本，而计算精度可依场景需求而定。因此传统 CPU 在功耗受限的情况下，仅通过提高 CPU 和内存的工作效率，无法满足深度学习的海量数据运算要求。

对于安防智能化，AI 芯片是动力和基石，GPU、FPGA、ASIC 及 SoC 各路芯片厂商也在积极探索更优化的技术方案和更契合场景的行业应用。从 AI 芯片在安防行业的应用来看，AI 芯片覆盖着端、边、云，这 3 种场景对于芯片的运算能力和功耗等特性有着不同的要求，单一品类的智能芯片难以满足实际应用的需求，因此需要根据硬件部署的场景选择不同形态和组合，实现安防智能化。

对适用于边缘计算的 AI 芯片需求迫切。由于前端设备对芯片的功耗、成本限制，端侧芯片的性能当前还无法完全满足 AI 计算的需求，很大一部分 AI 任务还需要放在云端完成，这就为数据传输带宽和云存储带来了很大的挑战。因此，适用于边缘计算的 AI 芯片需要满足即时、准确、低成本、低功耗等高要求。如在社会治安应用中，根据反恐、社区可疑人员等信息结合时间频次等预测出可能出现的危险情况和安全隐患，从而组织治安队伍更有针对性地进行社会管理，这些都需要系统具有高准确性和高实时性。同时边缘端设备对 AI 芯片的体积和成本要求很高，不能占用很大的存储空间，功耗不能太高[13]。

按照部署位置划分，边缘计算 AI 芯片主要包括边缘终端 AI 芯片和边缘服务器 AI 芯片两大类。前一类针对终端设备的人工智能计算，可以实现最低的时延，但由于终端设备的电池容量有限或者对于散热容忍度较低，因此对 AI 芯片的能效比提出了极高的要求。后一类用于就近设立边缘服务器，把终端的数据放到离终端比较近的边缘服务器上处理，然后快速返回给终端设备。

5.2.5.2　安防边缘终端 AI 芯片

边缘终端 AI 芯片是指在终端设备上做计算的 AI 芯片，对于功耗和能效比有很强的要求。在安防领域，最为典型的终端设备之一当然是摄像头，而支持深度学习算法的摄像头将业务目标的检测指标大幅提升，检测功能更加全面，一方面可以实现针对人的异常行为的识别与检测；另一方面可以支持违规车辆抓拍、车流量统计以及对车辆类型、颜色、品牌等车辆属性信息的识别。

AI 计算很大程度是围绕卷积计算的效率展开的。卷积计算要进行大量的乘累加运算，而且很容易并行化，因此围绕卷积运算的各种加速器应运而生 [12]。

目前来看，边缘终端市场有两种形态的芯片产品，其中一种是针对特定应用的 SoC。

SoC 集成度高，其技术路线是使支持 DLA（Deep Learning Accelerator，深度学习加速器）的 SoC 逐步替代原有的 SoC，从而减少了用于图形处理或 DLA 处理器的额外功耗。当然，DLA 计算在芯片中只占一小部分，其他大部分芯片则交给了主控处理器、视频解码等模块。由于 AI 算法通常在传统的高端 SoC 上运行，相对较高的价格和高功耗阻碍了 DLA 摄像头的进一步发展，具有 DLA 功能的摄像机直到 2016 年才首次推出。市场中也逐渐出现具有较低功耗和紧凑设计的专用 SoC，以进行相机中的嵌入式视觉分析处理。这些 SoC 在价格敏感的大众市场中由于大规模生产而体现出优势。

基于高通 QCS603/605 SoC 的终端设备能够支持 AI 应用，例如人脸检测、人脸识别、对象跟踪和人数统计等。英特尔子公司 Movidius 发布了 Movidius Myriad X VPU（Video Processing Unit，视频处理单元），它是一种低功耗 SoC，具有神经计算引擎，用于深度神经网络推理的专用硬件加速器，可安装在无人机、智能相机、VR/AR 头盔等设备中。

边缘终端市场芯片的另一种形态是嵌入通用加速器做独立芯片。

AI 加速模组 IP 的提供商有 ARM、Cadence、CEVA 等传统 IP 提供商以及寒武纪这样的初创公司。其中 ARM 和寒武纪的产品架构是专门针对智能计算设计的，Cadence 和 CEVA 的产品是基于 DSP 产品演进而来的。

将智能算法直接固化为 IP，嵌入前端视频监控 SoC 芯片中，采用这一方式能够较好地兼顾功耗与价格。高通、华为、寒武纪等公司纷纷推出搭载 AI 加速模组的 SoC。

海思于 2018 年发布了带有 CNN 加速器的 Hi3559A SoC，以进行边缘深度学习分析和处理。从 2018 年到 2019 年，海思发布了 4 种具有嵌入式智能计算能力的摄像头编解码芯片：Hi3516CV500、Hi3516DV300、Hi3519AV100 和 Hi3559AV100。该系列芯片涵盖了从中型到高级的智能视频检测。作为 SoC，这些芯片能够独立工作。例如，华为 Atlas 系列加速模块可以通过嵌入 Hi 3559AV100 等芯片实现面部和车牌识别等功能。

2019 年，寒武纪正式发布首款面向边缘智能计算领域的 AI 系列产品——思元 220（MLU220）芯片。思元 220 芯片是一款专门用于深度学习的 SoC 边缘加速芯片，采用 TSMC 16nm 工艺，具有高算力、低功耗和丰富的 I/O 接口，其架构为寒武纪最新一代智能处理器 MLUv02，最大算力为 32TOPS，功耗 10W。思元 220 芯片还可提供 16/8/4 位可配置的定点运算，客户可以根据实际应用灵活地选择运算类型来获得卓越的人工智能推理性能。

除了这些处理器制造商之外，一些摄像机制造商也在为其高端相机产品线开发处理器。

在短短几年内，从无法进行视频分析和处理的"傻瓜机"到可以处理基于像素进行简单分析的"智能机"，再到具有 DLA 功能的、可应用于边缘端的"AI 机"，技术进步将持续进行。视频监控摄像机与智能手机一样，功能也在迅速增加，HIS 公司预计未来大量摄像机将能够同时分析大量复杂的数据或者单一视频流。尽管 DLA 视觉分析已渗透于摄像机侧，广泛而复杂的 AI 分析仍将在服务器上集中处理以进行内容分析，且决策将在分布式处理架构中进行。

5.2.5.3　安防边缘服务器 AI 芯片

边缘服务器 AI 芯片是指在边缘服务器上做计算的 AI 芯片。目前我国的智能摄像头产品已经在安防、人脸识别等领域真正落地，而边缘服务器是较适合智能摄像头的产品形态，一方面，在不少此类应用中对于可靠性有很高的要求，因此部署在边缘端的 AI 更适合；另一方面，智能摄像头的计算可以集群化操作，边缘服务器相比于终端设备对芯片功耗的要求宽松许多，因此非常适合于这种可以集群化计算的应用，用一个边缘服务器处理多路智能摄像头也是非常经济的方式。

由于边缘服务器对于 AI 算法精度有一定要求，因此往往使用的是类似半精度浮点数的运算方式，很多边缘终端芯片上常见的 INT-4，甚至 INT-2 等低精度整数运算由于损失精度过多，不太适合边缘服务器。

边缘服务器市场尚属于新兴市场，加入"战场"的公司并不多，目前仅有英伟达、华为、比特大陆等，而不同的公司主打不同的细分市场。英伟达的主要产品包括 Jeston TX1、Jeston TX2 以及 Xavier 和 Xavier NX。其中 Xavier 芯片的峰值算力为 30TOPS，功耗为 30W，主要针对高端市场，显然并不适合对部署成本有要求的智能摄像头。

海思的昇腾系列 Ascend 310 是面向边缘计算产品、高能效、灵活可编程的 AI SoC，支持多种数据精度，能够同时支持训练和推理两种场景的应用。在典型功耗 8W 的条件下，可以达到 16TOPS@INT8、8TOPS@FP16 的性能，更多用于端侧和边缘侧，主要可以应用在和图像、视频、语音、文字处理相关的场景。

比特大陆第三代 AI 芯片 BM1684 聚焦于云端及边缘应用的 AI 推理，采用台积电 12nm 工艺，在典型功耗仅 16W 的前提下，FP32 精度算力达到 2.2TOPS，INT8 算力高达 17.6TOPS，在 Winograd 卷积加速下 INT8 算力更提升至 35.2TOPS，并集成高清解码和编码算法。

5.2.6　边缘计算在安防行业面临的问题与挑战

随着各类数据呈指数级增长，云端存储和计算的压力快速增大。虽然相关大数据技术发展迅速，但两者之间不成比例的增长速度是巨大难题，而盲目扩大云端存储规模是不理性的。因此，边缘计算在安防领域的应用成为近几年的趋势。但没有一项新技术一出现就是完美的，因此须充分考虑到边缘计算在安防行业应用的困难与挑战。

第一，边缘计算在安防领域的应用需要其他技术的配合，如人工智能，而 AI 芯片在其中扮演着核心角色。智能安防领域急需更多适用于边缘计算的 AI 芯片，能满足即时、准确、低成本、低功耗等高要求。

第二，就边缘设备的部署和运维而言，需要考虑 AI 芯片的体积和成本等核心因素，而且其具体下沉的位置，也需要综合考虑网络管理的复杂度、性能优化的效果来进行部署。除此之外，边缘计算节点设备部署分散，如何管理分散的、数以万计的终端设备，对运维的方式和效率提出了新的挑战。

第三，边缘设备的数量众多，相互之间差异大，但技术标准尚不统一。由于边缘设备会广泛地分布在各数据节点，可能会出现不同的处理算法，需要标准来规范输出的数据格式，否则不利于云端数据再处理。

第四，边缘设备因为更接近数据源，数据种类和数量的激增、网络边缘的高度动态性增加了网络的脆弱性，新兴的攻击方式（尤其是针对物理设备的攻击）为设备和数据安全带来了新的挑战。

第五，尽管业界在 MEC 技术的应用方面已经进行大量的研究，但目前边缘计算在安防领域鲜有成规模的商业应用落地，真正的应用收入较少，边缘平台效益尚不明朗，成本能否顺利收回存在不确定性。在一段时间内，丰富边缘计算的商业模式，提升边缘平台的经济效益，对各参与主体都将是一个不小的挑战。

尽管边缘计算在安防行业的应用还存在种种困难与挑战，但它能为克服行业发展瓶颈提供切实可行的解决思路。

5.3　安防行业中应用边缘计算的典型案例

在安防这样一个规模庞大且增长迅速的舞台上，传统安防巨头企业、老牌 ICT "领头羊"、人工智能 "新秀"、大型互联网公司同台竞技，精彩纷呈，在边缘计算技术的探索和落地上也是各有千秋。

5.3.1　海康威视

视频监控是安防行业的核心环节，目前在这个行业，国内基本形成了以海康威视和大华股份为首的 "两超多强" 的竞争格局。其中，针对安防数据中视频的非结构化数据体量大、数据形式、处理方式与其他数据不同的特征，海康威视提出云边融合的智能视频网的概念，而边缘计算、智能前端是其重要组成部分。

视频前端的目标分类、属性提取、无损建模，可使智能分析更精准、更快捷，现场可获得敏捷响应与智能控制，实现精确感知，且减轻传输和后台的计算压力，例如，智能识别的门禁道闸系统、智能人脸抓拍摄像机等。内置集成智能芯片将有力支持边缘计算的实现，使前端摄像机的存算能力更强、建网结构更简单、性能表现更可靠，并保障原始数据不丢失。另外，边缘计算不受机房等条件限制，成本也大大低于云计算。

视频数据的特殊性决定了构建智能视频网不能采取所有数据都上"云计算中心"的方式。数据大体量、形式复杂多样的视频网络中，如果将所有视频流全部集中到云计算中心存储再进行结构化处理，无论从传输、计算、存储还是应用上看，都不现实、不经济、不科学，极易造成高时延、高负荷、高能耗、低效率的后果。一个富有弹性而健康的智能视频网，应该采用云边融合的"云计算中心—边缘域—边缘计算节点"模式，即海康威视 AI Cloud 架构[14]，如图 5-8 所示。

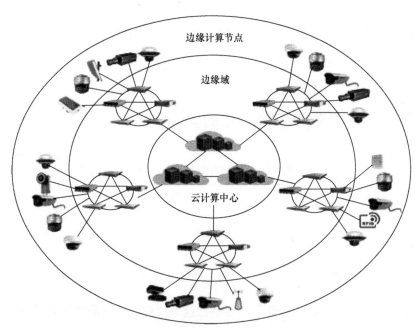

图 5-8 海康威视 AI Cloud 架构

边缘计算节点是智能视频网的主要感知层，既是对目标和事件的分类、对属性的精准感知和特征提取的起点，也是业务处理敏捷反应的执行点。边缘计算节点和边缘域组成具有自治和弹性能力的边缘计算，对已建的非智能高清摄像机可就近在边缘域进行智能计算，实现智能化。边缘域和云计算中心协同，实现跨时空的大数据融合关联、逻辑推理、价值挖掘等应用分析。

5.3.2 华为

华为云基于 IEF 平台的安平监控系统，通过边缘侧视频预分析，实现园区、住宅、商超等视频监控场景实时感知异常事件，实现事前布防、预判，具有事中现场可视、集中指挥调度、事后可回溯和取证等业务优势。边缘侧视频预分析结合云端的智能视频分析服务，可精准定位可疑场景、事件，不需要人工查询大量监控数据，效率高；通过云端可对边缘应用全生命周期进行管理，降低运维成本。

例如在人脸识别应用当中，通过前端抓拍 + 中心分析的前后端智能相结合模式，将人脸识别智能算法前置，在前端摄像机内置高性能智能芯片，通过边缘计算将人脸识别抓图的压力分摊到前端，解放中心的计算资源，以集中优势计算资源进行更高效的分析。云边协同在华为 IEF 平台中的实现方式，如图 5-9 所示。

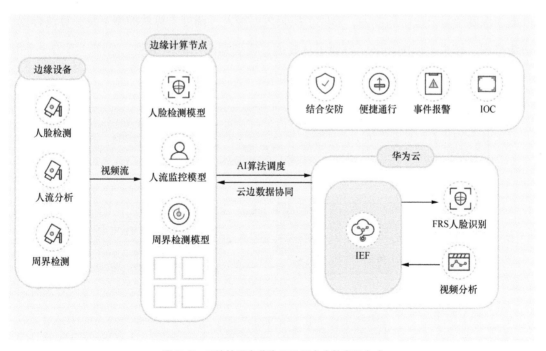

图 5-9 云边协同在华为 IEF 平台中的实现方式

5.3.3　云从科技

人工智能"四小龙"——以云从、商汤、依图、旷视为代表的中国计算机视觉公司，以基于计算机视觉的算法优势和在公安、交通、金融等领域的智能安防系统应用案例，成为 AI 安防的领军企业。云从科技在安防行业使用 AI 定义设备，即通过软件和算法使设备和解决方案适应实际需求，有机整合包括人脸识别在内的各种感知技术，推出 AI 摄像机、人脸识别盒、御眼人脸卫士便携一体机等产品，用于社区智能安防、人脸布控等电信场景。同时，云从科技重点布局基于人员抓拍的大数据分析和计算处理领域，使人工智能和大数据共同助力公共安全精准防控、立体化防控、智慧防控。

5.3.4　阿里云

阿里云定位在云端，同时为边缘端和设备端赋能。基于此，阿里云发布了视频边缘智能服务产品 Link Visual 2.0，其概念示意如图 5-10 所示。其在原有视频接入能力的基础上，创新性地融入了深度学习 AI 能力，提供云边端一体的视频接入和算法容器，即开放了深度学习云边协同能力，形成了视频数据接入、调度、算法模型下发、算法容器、边缘推理、结果上云的闭环。打通了从数据、模型到应用的全链路。这样，哪怕一个很普通的摄像头，也能够很轻松地拥有 AI 能力。

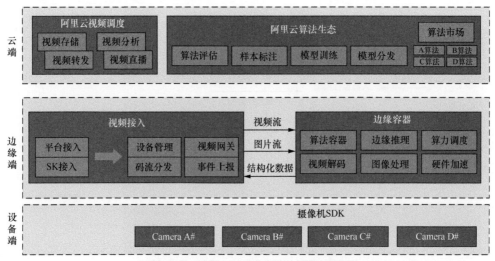

图 5-10　阿里云 Link Visual 2.0 概念示意

第 6 章
边缘计算和云游戏行业

6.1 云游戏行业的发展趋势

6.1.1 云游戏的概念

技术的历次迭代都驱动了游戏产业的升级与规模增长。过去的 10 年，4G 时代的手游迎来快速发展，随着 5G 时代的到来，游戏产业将迎来革新。传统游戏形态经历了主机、客户端、网页等形式，其中大型主机游戏与客户端游戏用户黏性高、生命周期长，仍占据较大的市场份额，但具有一定的局限性，表现为开发成本高、硬件受限、场景受限、用户规模受限等。端游与页游势头渐弱、手游崛起的背后是技术革新及用户习惯的转变。智能手机快速普及促进了全球手游产业的崛起[1]。

手游虽然解决了端游场景的限制问题，但在操作、内容和硬件资源方面仍存在局限性。操作方面，目前手游玩家主要通过点击与滑动方式来实现绝大部分的游戏操作，游戏操作与创新玩法具有较大的局限性，造成用户游戏体验不佳。内容方面，移动设备的小体型与轻便性决定了其不能运行大型或玩法复杂的高品质游戏，手游内容丰富度不足，不能满足用户多样化的游戏需求。硬件资源方面，移动设备尽管换代速度较快，但受其本身的运算速度及电池容量限制，用户体验大型手游时常出现发热、掉线、画质差等问题，影响流畅体验"3A"游戏（高成本、高质量、高体量的游戏）。

云游戏也称为游戏点播，是以云计算为基础的游戏方式。游戏运行在云端服务器完成，用户通过终端设备发出操作指令，云端服务器收到指令在云端渲染完毕后，持续将指令反馈与游戏的音视频内容编码和压缩，并通过网络传输到客户游戏终端，通过高速的网络传输、运算、编解码能力，带给用户实时、同步的游戏体验。

6.1.2 云游戏的优势

云游戏运行示意如图 6-1 所示。云游戏与普通游戏的区别主要体现在两方面。

首先，从存储角度来看，部分网络游戏主要由玩家下载和安装游戏软件，并将其存储至本地硬盘，网页游戏，尽管表面看起来没有下载，但实际上游戏打开后仍需要将游戏资源和运算逻辑加载到本地,才能开始运行。云游戏则不需要让玩家将游戏安装在本地，而是基于云计算技术，把游戏放到云端服务器上运行，云端服务器将游戏渲染出来的视频画面通过网络传输到终端。用户的游戏数据全部存储在云端，因此用户的游戏设备无须具备高端处理器、显卡等具有强大图形计算与数据处理能力的终端，只需拥有基本的流媒体视频播放能力。

其次，从硬件角度来看，由于普通网络游戏在本地完成，其运行速度、画面效果取决于本地电脑的硬件配置，而云游戏效果取决于网速、时延及云端存储，摆脱硬件性能对游戏效果的影响。

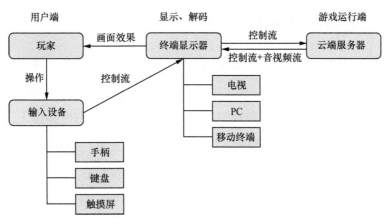

图 6-1 云游戏运行示意 [2]

因此，云游戏相对传统游戏的优势体现在以下几个方面。

第一，云游戏可以极大节约用户成本，提高便捷性。云游戏能够实现用户随时随地仅通过普通的终端就能感受高端的游戏体验,无须购置高端硬件设备。由于不受终端限制，用户只要拥有一款终端即可进行游戏，极大提高便捷性。

第二，云游戏可以提高游戏开发的效率、提高游戏呈现质量的同时降低开发成本。

在不受游戏设备性能承载限制的情况下，大型游戏的地图大小、玩家容量、交互属性等边界将进一步拓宽。而运营平台统一使得在不同机型间适配的工作量大幅减少，便于集中精力进行产品本身的创新。

第三，云游戏可以扩充游戏品类，提升体验的同时，减少高昂的终端硬件开支。由于用户不需要高频率地替换硬件，而是以购买服务的形式进行体验，降低了成本。同时，用户可以接触到此前对硬件设备要求较高而无法在移动设备上体验的 3A 游戏。

第四，云游戏有利于简化审批、加强监管和数字版权保护。云游戏仅需提供游戏链接，审核方便，从而简化审批流程，缩短游戏开发周期，加快游戏上线速度。审核方面，云游戏仅需在云端统一审查和管理，便于监管。知识产权方面，云游戏可提供更加有效的数字版权保护。DRM（Digital Rights Management，数字版权管理）从用户的使用设备转移到可控性更高、统一性更好的服务器，使游戏安全性更高，集中性更强，同时可追溯性得到提升 [1]。

6.1.3　云游戏的发展历程

云游戏的概念始于 2000 年，在当年的 E3 展会上，G-Cluster 展示了基于 Wi-Fi 的云游戏技术，早期的云游戏以 G-Cluster、OnLive 为代表，当时受限于网络技术，并没有掀起太大的风浪。早期的云游戏与今天对云游戏的定义有一些出入，相当于利用 SaaS 从网上下载软件。今天的云游戏不仅是游戏软件在云端，主机设备提供的服务也在云端，如谷歌的 Project Stream 即用流媒体形式提供游戏服务，游戏由远程的主机运行之后，将画面通过流媒体网站传输到用户的网页上，用户的操作则通过信号上传到云端主机，以实现远程操控。

自 2009 年开始，各大厂商纷纷开始云游戏布局，如图 6-2 所示。一方面，传统游戏厂商动作频频，索尼推出 PlayStation Now 平台，凭借自有平台优势覆盖了主机、掌机、电视在内的多个平台；英伟达推出了云端渲染技术 NVIDIA GRID，2017 年更名为 GeForce Now，后推出云游戏的机顶盒 Shield TV。另一方面，2018 年以来，多家非游戏的互联网公司也布局云游戏，包括国外微软的 xCloud、亚马逊的 Gameon、谷歌的 Stadia，国内腾讯的 START、华为的华为云、阿里基于 YunOS 的电视云游戏平台等。5G 时代解决了网速和时延问题，随着通用技术的成熟，云游戏的参与者将会越来越多。

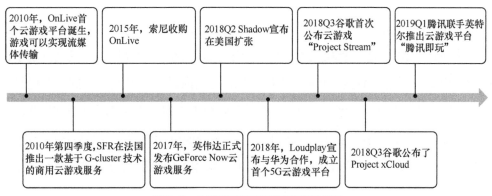

图 6-2　主要公司布局云游戏的发展历程

全球知名云游戏平台如图 6-3 所示 [2]。从云游戏适配的产品看，2018 年，谷歌、任天堂等各大游戏公司联合或与云公司合作推出一系列云游戏进行公测，如 Square Enix 和 Blacknut 联合推出 GO 三部曲——《劳拉 GO》《杀手 GO》《杀出重围 GO》，以及《杀手：狙击》等游戏。

图 6-3　全球知名云游戏平台 [2]

从游戏细分市场的发展趋势来看，第一阶段 PC 端的硬件和主机环节成为云游戏最先发展的领域。待云游戏平台进一步成熟后，第二阶段会逐渐拓展到移动端手游领域。

从具体产品落地程度看,云游戏将与其他细分市场类似,遵循"先轻度后重度"的规律。在市场发展初期,易于传播、参与门槛较低的游戏产品引爆市场的机会更大 [2]。

6.1.4 云游戏产业链

目前在全球范围内,各大互联网与游戏厂商加强云游戏布局,云游戏行业竞争正盛,发展势头强劲。2019 是云游戏重新起航的一年,5G 与边缘计算技术的发展推动了云游戏行业的变革与创新。截至 2019 年 9 月,全球范围内进入云游戏行业的企业已经超过150 家,其中北美市场企业约占 50%,亚洲企业约占 18%。在所有企业中有 10 家为上市公司,规模大,技术强,在云游戏行业中占据主导地位。公司业务大多分布于流媒体、云计算、软件 & 硬件、游戏等细分领域。其中流媒体领域吸引的公司较多,约占全部入局公司的 52%。

6.1.4.1 产业链的构成

云游戏产业链主要包括游戏开发商、云服务提供商、服务器厂商、云游戏平台 / 服务商、网络运营商、终端设备商等。我国云游戏产业链主要厂商和海外云游戏链主要厂商分别如图 6-4 和图 6-5 所示。

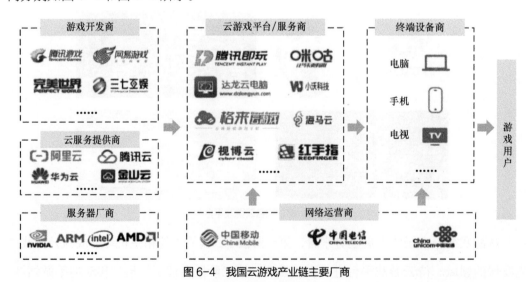

图 6-4 我国云游戏产业链主要厂商

图6-5 海外云游戏产业链主要厂商[2]

云游戏产业链可分为上游、中游、下游。上游包括游戏开发商、云服务提供商、服务器厂商等。

游戏内容提供商主要提供与云游戏相关的、各种类型的游戏，涵盖游戏内容开发商和游戏内容发行商的双重身份，代表企业有索尼、暴雪、腾讯、网易、完美世界、三七互娱等。

硬件设备提供商提供 CPU/GPU 基础设施配套服务，包括英特尔、英伟达、ARM、AMD 等。根据中国信通院发布的《云游戏产业发展白皮书》，移动云游戏的架构在服务端基本都是基于 Android 系统的。依照云端 Android 系统的构建方式，移动游戏云端 IaaS 目前主要为基于 x86 服务器的 Android 虚拟机架构、基于 ARM 服务器的 Android 虚拟机架构以及基于 ARM 消费类芯片的矩阵架构等。

云计算服务商提供云计算技术支持，负责接收指令并进行处理，保障游戏的正常运行，以阿里云、腾讯云、谷歌、亚马逊、微软为代表。云游戏为云计算厂商的算力资源提供了较好的应用场景，云端服务器对游戏场景的渲染将通过 GPU 服务器、虚拟化技术和音 / 视频技术的发展逐步得到改善。同时，5G 网络的规模落地和 5G 应用的持续发展对网络算力提出了更高要求，数据中心和云资源池需求将进一步提升。

垂直云服务提供商作为云游戏运营服务商和管理服务平台提供者，负责完成技术解决方案提供商的云端能力接入、游戏内容接入 / 聚集、用户导入、认证 / 计费 / 结算、客户服务、日常运营维护等。同时提供云游戏云端运行 / 渲染、音 / 视频编码 / 下发、终端视频解码 / 播放、操作指令回传等端到端的技术解决方案。与软硬件平台架构相同，存在 x86+NVIDIA GRID、ARM 服务器 +AMD 显卡 / 其他显卡、嵌入式 ARM 阵列等多种技术解决方案。

中游包括云游戏平台 / 服务商（如腾讯、微软、谷歌等）和网络运营商。

云游戏平台主要提供用户入口或用户导入服务。用户入口主要通过云游戏前端应用（如 PC 客户端、APP、浏览器插件、页面等）内置终端模式，面向用户提供云游戏服务。用户导入主要通过各种宣传 / 推广介质（如广告、直播、文字链、在线商店、TV/OTT EPG 等），促进云游戏快速到达用户端。

目前云游戏面临的主要挑战是网络通信带宽与网络通信时延。云游戏场景渲染的多媒体流质量取决于网络通信带宽，交互时延取决于网络通信时延，而 5G 更丰富的频谱资源以及大规模天线技术（Multiple-Input Multiple-Output，MIMO）能够有效提高网络速率。5G 可以使用切片技术优化网络资源分配，满足低时延的需求，预计云游戏体验将得到明显改善。

下游为终端设备商，代表企业有苹果、惠普、戴尔、华为等，是用于运行云游戏服务的终端提供商，包括手机终端厂商、个人电脑、电视、游戏机等厂商。终端厂商本身亦可通过终端应用内置、应用商店推荐等方式，履行部分渠道商职责。

6.1.4.2　产业链的发展趋势

由于云游戏在商业模式上有别于传统游戏，因此在产业链结构上发生了变化，增加了云计算提供商和云游戏服务商的角色，同时呈现出新的格局特征。

1. 大量云平台和智能硬件企业将成为硬件商

由于云游戏在一定程度上降低了对端侧硬件性能的要求，通过端侧单一入口能够获得的游戏收入分成可能下降，这使得具备一定云计算实力或游戏内容生产力的硬件制造商加速建设云游戏平台。与此同时，云游戏产业链中将引入新的硬件商，如智能家居、可穿戴设备等，这类新型设备制造商极有可能产生自现有的互联网平台。

游戏的付费模式分为3个阶段，不同阶段呈现不同的特征。第一阶段主要是买断制付费，即直接购买和下载游戏，甚至绑定硬件进行销售，通常PC和主机游戏采用这种方式；第二阶段为游戏本身免费，主要通过购买游戏道具付费；第三阶段由于云游戏突破了硬件设备的限制，游戏的连续性增强，订阅付费模式有望成为主流模式（类似于视频平台的付费模式，根据时长进行订阅付费），使得游戏付费空间被进一步打开。

从全球游戏收入规模分类来看，游戏订阅收入占比不断提升，硬件及游戏收入持续降低，如图6-6所示。2012年，硬件及游戏收入占游戏收入的74%，截至2018年，硬件及游戏收入占比降至56%。同时，游戏中收入占比由2012年的23%提升至2018年的35%。随着云游戏的不断发展，游戏订阅收入占比有望持续提升。根据IDC报告预测，2025年游戏订阅收入在游戏收入中的占比有望达到26%，硬件及游戏收入和游戏中收入在游戏收入中的占比预计分别为33%和41%。相较于2018年，2025年硬件及游戏收入占比预计将下降23%，游戏中收入占比预计将提升6%。预计游戏中收入占比保持稳定，维持在40%左右，硬件及游戏收入有可能会持续下滑。

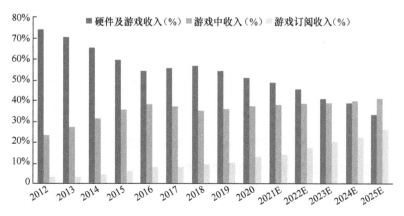

图6-6　2012—2025E全球游戏行业3种盈利模式收入占比情况（%）

在传统游戏产业链中，从研发商到发行商、硬件主机厂商再到渠道分销商，分成比例分别为 20%、50%、10% 和 20%。其中发行商在游戏产业链中分成比例最大，但在云游戏时代，硬件主机厂商和渠道分销商市场份额的一部分可能被云计算提供商和云游戏平台取代，尤其是硬件主机厂商。

因此，硬件主机厂商纷纷在云游戏平台、游戏内容方面开始布局。一方面，类似索尼和微软这样的设备商已经拥有了自己的云游戏平台，提前布局具有跨时代意义的云游戏；另一方面，在微软、任天堂、索尼这些游戏主机厂商的业务中，主机也只是其游戏的接入媒介，游戏内容才是根本，其营收来源也主要来自游戏内容。

传统游戏产业链向云游戏产业链过渡将是一个长期的过程。目前设备商公司的核心游戏开发业务并没有受到太大影响，在 Project Stream 等第三方云游戏平台成熟之前，对于这种具备游戏内容研发能力的设备商而言，只是多了一种分发渠道。以全球主机游戏市场为例，根据 IDC 数据，2018 年以来，全球主机游戏市场中，软件及内购占比逐年下降，游戏订阅占比逐年增长。预计 2021 年后硬件游戏支出将持续下滑，游戏订阅支出稳步增长，如图 6-7 和图 6-8 所示。

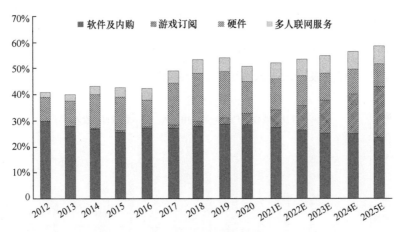

图 6-7　2012—2025E 全球主机游戏支出结构

2. 云服务企业有望成为新一代游戏平台商

由于云游戏对底层网络建设及资本投入的高度依赖，云服务企业大概率将成为新一代游戏平台商，获得入口优势。但当前云服务企业众多，短期内将呈现百花齐放的局面，在摸索中探寻自身的特点与定位，逐渐形成差异化发展，包括技术服务、打包价格、独占内容等。与此同时，以 Steam 为代表的传统 PC 游戏平台也开始布局云游戏，凭借其丰富的内容优势，预计其在云游戏时代将持续占有一席之地。

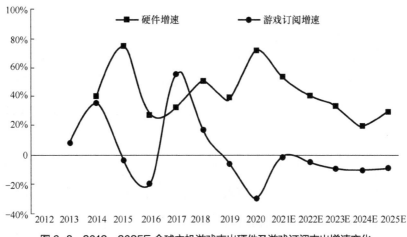

图 6-8　2012—2025E 全球主机游戏支出硬件及游戏订阅支出增速变化

3. 优质的"头部"游戏内容研发商优势逐步凸显

随着新平台的出现，用户将出现大幅分流现象，此时独占内容将成为前期绑定用户的重要手段。优质的游戏内容不受设备性能的束缚，游戏质量显得更加重要，优质的"头部"游戏内容研发商议价权将抬升，其分成比例可提高至 30% ～ 40%。而平台为了平衡成本，或将挤压普通产品分成比例，造成研发商头尾差异逐渐增大 [1]。

6.1.5　云游戏的发展阶段

云游戏目前仍处于发展的初级阶段。大多数云计算厂商提供的云游戏体验仍有待加强，成本依旧是困扰云游戏当前大规模落地的关键因素。从当前云游戏的流化技术来看，游戏流量消耗较大，用户端体验成本高。对于云计算服务厂商来说，平衡中心云建设与边缘云节点建设的预算是关键。边缘云建设需要具备一定的密度，在硬件设备上主要以英伟达的企业级商用显卡为主，价格较高，考虑到场地的租赁费用，前期企业需要面临投入较高的硬件投资成本等问题；服务器并发密度较低，单用户付费短期内依然难以使厂商收回成本。

云游戏涉及的技术难点基本解决，用户体验有待优化。云游戏对技术的要求比较高，主要技术包括在云端完成游戏运行与画面渲染的云计算技术以及在玩家终端与云端之间进行流媒体传输的技术。基本不存在技术难点，但如何使云游戏运行流畅，以提高用户体验，仍需要着力解决。

游戏内容多移植于传统游戏，属于云游戏的原创内容仍待挖掘。与技术厂商纷纷入局不同，游戏内容研发商较为"克制"，目前在内容层面，它们主要尝试将 PC 游戏与移动游戏进行"云游戏化"，为已有玩家提供新的玩法，对于挖掘属于云游戏时代的原创内容的热情并不高。

云游戏商业模式仍然存在不确定性。从成本来看，云游戏的基础架构建设一次性投入成本大，长期运营成本高，因而具有入局实力的几乎都为"巨头"。长期来看，如何收回成本是入局者在设计商业模式时需解决的问题。

从玩家的消费习惯上看，过去几年手游 F2P 的模式使得大部分人习惯了免费游戏，用户需要一定的时间习惯付费订阅制。以移动咪咕快游平台提供的云游戏付费业务为例，单月付费约 25 ～ 40 元，同时可能存在游戏时间限制。改变用户对游戏的消费习惯，并逐渐提升其付费能力需要一段时间。

行业标准的缺失将影响产业发展的进程。云游戏行业的标准化将打通整个云游戏产业链，消除行业壁垒，推动产业链上下游企业融合发展。目前，我国云游戏行业处于起步阶段，还未形成公认的最佳实践，云游戏技术标准化仍需游戏企业的不断尝试，最终才能形成被广泛接受的技术标准。

6.2 云游戏行业边缘计算现状

6.2.1 云游戏发展受限的原因

云游戏成功解决了传统大型游戏与手游的局限性问题，集便捷与体验于一体，但其对技术要求也较高。为保障用户游戏体验，云游戏服务商需保证音频、图像、内容及用户操作指令能实现实时传输，而游戏交互取决于网络通信时延、游戏场景渲染的多媒体流取决于网络通信带宽。

云游戏此前未获得较大程度的推广，便捷性体验的缺失是关键问题。尽管云游戏对游戏开发者、用户、政府监管都有诸多优势，却仍未形成较大规模的产业应用，归根结底还是因为其移动场景端受技术限制。云游戏由于在云端进行计算，网络传输性能对用户的游戏体验至关重要。4G 及其前几代移动网络均不能达到满足用户游戏体验的性能要求，只能依靠 Wi-Fi、宽带等网络环境，在固定的地点进行操作，用户的移动性大大受限，与当前移动先行的发展趋势相悖。

云游戏之前的发展受限于几大问题。

第一，缺乏高性能网络覆盖，网络传输速率慢，时延高。高端游戏在本地没有客户端的情况下，传输需要交换大量的数据，4G 网络速率无法保证低时延；且游戏本身竞技性强，对网络时延要求非常高，因而无法大规模发展。

第二，服务器基础设施覆盖缺乏。游戏平台依赖于可扩展且灵活的云服务器基础设施，服务器节点必须与最终用户足够近，才能确保服务质量，否则无法适应云游戏所需的大容量系统与强大的网络传输能力。

第三，服务于云游戏的重要技术（如高并发的服务器、具有高速、优质的渲染能力的 GPU 技术等）仍有升级空间，目前仍不足以满足全部类型的游戏需求。

第四，可用性内容缺乏。大多数游戏发行商和游戏开发商都不愿意在新的云游戏平台上发行游戏 [2]。

其中，移动场景受网络能力限制而无法落地，成为制约云游戏发展的首要瓶颈。而云游戏在移动场景上的瓶颈主要源于网络传输技术的局限性，主要表现在以下 3 点：一是带宽较低，致使网络层无法实现低时延的传输；二是网络资源共享制度，导致网络具有不确定性，无法保证游戏体验的持续和稳定；三是用户流量成本高，目前 4G 下的网络资费相对较贵，收入较低的群体仍难以接入 4G 网络。随着 5G 的落地，这些问题将得到有效的解决。

从 5G 的三大应用场景看，5G 将推动游戏算力上移，降低游戏对终端硬件性能的依赖。同时，网络切片技术与边缘计算相结合，可大幅提升游戏体验的稳定性。"4G 时代"网络采用的是共享模式，对业务来说其网络稳定性其实是不确定的，体验是时好时坏的（取决于接入的人数和占用的带宽）；而 5G 的"边缘 + 切片"技术可实现业务优先策略，为云游戏业务开辟了一条逻辑上的专用通道，网络的一致性、可靠性都是有保障的，用户体验是稳定的。

6.2.2   5G 技术大幅提升移动端体验的稳定性

云游戏模式下，游戏在云端存储、运行、渲染，然后以压缩视频流通过高速网络传输至终端上运行，因此对云基础资源的计算能力、网络带宽提出了更高的要求。对云游戏来说，时延超过 100ms，用户的操作迟滞感会非常强，极大影响用户游戏体验，而 5G 将让用户和边缘计算节点的往返时延降低到 10ms 以内，为云游戏构建更好的低时延环境。

6.2.3   边缘计算将为云游戏提供更高的即时性

云游戏不像视频能够缓冲下载，要达到良好的即时游戏体验，服务器机房要离用户越近越好，以保证时延可控。5G 时代的 MEC 会为云游戏解决更多实质性问题。云游戏边缘计算示意如图 6-9 所示。据估计，将应用服务器部署于无线网络边缘，可在无线接入网络与现有应用服务器之间的回程线路（Backhaul）上节省高达 35% 的带宽使用资源，且能够有效降低网络时延。云游戏的诞生与发展依托于高性能的网络传输，边缘计算的出现无异于为云游戏打开了一扇全新的大门。

5G 和边缘计算带给运营商新的机遇。边缘计算可以让运营商成为 IaaS 提供商。云游戏玩家最关心的是时延问题，游戏的整体时延包含游戏逻辑运算时间、音画渲染时间，以及编码、网络传输、客户端解码、客户端向服务端发送控制信息等，其中最小化的网络时延至关重要，运营商可以利用主机托管和边缘计算来满足这些需求。

运营商是云游戏提供商的销售渠道合作伙伴。云游戏的畅快体验需要大带宽和低时延的保障，运营商捆绑云游戏可以向消费者证明优质宽带网络的价值。运营商的用户规模和对市场的了解，使之能够将云游戏精准销售给目标客户，并可以通过营销提升游戏知名度。云游戏等增值服务也会提高用户满意度，减少用户流失，并为运营商提供新的获利机会。

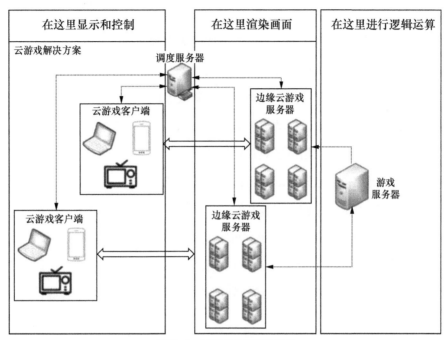

图6-9　云游戏边缘计算示意

云游戏可能是第一个具有可观盈利潜力的大规模应用。Telefonica、DT 和韩国 SKT 都在计划或已经部署边缘计算以支持云游戏服务。运营商可迅速构建边缘计算平台来提供云游戏服务，尽早进入云游戏价值链的运营商将能够推动云游戏市场的发展，以便在未来很长一段时间内获得更大的市场份额。拥有自由品牌游戏的运营商以及支持第三方服务的运营商可以让消费者和边缘计算平台来扮演聚合商的角色。目前，许多运营商已迅速采取行动，在云游戏市场成熟之前充分利用自身优势，抢占云游戏价值链的有利位置。

云游戏的发展也对边缘计算提出了更高的能力建设需求。一是用户在乘坐高铁、地铁等高速移动的场景下，移动终端会在多个基站甚至多个地域进行网络切换，与出发时连接的边缘计算节点间的网络时延逐渐增加。因此需要边缘计算能够根据用户的实际使用情况，进行统一的调度和管理，将其计算能力在多个节点之间进行迁移，从而在高速移动的场景下，仍能使用户拥有较好的游戏体验。二是爆款游戏通常会在短时间内汇聚大量用户，其社交属性也会带来在某一地域相对密集的特点。这就要求边缘计算能够快速调用计算能力，设计灵活的架构，进行弹性伸缩，满足用户的需求。

具体而言，边缘计算应用于云游戏场景的主要系统如下。

客户端系统：负责游戏列表展现、游戏操控采集和画面展现。

智能路由系统：负责为用户分配最优游戏实例。

实例管理系统：负责管理实例，包括申请、释放等操作。

实例系统：负责游戏安装、启动、视频推流。

统一存档系统：负责保存用户游戏存档的数据。

云化系统：负责上传、上架游戏的可视化管理系统。

游戏仓库系统：负责保存游戏安装文件。

App 服务系统：负责服务用户注册，与一级系统鉴权、计费等。

其中，在 MEC 部署实例管理系统、实例系统，在中心节点部署 App 服务系统、云化系统、统一存档系统、游戏仓库系统、智能路由系统等[3]。云游戏边缘计算部署示意如图 6-10 所示。

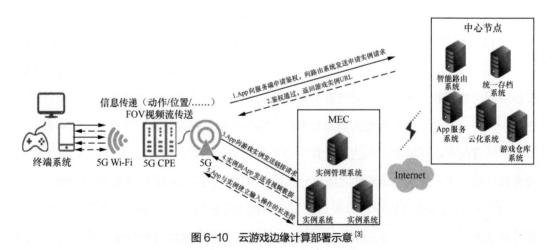

图 6-10　云游戏边缘计算部署示意[3]

6.2.4　与 VR/AR 结合前景广阔，但体验急需提升

以 VR/AR 设备为代表的新硬件出货量大幅增长，云游戏结合 VR/AR 技术丰富了

游戏的展现形式。与普通云游戏相比，VR/AR游戏更贴合场景化、现场化的需求，具有创造力与想象力的游戏与VR/AR设备相结合，可以实现虚拟物体与现实场景的交互，带来沉浸式的游戏体验。同时由于突破设备限制，有VR/AR等智能设备参与的游戏内容显著增加。目前已经存在一些VR/AR与云游戏结合的场景，如AR游戏《Pokémon Go》为玩家带来了全新的游戏体验，腾讯在2018年KPL（King Pro League，王者荣耀）春季总决赛开幕式的现场直播中，利用AR技术实现了虚拟游戏人物与真人同台表演。

VR/AR与云游戏的深度结合有望成为销量持续提升的催化剂。随着5G商用逐步展开，手机、电视/PC/智慧屏、智能音响、VR/AR终端、智能汽车等将进入新一轮的硬件创新与迭代周期，预计未来一两年内各类智能终端设备的出货量将迎来增长。根据IDC数据，2019年第一季度全球VR/AR头戴式显示器（简称头显）全球出货量达到130万台，同比增长27.2%，其中VR头显占比96.6%，这是VR/AR头显销量经历了2018年下滑之后出现的首次增长。未来，在云游戏的催化下，VR/AR硬件可降低本地配置，减小体积并降低成本，更利于VR/AR硬件产品的推广。

目前国内手游市场规模稳定增长，主机游戏市场规模较小，VR/AR游戏市场尚待开发，而手游受限于操作，内容丰富度不足。随着5G大规模商用，现有游戏形态的格局将会发生转变，同时更多的创新玩法将出现。主机游戏方面，此前由于主机游戏硬件成本较高，一定程度上限制了主机游戏的发展，未来云游戏的落地，将为用户提供跨平台、跨场景的使用体验，促进主机游戏市场规模的快速增长；VR/AR游戏方面，目前VR/AR硬件设备价格相对较高，且时延导致用户体验差，短期内VR/AR游戏市场增长较为缓慢，未来通过云游戏与VR/AR等外设的深度结合，将带来更多的创新玩法，提升用户体验，使游戏内容逐渐丰富化、精品化。

6.3 云游戏行业中应用边缘计算的典型案例

海外云游戏行业起步较早，发展时间较长，覆盖全产业链环节的厂商较多。2009

年，OnLive 推出了第一个云游戏平台，但受技术限制并没有得到良好的发展。直到微软在 2018 年公布了 Xbox 的云游戏服务 Project xCloud、互联网巨头谷歌于 2019 年正式公布 Stadia 云游戏平台，云游戏行业才踏入正轨。目前海外提供云游戏服务的公司众多，索尼、微软、谷歌、英伟达等公司均先后推出了自己的云游戏平台。索尼入局较早，云游戏技术较为成熟[4]。

国内的云游戏服务公司有腾讯、华为、阿里云等，这些公司均采用中心云 + 边缘计算节点的解决方案。当前各大云计算厂商和运营商都在推进建立边缘云的计划。

6.3.1 腾讯

腾讯作为游戏龙头，大力推进云游戏进程。腾讯从 2005 年开始深耕游戏领域，布局了从研发到代理再到渠道发行的全产业链，其在国内游戏市场的占有率稳步提升。作为云游戏推进者，对标海外"巨头"，腾讯推出全周期云游戏行业解决方案，为游戏玩家提供全链云游戏平台，形成生态闭环。

腾讯 2016 年涉足云游戏，目前已推出多个云游戏相关的平台与项目，如腾讯先游（游戏 & 云游戏内测平台）、腾讯即玩、START 等。2019 年，腾讯在"Chinajoy"全球游戏产业峰会上发布了"腾讯云·云游戏解决方案"，为客户提供一站式云游戏解决方案，IaaS 层的边缘技术使得腾讯通过国家边缘计算数据中心进一步缩短了玩家与服务器之间的距离。目前腾讯拥有云游戏平台（START、GameMatrix）、手机云游戏（腾讯即玩）、云游戏解决方案（腾讯云云游戏）等。

在边缘计算上，腾讯采取了"CDN+ 云"的路线，已经在视频直播、游戏等场景中落地。2018 年腾讯开始尝试与国家电网合作，利用后者的变电站部署边缘计算节点。此前为保证海外玩家不受游戏下载速度、卡顿和网络时延等问题困扰，腾讯云在国外所有节点提供了多线 BGP 网络，多线 BGP 网络大幅提高了客户端到服务端的网络质量，并解决了运营商互联互通、跨网访问网络质量不佳的问题。依托全球部署的 1 300 多个加速节点，腾讯为游戏玩家提供了优质、可靠的下载加速服务，大幅提升各地区玩家的游戏体验。依托于腾讯云全球化布局，腾讯正快步走向世界。

6.3.2　金山

金山从 2019 年开始布局边缘计算领域。金山云 KENC 是基于金山云和运营商边缘计算节点搭建的分布式边缘资源池，利用金山云在边缘网络的资源储备和调度管理的能力，通过边缘计算节点为客户提供高效、稳定、高性价比的计算和网络服务，以降低客户接入时延和成本，并逐步融合更多行业应用。

金山云是业内率先同时支持虚拟机和容器的边缘计算厂商。在网络层面，金山云率先在边缘计算节点上实现了包括弹性 IP、负载均衡在内的多种网络接入方式，可以灵活地应对各种业务场景，并经过了高并发、大流量的业务验证。在调度层面，金山云积极探索客户端和边缘计算节点，以及边缘计算节点之间的连接和组网场景，通过对边缘计算节点的网络质量和承载能力进行优化，对标准容器网络进行优化，可以实现灵活的、边缘计算节点的组网和调度。

2020 年初金山云推出 KENC 2.0，以更高的性能、更大的带宽、更灵活的使用方式，为包括云游戏在内的多个行业的客户提供稳定的边缘计算服务。

6.3.3　阿里巴巴

2020 年 9 月，阿里巴巴在云栖大会上正式发布云游戏 PaaS1.0 平台。这是阿里巴巴于 2020 年 7 月底成立云游戏事业部后，推出的首个云游戏 PaaS 平台，是一个面向游戏开发商、游戏发行商、游戏引擎公司、终端设备公司、网络运营商以及有志于在此行业发展的商家的服务平台，旨在帮助合作伙伴更快、更低成本地开展云游戏业务。游戏运行方面，阿里云游戏采用自研游戏容器，实现了边缘弹性部署和自动化调度，该方案可以实现游戏、存储分离，根据游戏弹性部署算力，充分发挥边缘计算的低时延、高弹性优势。

6.3.4　华为云

2019 年 6 月，华为云在全球游戏大会正式发布了云游戏管理服务平台。依托于业界独家的企业级鲲鹏云游戏服务器方案，华为云云游戏管理服务平台是同时支持企业级 PC 云游戏和 Android 云游戏的平台。华为云为客户提供了高可靠、高性能、高弹性的 TaiShan 服务器架构，在可扩展性、可维护性、性价比方面具有创新性的优势。华为云云游戏管理服务平台可对游戏内容、游戏使用时长进行管控，所有云游戏运营商均可快速接入华为云云游戏管理服务平台，获得全套自动化部署环境。

6.3.5 中国移动

作为中国移动数字内容游戏版块的唯一运营实体——咪咕互娱，与咪咕体系内四大子公司交相呼应，已经拥有千万级月活规模的成熟用户群体。图 6-11 所示的是咪咕互娱网站界面。

图 6-11　咪咕互娱网站界面

咪咕互娱于 2018 年在国内率先提出基于云游戏技术的"5G 快游戏"在线游戏业务。2019 年 6 月，中国移动正式发布基于云游戏技术的新一代游戏平台"咪咕快游"，率先登录 5G 云游戏市场，为用户带来 AnyTime、AnyWhere、AnyDevice 的全场景、沉浸式游戏体验。

咪咕快游是一个手机、电脑、电视机顶盒三端互通的云游戏平台。咪咕快游收费方式分为连续包月、月卡、季卡、年卡以及按时长等。2019 年，咪咕快游移动 App 客户端的 MAU（月活用户去重数）为 700 万；TV 端的 MAU 为 1 200 万。

6.3.6　中国联通

中国联通的 MEC 建设是发展 5G、2B/2C 高价值业务的重要战略，也是构建"云、管、端、边、业"一体化服务能力的关键，其提出未来可能要构建 1 000 个边缘计算节点。边缘计算节点的深入覆盖打通了云游戏由"云"到"端""最后一公里"的体验[4]。

中国联通在 2019 年发布旗下的云游戏平台"沃家云游"，利用联通 5G 网络超低时延特性配合强大的边缘计算节点计算能力，沃家云游可支持运行 2ms 高响应要求的游戏。沃家云游为用户提供了小沃云游手机 App、小沃云游机顶盒 App、小沃云游 VR App，可以支持移动、宽带等终端在多场景下进入游戏，并且支持设备间无缝切换。在内容上，除了已经聚合的多个头部 IP 作品，2019 年 4 月，中国联通携手威尔视觉、视博云、奥飞娱乐、优刻得、雅基软件等多家数娱企业发起"中国联通沃家云游"产业联盟，以构建"沃家云游"的内容库[1]。

6.3.7　中国电信

2020 年 5 月，中国电信发布了"天翼云游戏能力平台"。这是中国电信基于天翼云开发的云游戏解决方案，包括网络资源层、业务能力层、运营支撑层、业务管理层、终端层和应用层，是端到端的云游戏一体化解决方案。其中，网络资源层包括云服务器 /云存储 /CDN 等云资源，以及基础 5G/ 宽带网络资源；业务能力层汇聚了多种云游戏服务能力，包括云渲染能力、流媒体能力和多屏能力；运营支撑层与业务管理层提供认证支付、门户、运维与运营分析等具体的业务运营管理功能；终端层支持手机、PC、OTT、VR 等多种类型终端；应用层负责云游戏内容引入 / 适配 / 发布，提供各种基于云端运行的游戏内容。

中国电信基于该能力平台发布了"天翼云游戏服务平台"，可提供高清、优质的游戏内容和跨终端体验，满足用户基于手机、电脑、电视、平板电脑、专用游戏机、智能穿戴等不同终端的娱乐需求。在 5G 网络下，用户可通过即点即玩的方式，免下载，免安装，畅玩各类手机、主机游戏，随时随地、快速、便捷地享受游戏带来的乐趣。"天翼云游戏服务平台"同时支持 Android 端、iOS 端和电视端。

天翼云游戏作为中国电信重点产品，部署并建设了 5 个服务子节点，覆盖全国 5G 重点城市。自 2019 年 10 月正式商用以来，天翼云游戏已上线数百款精品游戏，面向 5G 和家庭宽带用户提供最高 4K 画质的云游戏服务 [5]。

第 7 章
边缘计算和工业互联网

7.1 工业互联网的发展趋势

7.1.1 工业互联网的概念和内涵

人类社会的现代化是随着工业化革命进程而发展的。始于 18 世纪 60 年代的工业革命拉开了机器加速替代手工劳动的序幕，随着科学技术的进步，工业革命经历了机械化、电气化、自动化 3 个阶段，推动人类社会以超越历史上所有时期的速度前进，其影响力不局限于最开始的工业制造领域，涉及其他所有行业。正如以前的 3 次工业革命一样，科学技术是第一推动力，信息技术的迅速发展正在推动第四次工业革命的发生，而这一阶段以智能化为特征，工业互联网正是在这一阶段中出现的。

工业互联网的概念最早由美国全球领先的工业企业——GE（General Electric，通用电气）公司于 2012 年 11 月，在其发布的《工业互联网：打破智慧与机器的边界》白皮书中提出。白皮书中将工业互联网定义为一个开放的、全球化的，将人、数据和机器连接起来的网络，其核心要素包括智能设备、先进的数据分析工具，以及人与设备的交互接口。随后，通用电气公司与另外 4 家美国企业——IBM、思科、英特尔和 AT&T 成立了工业互联网联盟 IIC，而这 4 家企业全部都在通信和信息领域占据领先位置。

2013 年，另一个工业强国——德国，在汉诺威工业博览会上正式提出了工业 4.0 的概念，工业 4.0 是《德国 2020 高技术战略》中所提出的十大未来项目之一。该项目由德国联邦教育局及研究部和德国联邦经济技术部联合资助，投资预计达 2 亿欧元（1 欧元 ≈ 7.761 元人民币）。该项目旨在提升制造业的智能化水平，建立具有适应性、资源效率及基因工程学的智慧工厂，在商业流程及价值流程中整合客户及商业伙伴。而从工业 4.0 的内涵来看，该项目旨在利用信息物理系统（Cyber-Physical System，

CPS）将生产中的供应、制造、销售信息数据化、智慧化，最后实现快速、有效、个人化的产品供应。

日本从自身一些亟待解决的社会问题，包括老龄化、人手不足、社会环境能源制约等角度出发，提出了"社会5.0"的概念，并将历史上的社会分为狩猎社会1.0、农耕社会2.0、工业社会3.0、信息社会4.0、超智能社会5.0。与之前相比，社会5.0是超智能社会，更加注重以人为本，会发生产业、生活与生存方式的改变。日本政府在2016年发布的《第五期科学技术基本计划（2016—2020）》中，将社会5.0列入中长期规划。按照时任日本首相安倍晋三早在2019年达沃斯论坛上的发言，社会5.0的内涵是以数据代替资本，从而可以用人工智能、机器人和物联网等技术来推动经济增长，并缩小贫富差距。日本社会5.0的概念范围广泛，但在其要素体现上，并没有超越美国的工业互联网和德国的工业4.0。

尽管工业互联网的概念最早出现在美国，但中国也一直在关注工业互联网。随着互联网在消费领域的成功，中国的"互联网+"扩展到了很多行业，其中也包括工业领域。政府也推出了大量加强工业互联网发展的政策，在商业领域则相对"消费互联网"提出了"产业互联网"的概念，本质上这两者是一致的。按照2016年成立的工业互联网产业联盟（AII）的定义：工业互联网是新一代信息技术与工业系统全方位深度融合所形成的产业和应用生态，是工业智能化发展的关键基础设施。其本质是以机器、原材料、控制系统、信息系统、产品以及人之间的网络互联为基础，通过对工业数据的全面深度感知、实时传输交换、快速计算处理和高级建模分析，实现智能控制、运营优化和生产组织变革。网络、数据及安全构成了工业互联网三大体系，其中网络是基础，数据是核心，安全是保障。

从美国、德国、日本和中国对工业互联网的定义来看，其实质是一致的。首先从其提出背景来看，一方面，上一轮科技革命的传统动能规律性减弱趋势明显，导致经济增长的内生动力不足，而另一方面，以互联网、大数据、人工智能为代表的新一代信息技术发展日新月异，但科技泡沫破灭带来的经济危机使得两者有加速融合的驱动力。其次从其目标来看，都是将新一代经济技术引入传统的产业，实现工业效率和国家竞争力的提升。最后，从技术手段来看，同样强调全链条的连接、全过程的数据化和智能化。

此外，从以上对工业互联网的描述来看，其概念存在广义和狭义的区别。广义的工业互联网更接近各个国家的定义，如通用电气公司的白皮书中就描述了工业制造、能源、电力等领域，我国制定的政策也包含多个工业门类。而狭义的工业互联网指制造业，本章主要对狭义概念上的工业互联网进行分析。

7.1.2　各国工业互联网发展战略

美国工业互联网发展之路源于 2008 年。在金融危机之前美国信息产业的发展、人力成本的提高、服务业的兴起等因素导致产业结构发生变化，这一变化的主要特点是传统制造业的全球转移，因此这一阶段被称为"去工业化"。而对 2008 年金融危机的分析和反省，让美国认识到过度依赖虚拟经济发展存在的弊端和传统制造业实体经济的重要性。美国制造业正面临巨大的挑战，其在制造业的领导地位，尤其是在创新方面正面临着风险。美国高科技制造业在全球领先，但美国高科技制造业占全球高科技制造业市场的份额却从 1998 年的 34% 下降到 2010 年的 28% 左右。在同一时段，美国的全球高科技产品出口份额从 22% 下降到 15% 左右。一项调查显示，85% 的美国人认为制造业对美国人的生活很重要，77% 的美国人认为制造业对国家安全非常重要，79% 的美国人认为，建设强大的制造业基地应该是国家的优先事项。如果美国制造业在全球竞争中依旧衰退，必将造成产业空心化，进而削弱美国核心竞争力。

为此，美国于 2011 年启动了"先进制造合作伙伴计划"（以下简称 AMP），旨在鼓励创新，以信息技术重塑工业制造业，被称为美国的"再工业化"。AMP 的三大支柱是加速创新、人才输送和改善商业环境。先进制造业将是智能化、网络化、互联化的，技术创新是最重要的助推器之一，要保证美国制造业的领先地位必须依靠技术创新；而人才是实现创新的重要因素，美国在去工业化的过程中，制造业失去了对优秀人才的吸引力，因此必须保障人才向制造业输送；美国市场是一个充满竞争的商业市场，为保障美国制造业的领先地位，必然要从改善商业环境入手。AMP 聚焦三大先进领域，包括制造业中的先进传感技术、先进控制技术和平台系统；虚拟化、信息化和数字制造技术；先进材料技术等。

启动 AMP 后，美国在 2013 年进一步推出国家制造创新网络（简称 NNMI）计划。2014 年美国颁布《振兴美国制造与创新法案》，将国家制造创新网络计划正式列为法定计划，并于 2020 年 1 月对这一法案进行了修订，NNMI 核心项目如图 7-1 所示。

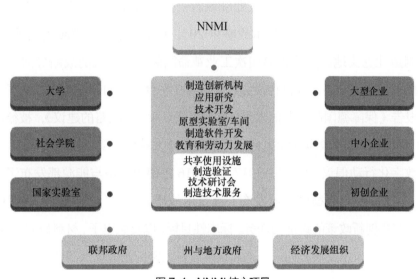

图 7-1　NNMI 核心项目

NNMI 计划耗资 10 亿美元，依托美国的研究型大学和大型企业的研究机构，在第一阶段设立 15 个与先进制造业密切相关的研究机构。再以这些研究机构为节点，探索先进制造业所需的技术，这些技术协同构成先进制造业所需的技术网络体系。每个研究机构都可以招募会员企业，一方面，政府、社会研究机构和企业可以进行对接；另一方面，会员企业与研究机构共享研究成果，中小企业缴纳一定的会费就可以成为会员，可以以很低的成本享受先进制造技术创新成果。其期待的结果是，联邦政府以极少的资金，合理地组织社会资源，构建让所有企业共享研究成果的快速创新体系。每个研究院在未来 3～5 年内就可以脱离政府的资助，依靠会员会费生存和发展。

德国作为西方工业强国，在历史上多次直面技术进步的挑战，成功实现转型，并建立了强大的实体经济体系，加之德国良好的教育体制积累了大量的科研人才和素质优良的技术工人，具有强大的科研能力。

"工业4.0"源于2006年，是《德国2020高技术战略》的十大项目之一。在2013年的汉诺威工业博览会上，德国正式提出了"工业4.0"的概念，此后，德国出台了包括《保障德国制造业的未来：关于实施"工业4.0"战略的建议》《"工业4.0"标准化路线图》等一系列政策文件。

"工业4.0"被认为是德国支持工业领域新一代革命性技术的研发与创新，落实德国政府2011年11月公布的《高技术战略2020》，打造基于CPS的制造智能化新模式，巩固全球制造业龙头地位和抢占第四次工业革命国际竞争先机的战略导向。2013年4月，德国机械及制造商协会等机构设立"工业4.0平台"并向德国政府提交了平台工作组的最终报告《保障德国制造业的未来：关于实施工业4.0战略的建议》，被德国政府采纳。2013年以来，德国政府陆续出台了一系列指导性规划框架，如2014年8月德国政府通过《数字化行动倡议（2014—2017）》，2016年德国经济与能源部发布了"数字战略2025"，2018年10月德国政府发布"高技术战略2025"（HTS2025），明确了德国未来7年研究和创新政策的跨部门任务、标志性目标，以及微电子、材料研究与生物技术、人工智能等领域的技术发展方向，培训和继续教育紧密衔接的重点领域，创建创新机构，并通过税收优惠支持研发。

德国"工业4.0"战略可以概括为1个核心、2个战略、3大集成／关键技术／主题、5个特征和8项措施。1个核心即"智能＋网络化"，通过CPS实现物理世界的虚拟化（后来扩展为"数字孪生"），在此基础上实现生产过程的智能化，构建智能工厂。2个战略指领先的供应商战略和领先的市场战略，以推动整个供应链的智能化转型和市场的整合。3大集成／关键技术指生产的纵向集成（关注生产过程，通过M2M实现智能工厂联网）、工程数字化集成（关注不同的生产阶段，通过物联网实现信息共享）、制造业的横向集成（通过各类应用软件实现全连接的网络价值）。3大主题包括智能工厂、智能生产、智能物流。5个特征包括良好的网络设施和服务、社会—技术互动、智能产品可识别性、员工创新性、灵活应对需求变化等。8项措施包括技术标准化和开放标准的参考体系、建立模型来管理复杂的系统、提供一套综合的工业宽带基础设施、建立安全保障机制、创新工作的组织和设计方式、注重培训和持续的职业发展、健全规章制度、提升资源效率等。

经过近 10 年的发展，德国"工业 4.0"尽管在政策、标准、平台等方面取得了较大的成绩，然而令人担忧的是，这些年德国几乎没有出现新的大型企业。相反，以前的世界领先企业，如 AEG、根德等早就失去了领先地位。而美国和中国过去 20 年中却出现了大量世界领先的、新的大型企业，创造了新价值。为此，德国于 2019 年发布《国家工业战略 2030》，旨在有针对性地扶持重点工业领域，提高工业产值，以保证德国工业在欧洲乃至全球的竞争力。根据该战略，德国计划到 2030 年将工业产值占国内生产总值的比重增至 25%，占欧盟经济附加值总额的 20%。

除美国和德国之外，其他国家也推出了自己的工业互联网战略，日本在社会 5.0 中增加了"互联工业"的内容，通过建立本地化互联工业支援体系，关注企业间的互联互通，从而提升全行业的生产效率，让企业集体受益。2017 年，日本提出"互联工业"的概念，其中"工业价值链计划"旨在建立本地化互联工业支援体系。为推动"互联工业"战略，日本一方面整理示范应用案例，包括制造业白皮书、应用实例、在线地图、智能工厂示范项目等，另一方面建立中小企业的外部支援，包括建立"智能制造声援团"对中小企业进行支持、派遣专家指导、普及应用工具等，以提供技术、人员、工具的支撑。

英国制造业面临着全球化、国际金融危机、过度依赖服务业等问题带来的诸多挑战。为此，自 2008 年起，英国政府就推出"高价值制造"战略，希望鼓励英国企业在本土生产更多世界级的高附加值产品，以加大制造业在促进英国经济增长中的作用。目前，"高价值制造"战略已进行到第三期。"高价值制造"是指应用先进的技术和专业知识，以创造为英国带来持续增长和高经济价值潜力的产品、生产过程和相关服务。英国政府推出了系列资金扶持措施，以保证高价值制造成为英国经济发展的主要推动力，促进企业实现从设计到商业化整个过程的创新。具体措施如下。

在高价值制造创新方面每年约投资 5 000 万英镑（1 英镑 ≈ 9.015 元人民币）。

使用 22 项"制造业能力"标准（包括五大方面：能源效率、制造过程、材料嵌入、制造系统和商业模式）作为投资依据，衡量投资领域是否具有较高的经济价值。

投资高价值制造弹射创新中心，为需要进行全球推广的企业提供尖端设备和技术资源。

开放知识交流平台，包括知识转化网络、知识转化合作伙伴、特殊兴趣小组、高价值制造弹射创新中心等，帮助企业整合最佳创新技术，打造世界一流的产品、过程和服务。

7.1.3　中国工业互联网发展战略

信息技术向传统工业渗透、融合的趋势同样在中国存在。近10年来，工业互联网发展得到了国家的大力支持，新一轮以数字化、网络化、智能化为主要特征的工业互联网革命，中国产业界也正在孕育之中。2016年，中国政府出台了《关于深化制造业与互联网融合发展的指导意见》，明确提出了中国工业互联网的战略计划，提出以加快新一代信息技术与制造业深度融合为主线，围绕制造业与互联网融合的关键环节，促进产业转型升级。

中国工业互联网产业政策的出台有其深层次的背景原因。首先是全球制造业格局面临巨大调整，发达国家借助信息化技术与先进制造技术的深度融合推进"再工业化"，发展中国家借助产业的全球化转移扩展国际市场空间；其次是中国的经济发展环境发生了巨大的变化，各方面需求对制造业提出了更高的要求，经济发展进入新常态，调整结构、转型升级刻不容缓；最后是经过改革开放30年的发展，尽管我国已成为全球工业门类最全的国家之一，但是相对于发达国家还有一定差距，因此建设制造强国的任务艰巨而急迫，我国必须抓住当前难得的战略机遇。

《关于深化"互联网+先进制造业"发展工业互联网的指导意见》在2017年年底正式发布。与此同时，国内市场很多工业互联网企业在此阶段如雨后春笋般涌现，工业互联网逐渐走向正轨。2018—2019年，国内工业互联网发展路径更加清晰，从顶层设计到详细的发展路径、实现时间表均有相关文件支撑，包括《工业互联网APP培育工程实施方案（2018—2020年）》《工业互联网发展行动计划（2018—2020年）》《工业互联网平台建设及推广指南》《工业互联网平台评价方法》等。

随后，为推进中国制造业的发展，我国在全国范围内建设了工业互联网项目，推动了工业互联网技术的发展。2020 年 2 月，工信部公布了 2019 年工业互联网试点示范项目名单，网络方向有 29 个项目，平台方向有 35 个项目，安全方向有 17 个项目。

2020 年是数字经济大趋势下的基建年，也是工业互联网创新发展行动的收官之年。工信部发布《关于推动工业互联网加快发展的通知》，首要任务是加快新型基础设施建设，明确 4 项工作——改造升级工业互联网内外网络、增强完善工业互联网标识体系、提升工业互联网平台核心能力、建设工业互联网大数据中心。新基建为工业互联网基础设施建设指路，为融合应用做强"数字底座"，赋能制造业转型升级。

7.1.4　工业互联网的发展趋势总结

工业互联网基本已经成为全球主要工业国家的发展共识，尽管在愿景、发展目标、技术领域、行动路径等方面由于各国实际面临的情况不同，但整体上体现出以下发展趋势。

主要目标均指向先进制造业。 各国经过对国内、国际产业形势的研判，结合自身的经济发展实际情况做出决策。美国通过工业格局的重塑实现先进制造业的创新，开拓新产业，引领全球制造业的走向；德国立足自身制造业优势，通过推动解决面临的资源短缺、能源利用效率及人口变化等问题，通过对制造过程、模式、产品的关注保证制造业的领先地位；中国则是通过先进制造技术的创新与先进信息技术的结合，跻身世界制造业强国之列。

发展战略上均体现出国家产业政策引领的特点。 不管是强调自由市场的美国，还是在德国、英国、中国等，都针对工业互联网的发展推出了国家战略和计划，推动建立行业联盟和创新计划、示范项目等。

技术领域上均强调融合创新的作用。 首先是制造技术的创新，主要包括新能源技术、新材料技术、新装备技术等；其次是信息技术与制造技术的融合创新，实现制造过程的自动化和智能化；最后是信息技术与产业的融合创新，实现需求、供应链、制造、销售供给全链条的整合。

行动路径上强调平台和标准化。各国均推出各自的工业互联网架构体系，并针对体系中各关键领域和环节制定标准，同时在工业互联网发展上呈现出平台化的倾向，各工业领先公司、互联网公司、国家背景研究机构等纷纷推出平台产品。

发展上均体现出一定的曲折性。例如，尽管美国在工业互联网领域全球领先，但GE 的工业互联网平台 Predix 在商业上并未取得成功；德国的工业互联网并未立即扭转企业市场份额下降的趋势；日本尽管在工业互联网整体规模保持稳定，但份额却有所下降；英国受脱欧等因素影响，增速和份额双双下降。实现工业互联网注定是一个长期的过程，只有在发展中不断调整策略，才能通过长期效应实现目标。

工业互联网产业整体上处于高速增长阶段。据 MarketsandMarkets 统计，2018年全球工业互联网平台市场规模初步估算达到 33 亿美元，较 2017 年增长 22.22%；2023 年将增长至 138 亿美元左右，年均复合增长率达 33.4%。预计未来全球工业互联网平台市场仍保持高速发展态势，到 2025 年全球工业互联网平台市场规模约达到199 亿美元。在整体工业互联网经济规模方面，综合中国信息通信研究院（CAICT）、中国互联网络信息中心（CNNIC）、艾瑞咨询报告进行分析，2018—2020 年，中国工业互联网核心产业增加值规模分别为 4 386 亿元、5 361 亿元和 6 520 亿元，预计到 2025 年将达到 16 224 亿元，年复合增长率达到 20%。在工业互联网融合带动的经济规模方面，2018 年、2019 年分别为 9808 亿元、1.60 万亿元，比上年分别增长95.7%、62.7%，占 GDP 比重分别为 1.1%、1.6%，2020 年达到 2.45 亿元，同比增长 53.1%。2017—2020 年，工业互联网融合带动的经济影响规模增长近 4 倍，年复合增长率达 70.5%[1]。

7.2 工业互联网边缘计算现状

7.2.1 工业互联网的体系架构

目前，美国、德国、中国均发布了工业互联网体系架构，在研究工业互联网边缘计算之前，我们将分别对其进行介绍。

1. 美国工业互联网体系架构

美国的工业互联网体系架构简称为 IIRA（Industrial Internet Reference Architecture），由 IIC 发布。IIRA 注重跨行业的通用性和互操作性，提供一套方法论和模型，以业务价值推动系统的设计，把数据分析作为核心，驱动工业联网系统从设备到业务信息系统端到端的全面优化。IIRA 视角、应用范围、系统生命周期过程之间的关系如图 7-2 所示。

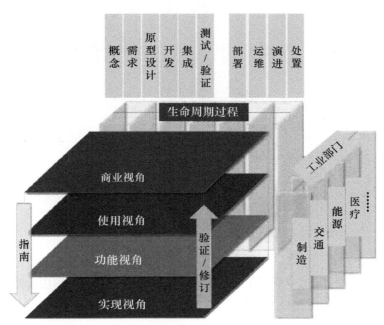

图 7-2 　IIRA 视角、应用范围、系统生命周期过程之间的关系[2]

从商业视角，业务利益相关者在其业务和监管环境中建立工业物联网系统时的愿景、价值和目标。从使用视角，IIRA 构架了与实现工业物联网系统的功能和结构相关的关注点。从功能视角，IIRA 构架了与工业物联网系统及其组件的功能和结构有关的关注点，分为控制域、操作域、信息域、应用域和商业域。从实现视角，IIRA 则关注实现工业物联网系统的功能和结构相关的问题。IIRA 的功能域、横切功能和系统特征如图 7-3 所示。

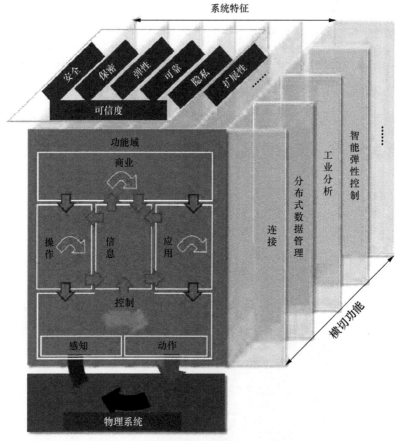

图 7-3 IIRA 的功能域、横切功能和系统特征

　　IIRA 在三层架构模式中规定了包括边缘计算的内容，其架构到功能域之间的映射如图 7-4 所示。

　　三层架构模式由映射到功能域（功能视角）的各主要组件（例如平台、管理服务和应用程序）组合而成。从层和域的角度来看，边缘层实现了大多数控制域功能，平台层实现了大多数信息域和操作域的功能，而企业层则主要实现应用域和商业域的功能。在实际系统中，IIoT 系统层的功能映射在很大程度上取决于系统用例和需求的具体情况。例如，可以在边缘层中或边缘层附近实现信息域的某些功能，以及实现智能边缘计算的一些应用程序逻辑和规则。

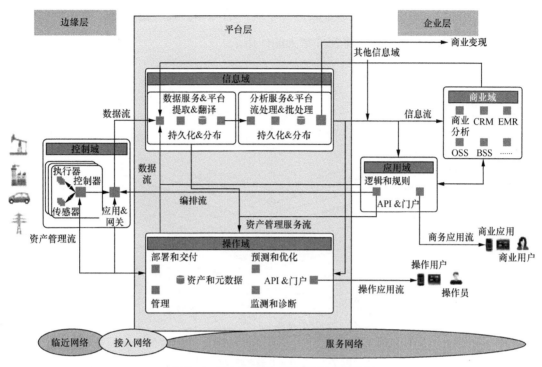

图7-4 IIRA三层架构到功能域之间的映射

2. 德国工业互联网架构

德国的工业互联网架构简称为 RAMI4.0（Reference Architecture Model Industrial 4.0）即工业 4.0 参考架构模型，如图 7-5 所示。RAMI4.0 是一个基于高度模型化的理念构建的三维架构体系。RAMI4.0 通过垂直轴层、左水平轴流、右水平轴级3 个维度，构建并连接了工业 4.0 中的基本单元——工业 4.0 组件。基于这一架构可以对工业 4.0 技术进行系统的分类与细化。理论上，任何级别的企业，都可以在这个三维架构中找到自己的业务位置——一个或多个可以被区分的、由工业 4.0 组件构成的管理区块[3]。

这个架构模型对制造环境里不同环节单元的功能分析、对它们之间的互操作性的需求辨认，以及对相应的标准制定和采用，具有较大价值。同时，其定义的工业 4.0 组件模型，为包括数字化的零部件、设备、产线、车间、工厂，甚至信息化系统在内的所有资产提供了一个统一的 CPS 模型，描述了其功能、性能和状态，并为它们之间的交互从通信协议、句法和语义等方面提供了统一的界面。其广泛实施，对推动制造环境各个系统的全面互联互通，将起非常大的作用。

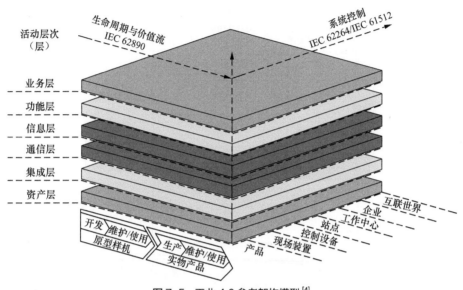

图 7-5　工业 4.0 参考架构模型 [4]

3. 日本工业互联网体系架构

IVI（Industrial Value Chain Initiative，日本工业价值链促进会）是一个由制造业企业、设备厂商、系统集成企业等发起的组织，旨在推动"智能工厂"的实现。2016 年 12 月，IVI 基于日本制造业的现有基础，推出了智能工厂的基本架构——工业价值链参考架构（Industrial Value Chain Reference Architecture, IVRA），如图 7-6 所示。

该组织从制造业一直追求的质量、成本和交付等传统要素以及环境要求的管理角度出发，结合生产环境的资产（包括人员、流程、产品和工厂等）和活动（包括计划、实施、检查和行动等），细分出智能制造单元，对信息化在生产过程中的优化进行了细致的分析，进而提出了智能制造的总体功能模块架构。其在不同的（设备、车间、部门和企业）层次上，分析知识／工程流程（相当于产品链）和供给流程（相当于价值链）的各个环节的具体功能构成，颇具独到之处。

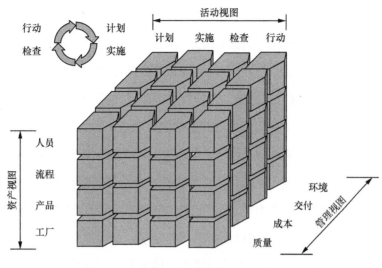

图 7-6 日本 IVRA

4. 中国工业互联网体系架构 2.0

中国工业互联网产业联盟是由中国信息通信研究院联合制造业、通信业、互联网企业等于 2016 年 2 月共同发起并成立的，迄今联盟成员超过 1 600 家，从工业互联网顶层设计、技术研发、标准研制、测试床、产业实践、国际合作等多方面开展工作。工业互联网产业联盟在 2016 年发布工业互联网体系架构 1.0，并在 2020 年 4 月将体系架构更新到 2.0 版本。

中国工业互联网产业联盟发布的工业互联网体系架构 2.0 如图 7-7 所示。

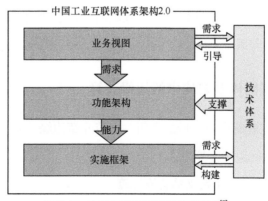

图 7-7 中国工业互联网体系架构 2.0[5]

该架构包括业务视图、功能架构、实施框架三大板块，形成以商业目标和业务需求为牵引、进而明确系统功能定义与实施部署方式的设计思路，自上而下，层层细化和深入。

业务视图明确了企业应用工业互联网实现数字化转型的目标、方向、业务场景及相应的数字化能力。业务视图首先提出了工业互联网驱动的产业数字化转型的总体目标和方向，以及在这一趋势下企业应用工业互联网构建数字竞争力的愿景、路径和举措。这在企业内部将会进一步细化为若干具体业务的数字化转型策略，以及企业实现数字化转型所需的一系列关键能力。业务视图主要用于指导企业在商业层面明确工业互联网的定位和作用，提出的业务需求和数字化能力需求对于后续功能架构的设计有重要的指引作用。

功能架构明确企业支撑业务实现所需的核心功能、基本原理和关键要素。功能架构首先提出了以数据驱动的工业互联网功能原理总体视图，形成物理实体与数字空间的全面连接、精准映射与协同优化，并明确这一机理作用于从设备到产业等各层级，覆盖制造、医疗等多行业领域的智能分析与决策优化，进而将功能架构细化分解为网络、平台、安全三大体系的子功能视图，描述构建三大体系所需的功能要素与关系。功能架构主要用于指导企业实现工业互联网的支撑能力与核心功能，并为后续工业互联网实施框架的制定提供参考。

实施框架描述各项功能在企业落地实施的层级结构、软硬件系统和部署方式。结合制造系统当前与未来的发展趋势，提出了由设备层、边缘层、企业层、产业层组成的实施框架，明确了各层级的网络、标识、平台、安全的系统架构、部署方式以及不同系统之间的关系。实施框架主要为企业提供工业互联网具体落地的统筹规划与建设方案，可用于指导企业技术选型与系统搭建。

7.2.2　工业互联网体系架构中的边缘计算

边缘计算在工业互联网中有大量的应用，本节介绍边缘计算在工业互联网中的位置及几种主要的工业互联网边缘计算架构。

1. 工业互联网体系架构中定义的边缘计算

工业互联网体系架构定义了 3 个核心功能，分别是网络、平台和安全，如图 7-8 所示。

工业互联网的核心功能是基于数据驱动的物理系统与数字空间实现全面互联、深度协同、智能分析和决策优化。通过网络、平台、安全三大功能体系的构建，工业互联网可全面打通设备资产、生产系统、管理系统和供应链条，基于数据整合与分析实现 IT 与 OT 的融合和三大功能体系的贯通。工业互联网以数据为核心，数据功能体系主要包含感知控制、数字模型、决策优化 3 个基本层次，以及一个由自下而上的信息流和自上而下的决策流构成的工业数字化应用优化闭环。

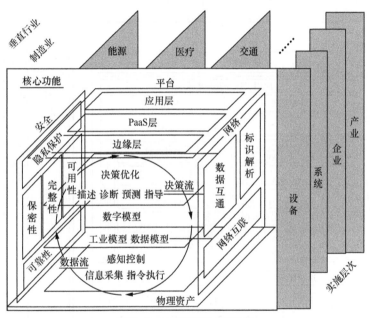

图 7-8 工业互联网体系架构

工业互联网功能视图平台体系架构如图 7-9 所示。

工业互联网平台中的边缘层提供很多功能。一是工业数据接入，包括机器人、机床、高炉等工业设备数据接入功能，以及 ERP（Enterprise Resource Planning，企业资源计划）、MES（Manufacturing Execution System，制造执行系统）、WMS（Warehouse Management System，仓库管理系统）等信息系统数据接入功能，可实现对各类工业数据的大范围、深层次采集和连接。二是协议解析与数据预处理，对采集和连接的各类多源异构数据进行格式统一和语义解析，并进行数据剔除、压缩、缓存等操作后将其传输至云端。三是边缘智能分析和边缘应用部署与管理，重点是面向实时应用场景，在边缘侧开展实时分析与反馈控制，并提供边缘应用开发所需的资源调度、运行维护、开发调试等各类功能。

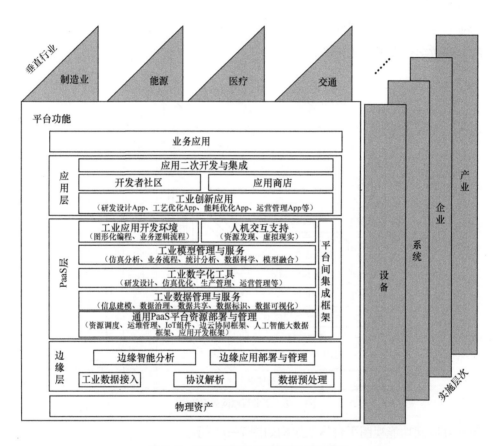

图 7-9　工业互联网功能视图平台体系框架

实施框架中也定义了边缘层。实施框架是工业互联网的操作方案，以传统制造体系的层级划分为基础，适度考虑未来基于产业的协同组织。实施框架按"设备、边缘、企业、产业"4 个层级开展系统建设，工业互联网实施框架总体视图如图 7-10 所示。

其中边缘层对应车间或生产线的运行维护功能，关注工艺配置、物料调度、能效管理、质量管控等应用。

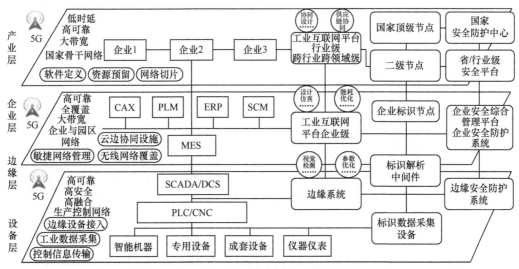

图 7-10　工业互联网实施框架总体视图

2．GE Predix 中的边缘计算

GE 最早提出了工业互联网的概念，在实践中也走在前列，其推出的工业互联网平台 Predix 至今仍是领域内的对标平台。Predix 是 GE 推出的针对整个工业领域的基础性系统平台，是一个开放的平台，它可以应用在工业制造、能源、医疗等各个领域。Predix 最开始是一个 PaaS 平台，经过不断完善，其概念现在已经超越平台的概念，包括边缘、平台、应用 3 部分，其中边缘和平台都只用于配合应用，应用才是 Predix 的最终目的。Predix 实现架构如图 7-11 所示。

边缘端需要解决的主要问题是数据的采集和连接。工业设备的连接协议具有复杂性和多样性的特点，而且 GE、ABB、西门子等各大厂商主导的产品协议是封闭的，要实现数据的直接互通并不容易。因此 Predix 定义了一个网关框架 Predix 机器（Predix Machine），以实现数据的采集和连接。Predix 机器是一个开发框架，包括一整套技术、工具和服务，支持应用的开发、部署、发布和管理，支持小到嵌入式硬件、大到整体解决方案。除了支持工业边缘网关的开发，Predix 机器还集成了边缘计算功能，可以实现工业协议解析、灵活的数据采集、同平台的配合、本地存储和转发、运行平台端的应用、丰富的安全策略、设备通信等功能。

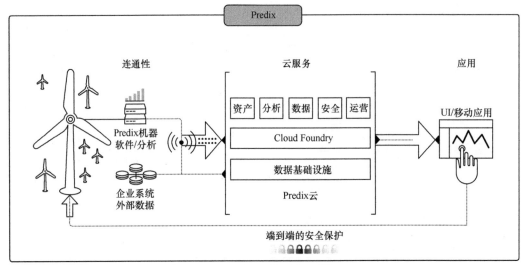

图7-11　Predix实现架构[6]

实际上可以将Predix机器看作一个边缘云，开发者可以根据不同的应用需求选择Predix机器的内置功能，快速开发自己的边缘产品和应用，目前已经有大量合作伙伴基于这个框架开发出了众多边缘网关产品。

GE发布的另外一本白皮书中，从功能架构的角度描述了边缘计算的位置和作用。Predix功能架构如图7-12所示。

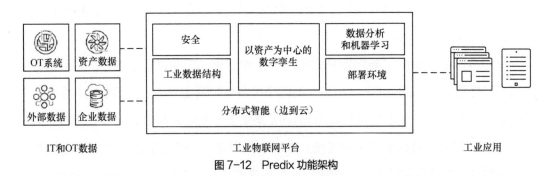

图7-12　Predix功能架构

对于许多公司而言，连接到远程资产并安全地传输运营数据仍然是一个巨大的挑战。作为一个分布式应用程序平台，Predix提供了一种跨云、本地和边缘的部署架构。边缘到云的部署模型是相辅相成的，在典型的工业应用程序中两者都有才能最大化洞察力。边缘计算不仅解决了中心云部署的局限性，还解决了以下问题。

减少必须在资产附近执行的关键任务控制系统和应用程序的时延；

满足生产治理或法规遵从性，即数据不能离开生产场所或数据可能被其他人员接近；

考虑带宽和网络成本，边缘计算更经济。

Predix 由两个免费的软件栈（一个用于边缘计算，一个用于云计算）组成，可使用多种部署选项共同协作以优化工作负载执行，如资产智能连接。当协同部署时，Predix 机器可以在任何需要的地方进行数据提取、分析、信息收集和控制[7]。

3. 西门子 MindSphere 中的边缘计算

德国西门子于 2016 年 4 月推出了基于云的开放式物联网操作系统 MindSphere。MindSphere 向下提供数据采集接入方案 MindConnect，数据可以直接到达车间级工厂设备，支持开放式通信标准 OPC UA，实现西门子和第三方设备的数据连接；MindSphere 向上为应用软件的开发层提供一个开放的架构，用户可以针对不同的场景来开发相应的软件。MindSphere 架构如图 7-13 所示。

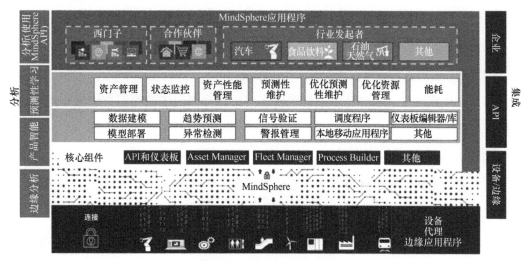

图 7-13 MindSphere 架构

MindSphere 提供边缘和分析服务。如果客户希望从云和本地技术创新中获益，可以通过使用 MindConnect LIB 和 MindConnect API 在边缘设备和网关上部署软件来扩展 MindSphere。这可以近乎实时地提供与工厂设备安全契合的高级分析和性能数据分析，从而加快处理速度，尽量减少时延。MindSphere 可以支持各种描述性、诊断性、预测性和规范性分析用例。为此，MindSphere API 在集成硬件 / 软件环境中利用云连接并结合西门子或第三方边缘应用程序。

MindSphere 工业边缘方法包括基于云的边缘服务和模块化边缘运行时。边缘服务和模块化边缘运行时需要从工程和运行时这两个角度同步操作。MindSphere 工业边缘方法将云服务与现场自动化平台透明地集成在一起。以边缘为导向的 MindSphere 应用程序（在现场操作，但通过 MindSphere 管理）生态系统可以无缝扩展设备资产的装机量，例如西门子 SIMATIC IT 自动化控制、SINUMERIK 机器控制、SIPROTEC 智能电网组件以及 Climatix 暖气、通风和空调控制器。

MindConnect 为跨边缘、物联网服务和存储领域提供连接。服务 API 可以将数据从边缘设备和代理发送到 MindSphere 平台。边缘服务支持设备数据分析并提供设备管理功能，包括边缘软件更新。边缘应用程序可以在边缘系统中下载和执行，包括边缘分析。西门子边缘管理策略是将云服务与所有设备、资产或工厂设施透明地集成在一起，使异构设备和资产生态系统可以无缝扩展。以下是 MindSphere 独特的功能优势。

（1）基于云的边缘服务；

（2）可部署到各种边缘设备的模块化边缘运行时；

（3）在集成硬件 / 软件环境中利用云连接并结合西门子或第三方边缘应用程序的功能。

MindSphere 的主要功能包括：

（1）使用 MindConnect 库和 API 在边缘设备上部署软件；

（2）在边缘运行时集成高级分析和性能数据分析；

（3）高度安全地与不同边缘设备交互，支持多个描述性、诊断性、预测性和规范性分析用例；

（4）西门子提供的集成功能，客户可以自行管理边缘设备，帮助提供无缝的用户体验。

为获得更佳的性能，供应商正在将支持云的边缘和设备管理功能嵌入其硬件产品。这些设备由 MindSphere 开放式边缘策略以及相关的连接和处理服务提供支持 [8]。

除了工业领域领先的边缘计算服务以外，其他互联网公有云服务商也提供了自己的边缘计算平台服务。如 AWS IoT Greengrass 可将 AWS 无缝扩展至边缘设备，因此可以在本地操作其生成的数据，同时仍可将云用于管理、分析和持久存储。借助 AWS IoT Greengrass，互联设备可以运行 AWS Lambda 函数、Docker 容器，或同时运行两者，基于机器学习模型执行预测、使设备数据保持同步以及与其他设备安全通信，甚至在没有连接互联网的情况下也可实现这些功能。阿里云的飞龙工业互联网平台以 "AI+ 边缘计算" 提供数据、算法和计算能力。微软也提供集成了边缘计算的 MS Azure IoT Edge 服务。

由于工业互联网三大核心功能包括网络、平台和安全，电信运营商借助其 5G 网络能力，加之下沉到边缘的机房环境，纷纷实践和探索边缘计算应用，为工业互联网提供云网融合的服务。

7.2.3　工业互联网中边缘计算标准的进展

工业互联网的标准制定主要依赖于一些联盟组织，如美国的 IIC 发布的 IIRA、德国工业 4.0 平台组织中的德国电气和电子工业联合会发布的 RAMI 4.0，以及中国的 AII 等。这些联盟组织主要从工业互联网自身需求出发，引用或者制定边缘计算相关的标准体系，同时各联盟组织也和边缘计算相关的标准组织联合，如 ECC 已与 AII、IIC、SDNFV 产业联盟、CAA、AVnu 联盟等组织建立正式合作关系，在标准制定、联合创新、商业推广等方面开展全方位合作。

2018 年，CCSA 工业互联网特设组（ST8）召开会议，通过了包括 "工业互联网边缘计算" 系列在内的多项国、行标立项建议以及 "工业互联网边缘计算技术研究" 课题的立项建议。"边缘计算总体架构与要求""边缘计算边缘计算节点模型与要求" 等标准项目组通过标准化加速工业企业 IT 与 OT 的融合。

2018 年，AII 发布了 "工业互联网标准体系框架"（见图 7-14）、"工业互联网安全总体要求" 等 9 项技术相关标准。2019 年 2 月，AII 发布了《工业互联网标准体系（版本 2.0）》，边缘计算标准主要包括边缘设备标准、边缘智能标准、能力开放标准 3 个部分。

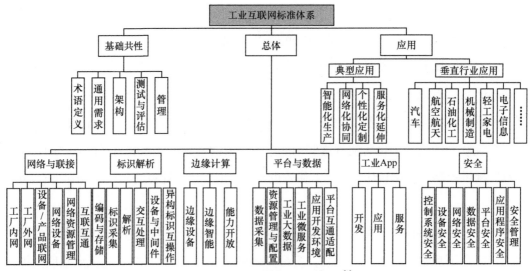

图 7-14　工业互联网标准体系框架[9]

边缘设备标准：主要规范边缘云、边缘网关、边缘控制器等边缘计算设备的功能、性能、接口等要求。

边缘智能标准：主要规范实现边缘计算智能化处理能力技术的相关标准，包括虚拟化和资源抽象技术、实时操作系统、分布式计算任务调度、云边协同策略和技术等。

能力开放标准：主要规范基于边缘设备的资源开放能力、接口、协议等要求，以及边缘设备之间互通所需的调度、接口等要求。

2020 年 5 月，中国信息通信研究院、中国电信、中国联通、华为、联想、浪潮、中兴通讯、新华三、中国科学院沈阳自动化研究所、研祥科技、树根互联、研华科技等企业和科研机构在 AII 共同发起"边缘计算标准件计划"，并召开线上启动会。该计划针对边缘计算在实际部署应用过程中存在的产业碎片化、供给侧研发方向分散、需求侧建设选型困难、设备及平台标准缺失、可信开放测试机制不完善等突出问题，通过构建边缘计算标准设备（包括边缘控制器、边缘网关、边缘云等）、边缘计算开放平台的技术要求及测试规范标准体系，探索边缘计算标准设备与开放平台的标准符合度评测，推动供给侧与需求侧的精准对接，力争成为设备厂商产品研制及工业企业采购选型的风向标。

除此以外，AII 在制定中的标准包括：由航天云网、北京航天智造公司、华为、中国信息通信研究院、青岛海尔工业智能研究院有限公司、南京航空航天大学等负责的"边缘计算智能化处理技术要求",由中国信息通信研究院牵头制定的"工业互联网边缘计算总体架构与要求"及"工业互联网边缘计算节点模型与功能要求:边缘控制器""工业互联网边缘计算节点模型与功能要求:边缘网关""工业互联网边缘计算节点模型与功能要求:边缘云""工业互联网边缘计算技术要求与测试方法:边缘控制器""工业互联网边缘计算技术要求与测试方法:边缘网关""工业互联网边缘计算技术要求与测试方法:边缘云"等系列标准。

标准需要借助项目进行推进。工业互联网智能制造边缘计算也受到了国家各部委的高度重视。工信部在 2017 年和 2018 年连续设立了一系列智能制造综合标准化与新模式应用项目。2017 年,中国科学院沈阳自动化研究所承担的工信部智能制造综合标准化与新模式应用项目"工业互联网应用协议及数据互认标准研究与试验验证",从工业互联网边缘计算模型、工业互联网数据统一语义模型、工业互联网互联互通信息安全要求等 7 个方面对工业互联网智能制造边缘计算标准的制定进行了探索[10]。

2018 年,工信部工业互联网创新发展工程系列项目中,针对工业互联网边缘计算,专门设立了"工业互联网边缘计算测试床""工业互联网边缘计算基础标准和试验验证"等 8 个项目。2018 年度科技部国家重点研发计划"网络协同制造和智能工厂"重点专项专门针对边缘计算设置了"工业互联网边缘计算节点设计方法与技术""典型行业装备运行服务平台及智能终端研制""基于开放架构的云制造关键技术与平台研发"等多个项目。

在标准和项目相互促进的过程中,工业互联网边缘计算也取得了较大的发展,以 ECC 的成立为分界点,工业互联网边缘计算发展大体可以分为 3 个阶段:边缘互联、边缘智能,以及边缘自治。2016 年以前,中国边缘计算的研究处于第一阶段,主要解决边缘互联问题,即海量异构终端实时互联、网络自动部署和运维等问题。目前,边缘计算处于第二阶段,即边缘智能阶段,主要解决网络边缘侧智能数据分析、智能网络控制、智能业务处理等问题,从而大幅度提高效率并降低成本。未来,边缘计算将步入第三阶段,即边缘自治阶段,边缘侧自主业务逻辑分析、动态实时、自我优化将在这一阶段得到实现。

7.3 工业互联网中应用边缘计算的典型案例

7.3.1 iSESOL BOX 边缘网关

该边缘网关面向中小型机械加工企业，这些企业主要为大中型机械厂家代加工零部件，普遍信息化水平低、管理粗放，导致产品质量和交付期难以保证，同质化竞争严重，进一步造成设备利用率低、成本居高不下等不利局面。这些企业迫切需要借助互联网与制造业的融合，从生产工艺优化、设备全生命周期管理等方面着手，为制造企业提供装备上网、企业上云、产能共享、工业 App、装备全生命周期及供应链金融等服务，形成面向机械加工领域的中小企业间协同创新的网络协同制造平台，通过平台服务提高工艺水平、产品品质和加工效率，从而提高产品附加值，推动创新资源、生产能力、市场需求的跨企业聚集与对接，实现设计、供应、制造和服务等环节的并行组织和协同优化。

iSESOL BOX 边缘网关具备工业协议适配、工业现场设备数据采集与边缘计算能力，结合 iSESOL 工业互联网平台的云服务产品，形成"云 + 边缘"的工业互联网技术架构及服务能力，为机械加工企业提供设备状态监控、生产效率提高及设备全生命周期维护等能力支撑。iSESOL BOX 总体架构如图 7-15 所示。

iSESOL BOX 边缘网关具备强大的兼容性，可为搭载沈阳机床 i5、发那科（FANUC）、西门子（SIEMENS）、三菱（MITSUBISHI）等数控系统的机床及工控设备提供数据采集、可视化及相应的工控应用。iSESOL BOX 边缘网关为数据采集提供参数管理、数据处理、报文管理、认证管理、订阅管理、配置管理、安全网关和边缘计算等服务支持，并且提供 API 服务，对企业进行数据开放，以支持企业本地应用（如 MES、ERP 等）的业务集成。

iSESOL BOX 边缘网关覆盖市场主流的工业协议。除了支持目前工业领域的主流通信协议和规约，如 OPC、OPC UA、MTConnect 等，其还支持主流厂商的私有协议，如 Focas、Ezsocket 等协议。iSESOL BOX 边缘网关针对不同品牌的设备建立不同的参数集和通信报文，针对同一品牌的不同设备实现大类和小类的灵活划分，逐步达到行业设备协议的全面覆盖。

iSESOL BOX 边缘网关在边缘计算层整合设备认证接入、数据边缘处理、制造策略下发以及工业 App 部署等服务，结合云端开放平台以及大数据平台，提供对第三方服务的支撑，并通过数据开放与用户和合作伙伴共同打造丰富的工业 App 应用生态。

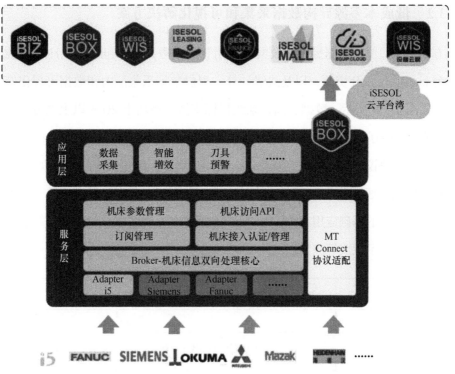

图 7-15 iSESOL BOX 总体架构

通过将 iSESOL BOX 边缘网关与平台相结合，可以实现机械加工企业的多种创新应用。

智能增效应用： 在不改变原有机床加工程序的基础上，实现智能化算法的识别与学习，生成该工况下唯一的优化策略，结合专家经验录入，给出机床智能化调控策略，能够使机床加工效率平均提高 10% 以上。

机床体检应用： 基于海量机床状态数据，构建云端信号特征库，针对云端信号特征库对应的加工状态数据进行大数据分析与信息挖掘，从而获得机床健康状态与性能退化程度的信息，并进行预测性维护。相对于以往定期更换的维护策略，该应用有效节约了人力、物力、财力。

刀具加工过程监控应用:通过智能化的检测,每次程序加工结束后,检测刀具的损耗程度,与历史数据曲线进行智能对比,预测该刀具的使用寿命,当接近其使用寿命时及时预警更换,避免断刀、掉刀、空切等情况发生。

7.3.2 低成本多源异构数据采集和可视化解决方案

该方案基于边缘控制器提供"数据 + 应用"的服务,充分利用 IoT Hub 工业互联网赋能平台 IaaS 和 PaaS 资源,以及边缘计算,提供数据采集能力和数据可视化应用,其总体架构如图 7-16 所示。数据层面,系统目标支持对市场上 20 种以上主流工业协议进行解析,支持 20 万台设备并发连接,支持典型的工业控制器、传感器、物联网采集监控终端,并提供协议连接及数据交互操作。应用方面,系统提供面向工业现场的图形化、拖曳式和低代码快速开发 App 工具,支持本地、私有云、公有云混合或单一部署,提供多个重点垂直领域的基础应用 App,实现生产过程监控、调试维护配置、报警响应及处理、报表实时更新及显示生成等应用。

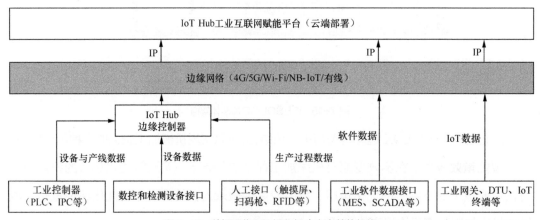

图 7-16 数据采集和可视化解决方案总体架构

边缘数据采集和可视化需要将工业现场的工业控制器、数控与检测设备接口、人工接口传入的数据通过 IoT Hub 边缘控制器进行异构协议解析和转换后,形成统一的 IP 数据,再与软件数据和物联网数据上传到云端。IoT Hub 平台基于内置的逻辑交互及规则引擎,提供轻量化 MES 的功能,用户应用界面通过工业 App 实现数据的应用。通过微服务的方式，IoT Hub 平台主要解决工业制造领域各个场景下各类机器及设备的控制器、传感器、物联网智能终端与本地或云端数据库，以及现场操作及远程操作人员之间的互联互通。IoT Hub 平台作为工业互联网平台解决方案的初级配置，适用于典型的制造业落地应用。

设备可视化：对企业设备进行几何建模，可以直观、真实、精确地展示设备分布、设备运行状况，同时将设备模型与档案等基础数据绑定，实现设备在二维场景中的快速定位与基础信息查询。

设备预测性维护：通过对设备的集中式管理，人员分权限使用，可以实现远程开关机、远程设置参数；远程设置策略，批量、定时定点操作；设备视频集成、远程呼叫。

数据分析：通过采集设备的原始数据（如电流、电压等），或者采集设备的结果数据（如报警、故障等），得到设备运行大数据、设备运行分析报告、设备经济运行报告等。

实时报警：制造商自动化水平越来越高，很多岗位实现了全自动生产。针对设备故障后无人在现场，不能被及时发现的问题，现在通过实时报警系统及时显示设备故障并主动推送来解决。

7.3.3　基于 5G+ 工业边缘云的机器视觉带钢表面检测平台

该平台部署 5G+ 工业边缘云实现带钢的机器视觉检测，如图 7-17 所示。影响带钢表面质量是制造过程中原材料、轧制设备和加工工艺等导致其表面出现的划痕、擦伤、结疤、黏合、辊印等不同类型的缺陷。这些缺陷不仅影响了产品的外观，更严重的是降低了产品的抗腐蚀性、耐磨性和疲劳强度等。数十年来带钢表面检测一直使用人工抽检或频闪光法等检测方法。这些方法不能完整、可靠地反映带卷上下表面的质量状况，只能用于检测运行速度很慢的带钢表面，实时性差。因此，实现对带钢表面缺陷图像的准确分析，进而实现对表面缺陷的分类和记录，并加以实时控制，对于提高生产效率和产品质量，从而提高企业竞争力将起到非常积极的作用。

平台首先在生产车间内部署了 5G 网络，并提供 MEC，通过这种组网模式可以直接将业务流接入企业内网。其次，平台使用了带有 5G 模组的高速线阵 CCD 工业相机，线扫专业滤光镜头，高频漫射 LED 线光源，保证 600m/min 以下级别产线具有最小精度

0.18mm 的图像检测水平。工业相机可以对带钢表面进行图像拍摄和采集。此外,该平台部署了云平台,结合 MEC 的边缘云,可以实现协同,并将机器视觉的带钢表面质量检测系统部署在边缘云上,对工业相机拍摄的图像进行实时分析。

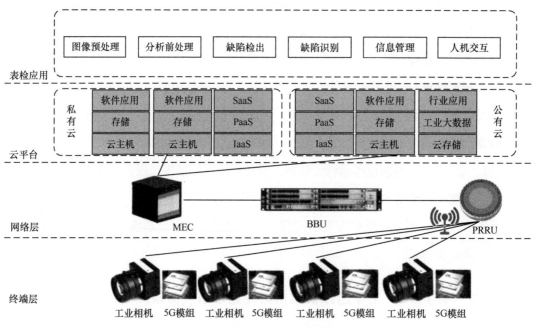

图 7-17　机器视觉带钢表面检测平台

工业边缘云利用 5G 无线接入网络就近为工业企业用户提供 IT 服务和边缘计算功能,具备高性能、低时延与高带宽的电信级服务能力,加速网络中各项内容、服务及应用的处理。

MEC 的本地分流功能使得本地业务数据流无须经过核心网,直接由 MEC 平台分流至本地网络。本地业务分流可以降低回传带宽消耗和业务访问时延,提升业务体验。通过 MEC 本地分流和网络切片技术,可保障机器视觉质量检测业务的 5G 网络端到端 QoS,一方面确保高清图像在规定的时间内传输到工业边缘云,处理和分析的结果能够及时反馈并作用到生产控制一线,另一方面企业内 5G 局域网也可以使核心生产数据不出工厂,确保数据安全。

工业制造的可靠性要求较高,该平台在 MEC 硬件配置上进行了容灾保护的考虑,包括双交换板负荷均衡、双电源热备份、双计算节点负荷均衡等。同时在边缘云部署上，也考虑了系统的保护，包括虚拟机采用资源池方式部署，做冗余配置；服务以容器的方式部署在虚拟机上，当容器发生故障时服务可以快速重生。当虚拟机故障时，可以将服务部署在另外一个虚拟机上；关键服务采用负荷分担方式部署。

该平台可以视为 5G+ 工业互联网的一个通用平台，通过 5G 提供可靠的网络服务，结合 MEC 边缘云实现业务流的本地分流，同时满足应用部署的边缘平台需求，这两者是通用的。整体来看，该平台为工业互联网提供了云网融合的基础设施，在此基础上可以采用不同的终端（如工业相机、高清摄像机等），实现图像和视频的采集，再根据不同的检测需求提供算法和机器视觉应用，可以在工业制造领域广泛应用。

7.3.4　电子产品制造业边缘计算解决方案实践

有别于钢铁制造业，电子产品制造业属于离散制造业，具有产品技术更新快、制造过程复杂的特点，导致制造工艺和检验标准不完全一样的产品会在同一个工厂并行生产。电子产品制造业注重生产设备的运转效率，对生产质量要求高，以满足客户对质量、交付期的严苛要求。同时，传统的电子产品制造业的工厂在生产现场采集、分析、利用数据方面存在缺陷，在生产、运营方面存在许多不足，主要表现在以下方面 [11]。

生产线自动化程度不高，大量手工生产和检测环节影响产线效率提升和生产质量改进；生产管理信息的传递大量依赖纸质文件、电子表格等传统方式，业务信息传递不畅通，无法做到信息流跟踪，生产实绩等数据实时、透明共享；数字化编码不完善，不能完全满足数字化管理的要求；设备管理和维护流程不健全，设备生产效率指标无法准确统计和计算；缺少生产动态数据采集并与计划数据整合分析，使得生产计划协同方面存在欠缺；边缘层数字化基础薄弱，生产过程管控能力不能满足未来数字化生产的要求；缺少仓储物流前端的实时感知和数据采集，仓储物流管理方面存在问题。

电子生产数字化车间解决方案以电子生产所要求的工艺和设备为基础，以信息技术、自动化、测控技术等为手段，用数据连接车间不同单元，对生产运行过程进行管理、诊断和优化。该方案集边缘计算、工业互联网、工业机器人、工业视觉、二维码、AGV 等先进技术于一体,将边缘云平台作为整个数字化车间建设和运行的核心支撑系统,打通生产计划、电子生产车间制造、仓储管理、质量管理、设备管理、工艺管理等相关业务模块的数据流和信息流。电子生产数字化车间解决方案架构如图 7-18 所示,具体的建设内容包括 4 部分。

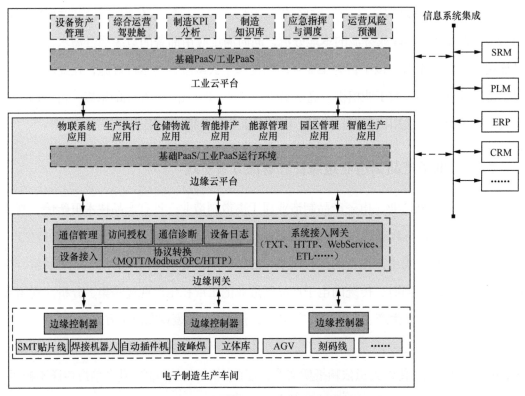

图 7-18　电子生产数字化车间解决方案架构

第一部分,基于边缘控制器和智能设备设计并建设自动化柔性生产线,包括智能立体库、自动化生产线、智能电子看板、柔性装配测试线和 AGV 自动化物流仓储系统等,涉及的自动化生产设备包括自动插件机、激光刻码设备、视觉识别设备、光学检测机、机器人、AGV 等,以有效减少人工作业,提高生产效率,保证产品质量。

第二部分,基于边缘网关和边缘云平台搭建车间数据集成平台,面向生产环节,采用采集、检测、识别、控制、计算、存储、通信等技术,基于 OPC UA 工业标准,支持异构数据集成,构建一个全互联的数字化虚拟工厂,实现电子生产车间生产过程和设备运行相关数据的采集、存储和分析，并为信息化集成和数字化管理提供数据支撑。

第三部分，基于边缘云平台开发和提供各种车间生产执行应用，包括生产过程管理、设备管理、质量管理、能源管控、物料管理等工业 App；基于边缘云平台开发和提供各种仓储物流应用，实现原材料批次、产品的全方位追溯，主要功能包括实现储位的精确管理（货架、储位的定置定位管理），实现货物精准管理（在出库环节使用了整体调度，所以保证了库存商品的新旧更替，较旧的批号优先发货），加强库房可管理性，任务执行、工单任务状态、任务优先级、库内各环节管理等。

第四部分，构建边缘云平台与工业云平台的协同框架，实现云边协同的生产计划协同及生产过程优化管理，实现与企业资源管理系统、产品数据管理系统、办公系统等信息化系统之间数据信息的实时交互。

实践表明，基于边缘计算的电子产品制造行解决方案能显著提高生产效率，提升产品质量，实现产品、质量、物料和生产过程的全面追溯和可视化，节省人工成本 30% 以上，产品一次通过率提升到 99.5% 以上，年产能提升 2 倍以上。

自动化生产线可实现生产节拍的自适应平衡调整以及产品的自动识别和测试，实现产品的自动筛选，生产作业自动化率达 85% 以上，实现生产过程 100% 可追溯性。

自动数据采集率可显著提高到 90% 以上，实现数据一次采集或录入，各处使用，实现生产报工、订单完工率等信息从生产现场秒级同步到上层企业资源管理系统等信息系统，基本可实现实时数据交互。

第 8 章
边缘计算和能源互联网

8.1 能源互联网的发展趋势

8.1.1 能源互联网的概念和内涵

人类工业自第一次工业革命以来，进入了加速发展的时期，而工业革命的核心其实就是能源转换。第一次工业革命的特征是机械化，背后的能源是煤炭。第二次工业革命的特征是电气化，离不开石油和电力。能源互联网的概念是随着人类工业革命的深入而发展起来的，2008 年德国出现能源互联网（Internet of Energy）的概念，并实施了 6 个不同类型的示范项目。2011 年，美国学者杰里米·里夫金出版的《第三次工业革命》中预言一种新的能源利用体系即将出现，该体系以新能源技术和信息技术的深入结合为特征，杰里米·里夫金同样将其命名为能源互联网（Energy Internet），随着该书的畅销，能源互联网的概念广为人知。

能源互联网概念的提出有其历史背景和驱动因素，在能源网络发展的进程中，有几个关键事件使各国对能源转型的认识逐渐加深和强化。2003 年 8 月，美国东北部部分地区以及加拿大东部地区出现大范围停电，据估计，这次停电带来的经济损失大概在 250 亿到 300 亿美元，并造成了广泛的社会影响。这使得人们对于电网安全性的重视程度大大提高。停电事故发生后，美国推动了"ET+IT"的智能电网技术发展。

而与此同时，因为煤炭和石油等化石能源在消费结构中占比很高且其增长趋势无法逆转，带来了两个致命问题。一是气候和环境问题，随着人类活动的加剧，尤其是以燃烧的方式来使用化石能源，产生了大量的二氧化碳，温室效应使得地球环境发生改变，对人类和地球生态的威胁日益突出。二是化石能源储量的问题，尽管勘探和开采技术的不断发展，似乎让化石能源耗尽的年限逐渐延长，但储量有限的基本事实是不可改变的，人类始终面临开发新能源的挑战。

此外，能源本身作为一个产业门类，尤其还是体量很大的一个产业，也必然面临着和其他工业门类一样的机械化、电气化、自动化、智能化的转型路径。

正是在这些因素的驱动下，以清洁化、互联化、智慧化为特征的能源互联网得到了广泛的关注。具体到能源互联网的概念上，美国学者杰里米·里夫金提出的能源互联网具有四大特征：以可再生能源为主要一次能源；支持超大规模的分布式发电系统与分布式储能系统接入；基于互联网技术实现广域能源共享；支持交通系统的电气化。由此可见，里夫金所提出的能源互联网主要是利用互联网技术实现广域内的电源、储能设备与负荷的协调。董朝阳教授在其文章"从智能电网到能源互联网：基本概念与研究框架"中，给出了能源互联网的初步定义：能源互联网是以电力系统为核心，以互联网及其他前沿信息技术为基础，以分布式可再生能源为主要一次能源，与天然气网络、交通网络等其他系统紧密耦合而形成的复杂多网流系统。

简单地以一段话来描述能源互联网难免出现偏差，更好的方式是从不同维度探讨其特征，以全面理解能源互联网。

首先，从能源本身来讲，能源互联网提出的最主要愿景是提高可再生能源在整个能源构成中的占比，以及提高能源效率。这里面就隐含了两个关键点，一是新能源技术，二是以电力为核心（电力的能效是所有能源里面最高的），这就要求发展新能源技术，包括光、风、水、地热、潮汐等。而新能源具有资源分布不均匀、波动性等特点。对于资源分布不均匀的问题，例如，作为主要的两种可再生能源，太阳能和风能的资源分布存在"一极一道"现象，即在北极圈及其周边地区风能资源丰富，在赤道及附近地区太阳能资源丰富。因此推动能源的全球合作将是实现这一愿景的重要议题，即集中开发北极风能和赤道太阳能资源，通过特高压等输电技术将电力送至各大洲负荷中心，与各大洲大型能源基地和分布式电源相互支撑，提供更安全、更可靠的清洁能源，将是未来世界能源发展的重要方向。对于波动性问题，就需要发展储能技术、资源需求响应技术等，以提高新能源的吸收和消纳能力，实现能源网络的大范围连接。

其次，从能源网络的角度来讲，其面临能源网络架构多样化（以电为中心，油、气、热、冷、氢等多种能源形态）；生产环节则包括"发输变配用"协同、"源网荷储"互动，需要实现"源源互补""源网协调""网荷互动""网储互动""源荷互动"；经营中需要面对能源清洁低碳转型、能源综合利用效率提升、发电和用电多元主体便捷接入等挑战；作为重要的基础设施，能源网络还需要安全可靠、快速响应、智能开放。因此在发展能源互联网的过程中，电网需要先进能源技术（清洁低碳）、先进控制技术（坚强智能）、先进通信技术（泛在物联）的支撑。

最后，从互联网的角度来讲，要满足能源网络智能生产、高效协同的要求，必须借助通信和数据网络，实现"比特"和"瓦特"的融合，通过互联网技术、通信技术、信息技术、大数据技术等，对能源的供给、调配和消耗进行优化，最终目的是实现能源的全共享："在合适的地方提供合适的能源"，即"Energy on Demand"。

根据以上角度的理解，能源互联网可定义为一种以电为中心，以坚强智能电网为基础平台，将先进信息通信技术、控制技术与先进能源技术深度融合，支撑能源电力清洁低碳转型和多元主体灵活便捷接入，具有泛在互联、多能互补、高效互动、智能开放等特征的智慧能源系统。经过总结和分析，能源互联网具有以下特征。

可再生：能源互联网的最主要目标。目前全球对可再生能源的投资远远超过对传统能源的投资，随着风电技术的发展，尤其是光伏发电借助半导体技术的发展，已经走向健康发展之路。预计全球陆上风电、光伏发电的竞争力将在2025年前全面超过化石能源，并且到2050年，全球清洁能源占一次能源消费比重超过70%，清洁能源发电装机占总装机比重超过80%。

分布式：由于可再生能源的分散特性，为了高效地收集和使用可再生能源，需要建立就地收集、存储和使用能源的网络，该网络体现为小型化、模块化，分散布置在用户附近能源分布的地方。这有别于传统集中供电的架构，具有能效利用合理、损耗小、污染少、运行灵活、系统经济性好等优点，但由于可再生能源获取的不稳定性，分布式能源不能保证自给自足，需要进行能量交换才能平衡能量的供给与需求。

智能化：为了实现能源的按需提供，即"Energy on Demand"，能源的"发、输、变、配、用"各个环节均需要实现智能。同时从能源互联网健康运行的角度来说，其无人化运维、实时控制和保护、需求侧响应等均需要通过智能化来实现。

全互联：能源互联网的基础，包括对能源生产和消费的各个环节和参与各主体的泛在连接、对能源网络的全面感知、"源网荷储"的全面互动。

开放性：为了构建一个对等、扁平和能量双向流动的能源共享网络，传统封闭的能源网络需要具备开放性，只有构建开放的生态体系，才能整合能源互联网中各参与主体的价值，实现系统的安全和高效。

8.1.2　各国能源互联网的发展和实践

美国能源资源丰富，石油、天然气探明储量位居世界前列，太阳能、风能开发潜力巨大。页岩气革命改变了美国石油、天然气对外依存度高的局面。2008 年金融危机后，美国政府大力推动"清洁能源国家战略"，将清洁能源产业作为应对经济危机的关键力量。得益于能源系统清洁化转型、能源信息加速融合、健全的能源交易市场，以及全面的能源政策支持等，美国成为最早发展能源互联网的国家之一。

美国能源互联网实践方面：早在 2008 年，北卡罗莱纳州立大学的 Alex Q.Huang 教授提出了能源互联网概念的雏形，并启动了"FREEDM"（Future Renewable Electric Energy Delivery and Management System，未来可再生电能传输与管理系统）项目，建立 FREEDM 系统研究院，由 17 个科研院所和 30 余个工业伙伴共同参与。FREEDM 项目旨在综合运用先进的电力电子技术、信息技术和分布式控制技术，将大量由分布式能源、储能和各种类型负载构成的新型电力网络节点关联起来，以实现能量双向流动的能量对等交换和网络共享。此外，美国能源部、橡树岭国家实验室以及马里兰大学共同推动的马里兰大学 BCHP（Building Cooling, Heating and Power，楼宇冷热电联产）项目是一个集展示、科研等多种用途于一体的项目。项目基于对马里兰大学冷、热、电负荷特性的深入调研，进行了综合能源规划，兼顾余热利用效率和楼宇能源需求，设计了以 BCHP 机组为核心的冷热电联供系统，满足教学区冷、热、电综合用能需求，实现能源梯级利用。

德国作为能源消耗大国，石油和天然气资源匮乏，长期依赖进口，能源对外依存度保持在 90% 左右，其能源安全压力较大，因此也面临能源转型的强烈需求。德国能源转型的宗旨是在 2050 年提供安全的、可支付的和环保的能源，计划由两大部分组成：发展可再生能源和提高能效。2008 年德国出现能源互联网的概念，其架构如图 8-1 所示。2008 年，德国联邦经济与能源部启动了"E-Energy"推进计划，计划为期 4 年，预算为 1.4 亿欧元（1 欧元 ≈ 7.761 元人民币），在库克斯港等 6 个地区进行能源互联网关键技术与商业模式的开发和示范。E-Energy 的目标是构建基于 ICT 的高效能源系统，通过数字网络的供电系统提供安全、稳定、高效、环保的电力；通过 ICT 优化整个能源供应和使用系统。计划结束后，德国联邦经济与能源部又于 2016 年开启了能源转型第二阶段的探索——为期 4 年的"能源转型数字化"智慧能源展示计划（SINTEG），在 5 个大型示范区域开启试点项目研究，共有超 300 家企业参与，投入资金预计为 5 亿欧元（1 欧元 ≈ 7.761 元人民币）。

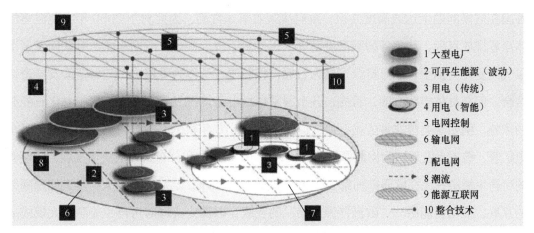

图 8-1 德国能源互联网架构

日本作为岛屿国家，国土面积小，一次能源极度匮乏，工业生产和日常生活的能源高度依赖进口。受福岛核电站事故影响，核能在日本能源结构中的角色迅速弱化，导致其能源自给率最低时仅有 6% ～ 7%，严重威胁本国能源安全。然而，日本山丘众多，地震频发，难以建设大规模的可再生能源生产基地和长距离能源输配网络，因此区域性综合能源系统成为促进可再生能源利用、提高能源自给率和利用率的最佳方式之一。正是因为这些原因，日本能源互联网发展的侧重点在于区域性综合能源系统的建设，从技术革新、推广新能源、改变能源消费结构 3 个方面着手，提高能源效率，推动能源节约。

2011 年，日本开始推广"数字电网"（Digital Grid）战略规划。日本数字电网理念的特点是实现能源网络和信息网络的深度融合，使得从结构上难以区分能源网络和信息网络；采用区域自治和骨干管控相结合的方式，实现能源和信息双向通信、信息流支撑能源调度、能源流引导用户决策，最大限度地利用可再生能源。具体实践中，大阪市岩崎智慧能源网络项目创新地提出了"能源子站面向社区，能源主站全域统筹，主站和子站间协同互补"的供能方式，在区域层面构建了高效的能源利用体系。千住混合功能区能源互联网项目包含光伏发电、太阳能集热等多种可再生能源利用设备，通过热网和电网实现能量双向传输，依靠区域能源中心对各种能源进行综合调度和智能管控，以满足终端用户的多种能源需求。

能源转型的一个核心驱动力是可再生能源使用比例提升，可改善气候问题。而欧盟各国在气候问题上达成高度共识，政府决策效率非常高，因此对于 2050 年实现温室气体净零排放目标，欧盟各国都高度赞同。正是基于以上共识，欧盟在能源互联网发展上以气候变化为抓手，以可持续发展为目标，将能源转型作为手段之一与可持续发展密切结合。而在具体实践方面，首先，各个国家根据自身情况发展新能源，摆脱对化石能源的依赖，例如瑞典曾非常依赖石油，但在 20 世纪 70 年代的石油危机后，瑞典经历了水电扩容、核电大发展，生物能源持续增长，近 10 年风电和分布式光伏快速发展，使瑞典的可再生能源占比在欧盟排列第一，达到了 55%～56%。然后，欧盟大力推进能源网络的互联，推动新能源与"欧洲能源网络"的互联，以最终实现对可再生能源更大规模的利用。这方面典型的项目包括将拥有欧洲最好的海上风电资源的英国/爱尔兰区域、德国的太阳能光伏电站（含大型和分布式）、比利时和丹麦的波浪能发电站与挪威的水力发电站连接的欧洲超级电网伙伴（Friends of the Super-grid）计划，该计划有望彻底解决变幻莫测的天气所导致的新能源发电不稳定和发电成本过高等问题；欧洲和北非国家的 DESERTEC 项目试图把阿尔及利亚、突尼斯、利比亚和摩洛哥等北非国家丰富的光热、光伏发电资源通过跨海电网输送到意大利和西班牙南部，与欧洲大电网相连，以最终实现对可再生能源更大规模的利用。

8.1.3　中国能源互联网的发展和实践

中国作为能源消耗大国，能源领域也面临转型升级的强烈需求。能源革命、"互联网+"智慧能源吹响了能源互联网起航阶段的号角。2016年2月29日，国家发展改革委、国家能源局、工业和信息化部联合制定的《关于推进"互联网+"智慧能源发展的指导意见》发布，业界普遍认为能源互联网就是落实能源革命的载体和撬动能源革命的手段，因此这一指导意见的发布正式将中国能源互联网的发展推动到启航阶段。

意见提出能源互联网建设近中期将分为两个阶段推进，先期开展试点示范，后续进行推广应用，并明确了十大重点任务。2017年7月，国家能源局正式公布首批55个"互联网+"智慧能源（能源互联网）示范项目，其中城市能源互联网综合示范项目12个、园区能源互联网综合示范项目12个、其他及跨地区多能协同示范项目5个、基于电动汽车的能源互联网示范项目6个、基于灵活性资源的能源互联网示范项目2个、基于绿色能源灵活交易的能源互联网示范项目3个、基于行业融合的能源互联网示范项目4个、能源大数据与第三方服务示范项目8个、智能化能源基础设施示范项目3个。

经过2016—2020年的发展，中国能源互联网取得了较大的进展，国家能源局委托清华大学能源互联网研究院等单位编制的《2020年国家能源互联网发展年度报告》将这一阶段的成就总结如下[1]。

政策方面，2014—2019年相关政策一共有622项，其中2019年政策总数达到了304项，成体系的政策建设加速推进。

产业方面，从企业数量和金融发展来看，2014—2019年企业数量也在迅速增加。2019年12月底，能源互联网行业相关注册企业增至39 174家，比2018年年底增长了近60%，相比于2016年更是翻了两番，上市公司数量也达到了319家。

技术方面，能源互联网技术的物理层、信息层以及价值层3个层面，每个层面均贯穿了能源的生产（转化）、传输、消费以及存储4个环节，也都取得了较大发展。

创新方面，科研机构及相关研究机构到2019年年底已经增至4462家，同比增加1300多家，同比增长超过30%，增量非常明显。同样对比2016年这个关键的节点，机构数量增加超过了两倍。论文和专著方面，2019年的论文数量与2018年持平，整体上是增长的趋势。从方向来看，可以看到能源大数据和综合能源系统已经成为科研方面的热点，而且国际学者更关注能源大数据方向，而国内学者更关注综合能源系统方向。

此外，在社会组织关注和参与度、公众感知和公众生态等方面，能源互联网也都取得了大幅进展。电网作为能源互联网的核心，我国两家电网公司——国家电网和南方电网均制定了以发展领先能源互联网企业为目标的公司战略。国家电网制定了"三型两网、世界一流"的战略目标，其中"三型"指枢纽型、平台型、共享型；"两网"指坚强智能电网、泛在电力物联网；"世界一流"指要建成"世界一流能源互联网企业"。国家电网还明确提出战略两步走计划：计划在2020年到2025年"基本建成具有中国特色的、国际领先的能源互联网企业"，在2026年到2035年"全面建成具有中国特色的、国际领先的能源互联网企业"。南方电网则定位"五者"、转型"三商"，要成为具有全球竞争力的世界一流企业。"五者"指定位为新发展理念实践者、国家战略贯彻者、能源革命推动者、电力市场建设者、国企改革先行者；"三商"指战略取向为智能电网运营商、能源产业价值链整合商、能源生态系统服务商。

《关于推进"互联网+"智慧能源发展的指导意见》中提出的目标：第一阶段是建成一批不同类型、不同规模的试点示范项目，攻克一批重大关键技术与核心装备，能源互联网技术达到国际先进水平，初步建立能源互联网市场机制和市场体系，初步建成能源互联网技术标准体系，形成一批重点技术规范和标准，催生一批能源金融、第三方综合能源服务等新兴业态，培育一批有竞争力的新兴市场主体，探索一批可持续、可推广的发展模式，积累一批重要的改革试点经验。现在可以认为第一阶段的任务已基本完成，中国能源互联网的发展将进入第二阶段，即着力推进能源互联网多元化、规模化的发展。

8.1.4　能源互联网发展趋势总结

从能源互联网的发展阶段来看：目前主要包含4个阶段。2008年之前属于概念孕育期。2008—2016年属于初步研究的阶段，里夫金提出了能源互联网的概念，并认为是第三次工业革命的核心之一，各先进国家同时推出多个研究项目，不断丰富和完善能源互联网的理论框架和技术体系。2014—2020 年，能源互联网进入启航阶段，借助各种示范项目，探索能源互联网的实施方式和商业模式。2020 年之后，能源互联网在基本达成共识的基础上，进入新的规模化发展阶段。

从能源系统本身的发展来看：能源系统本身的发展分为 3 个阶段。初级阶段（化石能源主导阶段）是以油气、热力管网、智能电力系统、电气交通等能源系统为主，各系统之间相对独立和封闭，除智能电力系统外，各组成部分的网络化属性和优势尚未显现；中级阶段（多种能源并存阶段）是以多种能源网络协调互补为主要特征，以电网为核心持续加强与气网、热力管网的耦合，提高清洁能源比例和能源利用率，初步形成多能源品种间互联互通的能源互联网；高级阶段（清洁能源主导阶段）将以电能为主要能源配置形式促进分布式能源就地开发、利用并优化配置，实现各类能源的灵活转化和高效利用。

从能源互联网业务服务的创新发展来看，以用户为中心发展多种业务模式成为趋势。随着可再生能源、储能、电动汽车等电力相关技术与领域的发展，以及信息通信、互联网、人工智能等基础技术的渗透融合，低碳环保、可持续发展、以用户为中心等理念的深入，能源运营商、服务商的创新意识逐渐增强，将持续提升服务水平。

结合发展现状与未来形势分析，智能配电网、智能用电、需求侧响应、综合能源、基础平台等成为能源互联网业务服务创新的重要领域。智能配电网发展的主要方向是以建设储能项目为手段提升配电网运行的灵活性和安全性；把握物联网等技术发展契机，推动配电网数字化转型；以智能电表为依托，提升配电网运维管理水平。智能用电发展的主要方向：满足用户用电需求多元化趋势的电费计划创新；把握物联网、移动互联网等技术发展契机，创新用户用电管理、移动报修等服务；满足电动汽车快速发展带来的智能管控、增值服务需求的智慧车联网平台服务模式创新。需求侧响应的发展重点：以电费优惠、电费抵扣、电费红包等方式激励用户参与需求侧响应；以快速调频储能、虚拟电厂等模式提升电网调节能力；以业务重组等组织管理方式提升企业需求响应能力和规模。综合能源系统的发展重点：满足用户热、电、气等多元化用能需求的综合能源供应服务创新；以将电和其他商品捆绑销售、多表费用集抄方式创新综合能源营销服务；跨界企业通过产业链延伸转型垂直一体化能源公司，创新全程一体综合能源服务。能源基础平台的发展重点包括加快推进电力云平台的建设、能源数据平台搭建及管理体系建设、电力生产、管理及服务一体化云平台建设。

8.2 能源互联网边缘计算现状

8.2.1 系统理解能源互联网

能源互联网是综合能源系统与 ICT 的深度融合。要实现能源互联网提出的能源革命目标，需要大幅提升信息通信对能源业务的支撑能力，需要高速、多样、实时实现全面感知和全程在线。这一目标对信息通信的泛在性、开放性、互动性、智能性、可信性提出了新需求，因此也需要适应通信和控制的需求，分布式地部署计算能力。为了分析边缘计算在能源互联网中的作用和意义，需要先系统地理解能源互联网。关于能源互联网的理论框架有多种解读，其中"三维一体"的理论框架阐述得非常全面和清晰，即以信息地理一体化融合为基础，推进能源互联网在环节、系统和空间 3 个维度上的融通融合，从而扩大优化空间，促进能源系统更加高效、清洁、安全地运行。

从环节来看，能源系统包括源、网、荷、储等 4 个主要组成部分，源主要包括各类分布式的清洁能源、现有的传统能源；网则主要实现各类能源的传输和转换，形成以电力为中心的能源网络；荷就是各类用电负荷，需要以用户为中心实现能源的高效利用和清洁替代；储则包括各类储能、储电、储冷、储气等。

源、网、荷、储各环节随着新能源装机和并网比例的增大，其调度将产生如下变化：波动性新能源将给各类电源调度运行方式带来明显变化；电网运行方式需要更加灵活，以支撑清洁能源的高效配置；需求侧响应将更加频繁地参与供需平衡，以提高能源系统对新能源的消纳能力；储能设施的建设将在能源系统中占据重要位置，作为对新能源和用电峰谷波动性的互补，储能设施随着波动运行，将显著提高能源系统的综合效率。

能源互联网中的调度将以能源系统整体最优为目标，统筹安排源、网、荷、储各环节的运行策略，充分发挥各类资源的特点，以灵活、高效的方式共同推动系统优化运行，促进清洁能源的高效消纳。为了达成这样的目标,需要打破源、网、荷、储各环节间的壁垒,实现供需双向互动。

从系统维度来看,对于多种能源品种,包括电、热、冷、气等,不同的能源系统在可存储性、时间惯性、传输损耗特性等方面存在差异化特征,终端用户对不同能源品种的需求峰谷分布特性也有所不同。因此,通过多能源品种实现跨系统的耦合互补的潜力巨大,能够有效提高能源利用率、提升能源系统可靠性。

具体实现方式则是打破电、热、冷、气等不同能源系统间的壁垒,实现多能协调互补。例如,热力具有易存储、时间惯性大的特点,通过挖掘电—热互补潜力,能够提升电力系统的灵活性,明显降低弃风率和弃光率。此外,通过多能互补,促进能源系统集成优化,改善能源供应结构,还可以有效降低系统运行成本和碳排放水平,实现经济效益和环境效益的双收益。

从空间维度来看,不同地域间在能源资源条件、负荷需求特性等方面存在一定互补性,特别是在未来高比例的新能源场景下,风电、光伏、潮汐等主要的新能源品种都存在分布不均匀、波动性强、随机性等特点,通过扩大能源网络的联网范围,可以有效平抑波动,实现能源供需的动态平衡,促进资源在更大范围内实现优化配置。

为此,从大的方面来说,实现类似欧盟提出的"超级电网伙伴计划"、中国提出的"全球新能源合作"等,建设风电、火电的装机、输送、使用网络,在全球形成能源互联网骨干架构,有助于降低新能源的整体装机成本。具体到一个国家或者地区,则需要打破不同区域间局部平衡的壁垒,通过合理安排跨区域配置方案,有效降低各区域净化负荷的波动,以实现跨区域的资源优化配置。实践表明,跨区互联电网可以为全国电力系统贡献约 10% 的净负荷调峰效益,减少为应对每年可能仅几十分钟的高峰用电需求而建设的大量装机容量。

从信息物理一体化融合的角度来看,信息物理一体化融合强调将感知传输、计算处理、决策控制等信息与控制技术深度融合到物理实体能源系统中,通过计算过程对物理过程进行感知和控制,实现信息空间与物理世界的无缝融合。信息物理一体化融合发展的重点:信息全面感知、数据融合分析和处理、分布智能控制。要实现全面的信息物理一体化,首先需要在传统电力系统的基础上实现单元级（点）的设备智能化，再叠加系统级（线）的能源系统智能化，最终实现系统（面）的不断深化，推动传统电网向智能电网、能源互联网转型和升级。

8.2.2　能源互联网中的边缘计算

基于以上对能源互联网的系统解读：以信息物理一体化融合为基础，推进能源互联网在环节、系统和空间 3 个维度上的融合，从而扩大优化空间，促进能源系统更加高效、清洁、安全地运行。结合 Gartner 提出的 12 种边缘计算应用场景建议（分布式业务处理、个人监测、沉浸式体验、客户端内容交付、沉浸式协作、沉浸式报告、沉浸式交互、沉浸式控制、系统自动化、设备控制和维护、业务自动化、数据 / 事件报告），我们来看下在能源互联网中，边缘计算有哪些研究和应用方向。

边缘计算在能源互联网中有明确的定位。 信息物理的一体化融合，本质上可以理解为在能源系统中构建数字孪生，其中有 3 个关键的环节，包括对实物系统的测量感知、数字空间建模、仿真分析决策，以上所有环节都离不开云计算和边缘计算环境的支撑。首先，实时测量是对智能电网物理实体进行分析和控制的前提，测量的对象包括能量系统和辅助调控系统。为此，需要在实体系统中布置众多传感器，并且需要解决与数据测量、传输、处理、存储、搜索相关的一系列技术问题。其次，在数字空间中对智能电网进行建模需要同时对能量系统和辅助调控系统建立相应的模型，在数字空间中后者对前者进行调控，前者的仿真结果用来验证后者的有效性。需要强调的是，智能电网模型的形式并不局限于描述实体对象物理规律的数学方程，还包括基于测量数据构建的统计相关性模型。然后，仿真分析决策环节先对数字空间的智能电网进行优化计算，通过仿真验证决策的合理性和有效性，对数字智能电网进行多场景、多假设的沙盘推演，最终得到合理决策指令并下发至实体系统[2]。

构建能源数字孪生系统需要云计算和边缘计算的支撑。国家电网提出了"三型两网"，以坚强智能电网 + 泛在电力物联网构建能源互联网，其中坚强智能电网可以理解为智能化的物理电网，而泛在电力物联网强调以通信和信息技术实现电网的全面感知、泛在网络和智能应用。国家电网提出的泛在电力物联网技术架构由"智—云—网—边—端"构成，其中明确标明了边缘计算的位置，如图8-2所示。

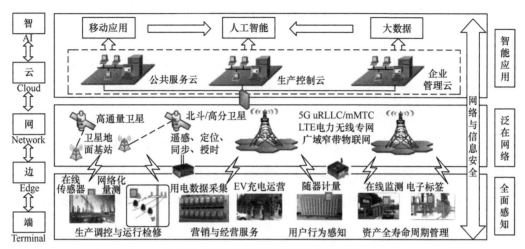

图 8-2　国家电网泛在电力互联网技术架构

感知层的重点是融合边缘计算实现智能终端和智能维护。感知终端从使用环节来看包括电源侧感知终端、电网侧感知终端、负荷侧感知终端、储能感知终端和用户感知终端等。

电源侧感知终端的主要类型：针对传统发电机组，适用于多种故障的发电机运行状态监测终端，实现更为完善的发电机状态在线监测；针对新能源场站，采用高清摄像机、无人机、环境监测传感器等各类设备，依托边缘计算手段，开发新能源电站智能感知终端，提高新能源管理的精细化水平。

电网侧感知终端主要包括：电网宽频域信号智能感知与测量终端，通过先进的智能感知技术、时频结合的分析算法实现电网基波、间谐波和谐波的统一实时测量；电网谐波感知与辨识终端，在内置芯片上实现数据处理并智能分析各谐波源的交叉影响，最终实现谐波源位置的确定；通过视频感知、声纹检测等技术，结合边缘计算、人工智能算法，解决变电设备缺陷智能识别、潜伏性缺陷预识别、状态智能预警等问题；配电物联网监测终端，以硬件平台化、软件App化为技术路线；配电微型相量测量装置，采用有效抑制谐波干扰的高精度自适应同步相量计算方法，实现配电网的动态监测、准确感知与协调控制。

负荷侧感知终端：新一代智能电表涵盖计量、时钟、存储、管理等多个芯片，保证电能计量准确、安全、可靠。统筹管理升级通信、存储、控制以及其他模组，可应用于非侵入式负荷识别、有序充电、智能家居、多表采集、各类传感器接入等业务场景；综合能效感知终端，兼容多种传感器，扩展水、气、热、冷信号接入，实现设备运行状态感知，能效分析诊断等功能；需求响应感知终端，实现用电设备电热参数采集、需求响应潜力评估、智能自动响应。

储能感知终端：储能电池健康状态感知终端可丰富储能电池健康状态感知手段。通过电池原位技术，获得电池内部参量变化情况；通过对分布式储能设备健康状态的感知，实现潜在问题预警；提升分布式储能电池健康状态感知在能源互联网运行中的有效性和便捷性。

用户感知终端：针对运维人员，开发用于现场运维的智能可穿戴设备，采用 VR/AR 技术，研制智能安全帽、智能眼镜、智能手环等终端，提高运维效率及安全性；面向用户用能需求，个性化定制基于物联网的数据采集与控制系统方案，实现基于家电的用能状态感知，基于 APP 的用户需求感知以及基于数据的用能效果感知。

智能终端以"硬件平台化、软件 App 化"为技术路线，基于通用硬件资源平台，通过 APP 以软件定义方式，实现业务功能。智能感知层包括智能传感、智能终端、无线传感网等技术，重点突破先进传感、轻量化边缘计算、可信安全连接和自取能等核心关键技术，开发新型智能终端，解决准确性、可靠性、寿命等应用难题，以实现低成本、广覆盖的配电物联感知。智能终端架构如图 8-3 所示。

终端特征与发展趋势：感知层的泛在化对感知终端长寿命、高可靠、高精度、高安全、低功耗等提出了更高的技术要求，未来新型感知终端将具备前端感知微型化、电源取能就地化、安全连接泛在化、边缘计算智能化、硬件设计模块化、接口协议标准化等重要技术特征。

网络层的重点是实现融合边缘计算的电力物联网智能网关。电力物联网广泛使用各种感知终端，并通过 Bluetooth、LoRa、ZigBee、NB-IoT、4G/5G 公网、电力无线专网等无线通信技术实现感知数据的采集和上报。每种通信网络的适应场景不同，客观上短时间内无法替代某一种技术，因此通过融合网关实现数据的汇集和本地计算至关重要。

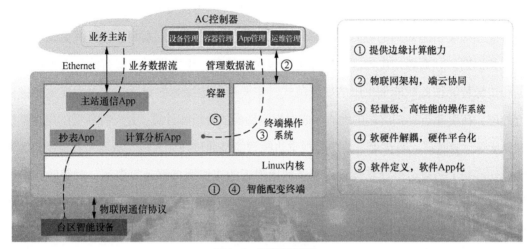

图8-3 智能终端架构

首先，融合智能网关可提高LPWAN拓扑的灵活性，通过边缘计算对LPWAN组网中节点、路由、带宽等关键参数进行优化，动态重构网络，实现智能路由，从而降低各节点的能耗，保证传输通信的可靠性[3]。其次，通过边缘计算在源头对数据进行过滤和处理，能够去除无用的临时数据，提高数据处理的及时性和有效性，同时降低数据上传所需的带宽。最后，通过边缘计算可以提高终端的安全性，如实现与终端的双向鉴权、接入认证、数据加密等，同时仅将少部分数据上传网络，也减少了数据泄露带来的风险。

融合智能网关中的边缘计算节点一般包括这些主要功能：网络协议处理和转换的边缘网关；支持实时敏捷控制的边缘控制器；集中处理边缘大数据的边缘云；和中心云同源的边缘云管理器等。融合智能网关可以接收、处理、转发来自感知层的各类型终端数据，实现边缘智能计算、数据分析，同时提供数据存储、实时控制等时间敏感型业务，在蓄能型小水电站、园区、变电站、配电房、输电线路上均可以应用。

能源互联网中大量使用视频监测，实现边缘智能可以有效提高运维效率。对能源互联网的基础设施（如新能源发电厂、输电线路、变电站、配电房、能源园区等）进行检测和维护存在耗费人力多、周期长、效率低的问题，因此大量采用无人机、直升机、卫星、机器人和视频监控等技术手段进行监测，通过智能分析实现这些视觉数据的分析和告警，能够进一步提高运维效率。

电力深度视觉就是实现边缘智能的一种技术。电力深度视觉是以深度学习为基础，对智能感知设备感知到的电力视觉影像通过目标检测和语义分割等计算机视觉技术进行处理和识别，从而感知电力视觉影像中所包含的信息。电力视觉边缘智能是电力深度视觉和边缘智能彼此赋能催生出的崭新范式，主要通过边缘智能对感知的电力视觉影像进行处理，在更靠近感知终端的地方完成对视觉影像的分析和计算，是一种新型的电力系统视觉影像计算模式。具体而言，电力视觉边缘智能是通过在无人机、机器人和摄像头等智能感知终端上搭载边缘计算装置，或者利用附近的边缘服务器计算资源，对智能终端感知的视觉影像数据进行实时的分析和处理，从而快速检测出巡检视觉影像中存在的设备故障和缺陷，对识别出缺陷的电力设备及时报警，启动保护动作或者派发故障处理工单等。

边缘智能平台可以将识别的结果和部分视觉影像上传至云计算中心，作为标记的特征数据，以丰富深度学习的数据库，提升智能水平。此外，边缘智能平台还可以与云计算中心协同，将处理后的数据上传至云计算中心，一方面通过搭建的云平台实现电力系统设备缺陷的高精度检测，另一方面可以对电力设备状态进行可视化管理，通过可视化界面，向运维人员展示所有巡检视觉影像的检测结果，并自动生成缺陷检测报表，从而构成云—边—端协同的电力视觉边缘智能影像感知平台。

边缘计算可在智能电网多个场景应用，但目前主要应用于运维和监控。预测智能电网的边缘计算应用场景包括发电、配电、传输、配电环节和运营维护，以及可再生能源系统带来的需求等。当前电网主要应用于运维和监控环境。预计到 2028 年，可再生能源系统将成为最大的边缘计算应用场景，其次是日常运营，包含电网维护和智能配电网。

边缘计算作为计算能力部署的一种发展方向，本身对能源的平衡也会产生影响。边缘计算可以帮助优化能源使用，但其本身也会导致高带宽消耗，从而导致更高的能耗。这个问题不仅在视频流服务中很普遍，在频繁使用网络和数据中心的各种应用程序中也很普遍。边缘计算可以通过减少网络负载，优化用于计算和存储的能源，以及支持有助于企业更好地监控和管理能源消耗的解决方案来解决这一问题。

首先，边缘计算可以减少遍历网络的数据量。边缘计算从本质上将处理能力从云转移到更接近最终用户或设备的点，省去大量数据传输过程。这对于视频流服务尤其重要。尽管已经存在 CDN 帮助减轻互联网主干网承载流量的压力，但是这些 CDN 大多在实际的移动网络之外工作。通过在网络"边缘"内托管离客户更近的内容，可以进一步减轻通过移动网络回传的流量。随着 AR/VR、云游戏、高清直播等大带宽需求、高交互性的应用程序的流行，边缘计算的应用将在节省网络流量方面更具效果。

其次，边缘数据中心可能比云数据中心更有效率。大型的云数据中心已经成为电力消耗增长的重要因素。尽管大型的云数据中心可以汇总成千上万用户的计算和存储需求，但它们不一定总能在能源使用方式上得到优化。即使不使用，云数据中心通常也会7×24 地运行。边缘数据中心可能需要应对利用率的更多变化，因此需要进行设计以更有效地进行管理（例如，在不需要时使资源"休眠"）。分布式（较小）数据中心集的编排和管理将需要内置到设计中，并确保有效地利用边缘计算（和能源）资源。而且云数据中心的冷却需要更多的能源，而边缘数据中心只需很少的能源进行冷却。这被称为"免费"冷却，在较凉的气候中尤其重要。

最后，边缘计算可实现更智能的能源网络，并允许企业更好地管理其能源消耗问题。边缘计算在支持智能电网应用（例如需求管理和电网优化）中发挥着关键作用。在某些情况下，边缘计算可以帮助管理整个企业的能源。通过实时跟踪和监视能源使用情况并通过仪表板对其进行可视化监测，企业可以更好地管理其能源消耗并采取措施降低能源消耗量。

8.2.3　能源互联网中应用边缘计算的驱动力

现代信息技术的两大支柱是通信技术和电子计算技术，电子计算技术实现信息的处理，通信技术实现数据和信息的流动，在这两者的基础上出现的互联网技术，共同促进了消费互联网的发展。产业互联网及其在能源领域的体现——能源互联网，同样需要借助这些关键技术。而对于算力的部署，消费互联网主要以中心云为主，而产业互联网由于其特殊的要求，需要更灵活的部署方式，中心云和多级的边缘云都有其应用场景。对于能源互联网，其分布式、智能化、全互联的特征，使得算力需要分布式部署。具体来看，我们认为有以下几个方面的因素驱动边缘计算的应用的发展 [4]。

保护类业务连接模式变化驱动边缘计算的应用的发展。 由于电在社会生产和生活中的重要性，电网的安全和坚强是首先要保障的，大量控制保护技术的应用都为了实现此目的。尤其随着我国电网逐渐从建设周期向维护周期转型，电网的安全运行面临很大的压力，电网保护类业务也面临转型。以智能配电自动化为例，传统电网采用子站/主站模式，以星形连接为主，主站控制，通信时延为秒级。而泛在电力物联网则采用点对点的连接模式，结合子站/主站模式，主站下沉，实现就近控制，时延可以降低到毫秒级。这一模式变化必然使得计算资源下沉部署，驱动边缘计算的应用。

大量巡检类业务大数据量、智能化、本地化的需求驱动边缘计算的应用的发展。 巡检类业务包括变电站巡检机器人、输电线路无人机巡检、智能配电房等。电网大量的基础设施需要得到维护，传统采用人工巡检的方式存在周期长、成本高、安全生产压力大等挑战，因此大量引入了机器人、无人机、视频监控等技术手段，对重要的输电线路、变电站、配电房等进行无人化的巡检和自动运维。这些业务如果采用传统中心式部署存在传输数据量大、时延长等缺点，通过部署边缘计算，并集成 AI 能力，降低了通信的时延，可以实现大部分巡维操作的本地处理，只需要把关键的信息和处理的结果反馈给中心即可，减少了大量数据传输的同时也减少了数据安全风险。

采集类业务采集范围扩展和采集频次提高驱动边缘计算的应用的发展。 传统配网采集以集抄为主，连接数少，采集数据量小，而泛在电力物联网将采集周期缩短到分钟级，采集范围扩展到二次设备、环境监控、物联网设备等，连接数至少翻倍。并且长期来看，采集将深入用户侧，进一步使得连接数呈数量级增加。大量的采集数据需要得到处理和应用，将算力部署到边缘成为趋势。

无人化、预测性运维需求驱动边缘计算的应用的发展。 电力有大量的基础设施位于偏僻无人的地方，如蓄能型水电站、光伏电站、风电场等，以及大量的变电站。不管是从提高生产和管理效率的角度，还是从电网安全的角度，都需要实现无人化的运维，要求在发电场、变电站部署算力，提升及时性和减少网络的依赖性。同时，电力设备的预测性维护，由于相关数据具有短期有效性，需要将计算能力部署在边缘，并集成 AI 能力，降低电网的故障概率。

总体来说，能源互联网可通过泛在物联实现对电网状态的全感知、全在线、智能化，构建数字孪生的电网。大量的连接和数据处理，以及 AI 的引入，使得其连接趋向互联网化，对计算能力的分级部署提出了现实的需求，驱动边缘计算的应用。

8.3 能源互联网中应用边缘计算的典型案例

8.3.1 基于边缘计算的智能融合终端

基于智能融合终端检测平台的配电物联网建设方案，如图 8-4 所示，在北京、天津、河北、河南、湖南、宁夏、陕西、辽宁、新疆、福建等 11 个省市或自治区、数百个地区进行了产品及方案验证并取得了很好的结果。

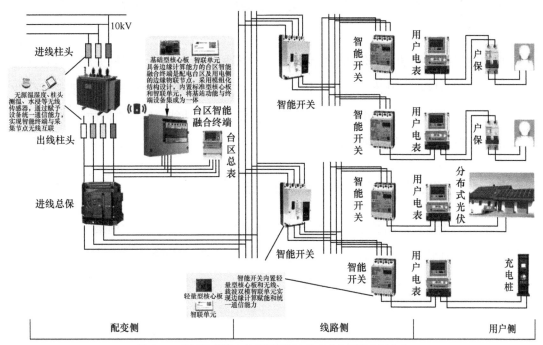

图 8-4 基于智能融合终端检测平台的配电物联网建设方案

该配电智能融合终端检测平台可对配电智能融合终端开展遥信、遥测、通信协议、容器、软件管理等22个项目的检测，具备MQTT（Message Queuing Telemetry Transport，消息队列遥测传输）物联通信协议接入省级配电主站和APP下发管理测试两大关键物联网测试功能，可支撑配电物联网建设和智能台区应用场景实现。

智能融合终端可以允许多种通信协议接入，以支撑各版本智能电能表、各级开关、智能物联锁具、随器计量、分布式电源、有序充电桩、水气热表等台区及客户侧设备泛在接入和边缘管理，解决接入配电网中设备种类与数量繁多、标准不统一和末端通信困难等切实问题。实现配用电设备广泛互联，同时支持配电与用采业务，实现不同设备间数据交互共享。

智能融合终端作为低压配电物联网的核心，基于软件APP化、硬件平台化的理念，既能满足传统的用电信息采集、数据处理、档案自动同步、远程安全升级等业务需求，还具备根据场景灵活配置、即插即用、实时感知等新增功能，可以满足公共事业数据采集、分布式能源接入与监控、充电桩数据采集、台区状态管理、企业能效监测、智能家居应用等业务需求。

配电智能融合终端可与低压智能设备、传感器和智能电表就地组网完成台区智能化改造，可实现台区设备状态全感知、拓扑识别、故障主动研判和抢修、电能质量优化业务、用户用电体验提升、供电质量改善等边缘计算和决策功能，实现电网故障就地处理，保障电网安全、稳定、经济地运行。

8.3.2　边缘计算盒子助力电网智慧升级

该电力边缘计算产品采用了自主研发的云边协同软硬件整体技术框架，在云端研发了边缘应用管理平台及各类AI应用，在边缘侧研发了核心计算板EdgeBase和边缘计算服务框架JXCore，如图8-5所示。为适应电网应用，将摄像头、无人机、开关柜、机器人、TTU（配电变压器监测终端）等设备与边缘计算集成，开发出边缘计算盒子、泛在智慧眼、泛在移动站等硬件设备，具备丰富的扩展性，适用于输电物联网监测、智能配变电、智能运检等领域。

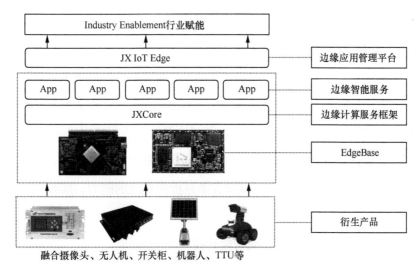

图 8-5 电力边缘计算产品架构

1. 泛在智慧眼输电线路监测智能化改造

搭载 AI 芯片、边缘计算核心主板、边缘计算中间件 JXCore，可实现图像可视化数据与其他传感器数据在统一平台上进行融合与分析，支持多种物联网设备接入，断网、断电时稳定工作，超强续航。

该产品应用于西北。西北地区荒无人烟、电网杆塔分布较广泛、检修成本极高，且具有一定的危险性。而且由于受风沙侵蚀、温度变化的影响，该地区电力设备的损坏率高，易发生山火等自然灾害，严重威胁输电线路的安全、稳定运行。

针对该地区电网线路的分布特点，在外力破坏风险区、巡视困难区、三跨区域等重点防护区域部署泛在智慧眼，在边缘侧对输电通道进行智能监测，实现了输电线路的智能化改造：配备星光级摄像头，24 小时不间断巡视；在边缘侧实时识别施工车辆、吊车、塔吊、烟雾山火等异常情况并告警，及时通知工作人员；对输电通道的隐患类型、分布区域等数据进行统计、分析和集中展示，方便工作人员了解整个输电线路的整体情况。

通过实施该智慧化改造，取得了以下效果：隐患及时发现，减少经济损失。泛在智慧眼通过图像采集并将视频流推到监测系统平台，平台可实时推送告警信息给管理人员，出现异常管理人员可第一时间知晓；延长人工巡视的周期，降低运维成本。采用输电线路监测解决方案后，人工巡视的周期可从之前的 1 个月延长至 3 个月，节省大量人力、运营及交通等费用。

2. 边缘计算盒子助力变电站智能化升级

变电站普遍使用安防监控系统进行设备和环境的监测，但已部署的普通安防监控系统功能单一，并且无智能识别功能，仍需要工作人员全天 24 小时查看监控画面，手动抓拍违规行为，常常发生漏报，需要对运检涉及的大量终端进行实时研判。

通过部署边缘计算智能盒，无须对原有监控系统进行大规模改造，仅需将盒子接入原有监控系统即可让前端摄像头拥有视频智能分析和处理的能力，实现在边缘侧对数据进行收集、分析和判断。

3. 泛在移动站强化移动施工作业智能管控

电力移动施工作业场景很多，而电力施工又需要遵守严格的作业规范，为减少施工安全事故，需要对作业过程进行安全监控，出现违规行为及时提醒并纠正。但由于每日施工作业点不同，传统设备无法灵活部署；电力移动施工作业数量多，人眼无法实时监控。因此有必要采用智能管控手段。

该产品针对西北地区电力移动作业施工智能管控的需求，为作业施工队配备智能化移动监控布控球——泛在移动站。泛在移动站内置高性能边缘计算核心板，搭载智能识别算法，对施工现场的不规范行为和异常状况进行识别和告警。管理人员可通过后台监测系统，查看设备采集的实时视频并远程控制球机，形成 360° 无死角监控。此外，监测后台还可以同时对多个布控球进行远程监控，形成便捷的远程监控系统。

泛在移动站的部署实现了现场作业人员的智能化管控。泛在移动站在前端识别到现场作业违规情况时，能够自动告警并上传违规图像，及时提醒督察人员。通过泛在移动站的远程喊话功能，实现督察人员与作业人员的现场交互，及时纠正作业人员的违规行为，提高作业人员的安全意识。

8.3.3 区块链＋边缘计算一体机

电力应用由于其敏感性和重要性，对安全性的要求很高，特别是部署在边缘的大量采集终端，因此边缘计算＋区块链成为研究热点。通过将边缘计算与区块链相结合，既能满足边缘部署的需求，又能通过区块链增加数据的可靠性，提升安全水平。

国网宁夏电力部署了区块链 + 边缘计算一体机，采用"松耦合"的设计原理，超低耗能、体积小、装卸便捷，可在源、网、荷、储多环节进行部署，实现多用户、多市场主体间的赋信；可在生产作业现场、户外设备及杆塔等环境下部署，能够适应户外多种恶劣的天气；可满足图像识别、视频检测、语音识别等人工智能需求，可实现云、边、端协同计算，同时可接入北斗卫星导航系统，实现电网时间基准统一。

该一体机实现了链上、链下高效协同，破解了电网侧与负荷侧信息交互的壁垒和难以协同互动的行业难题，实现了对负荷侧数据的采集、监视、分析，将有力保障负荷侧资源辅助服务市场交易的真实可信，有助于构建清洁低碳、安全高效的能源体系。

负荷侧资源多元分散、网络链条长、信息壁垒大、互联网安全风险大等诸多问题阻碍了电网侧与负荷侧的有效互联，负荷侧大量可调节的资源未被挖掘，负荷侧市场主体活力有待进一步激活。该一体机基于区块链防篡改、可追溯和节点共享的技术优势，结合边缘计算，实现了负荷侧资源接入、数据上传，确保了源头数据的真实可信，为打造透明、高效的电力辅助服务市场开辟了新的解决方案，有效提高了电网资源配置效率，实现清洁能源大范围的优化配置。

8.3.4　云边协同的智慧能源管理解决方案

电力、石油石化等传统能源行业的信息化具有接入设备多、服务对象广泛、信息量大、业务周期峰值明显等行业特色。云计算虚拟化、资源共享和弹性伸缩等特点能够很好地解决服务对象广泛及业务周期峰值等问题，但海量接入设备产生的大量数据，如果全都上传至云端进行处理，一方面会给云端带来过大的计算压力；另一方面会给网络带宽造成巨大的负担。同时，由于电力、石油企业涉及的很多终端设备、传感器处于环境极端、地理位置偏远的地区，大部分都没有很好的网络传输条件，无法满足原始数据的大批量传输需求 [5]。

以石油行业为例，在油气开采、运输、储存等各个关键环节，均会产生大量数据。在传统模式下，需要大量的人力通过人工抄表的方式定期对数据进行收集，并且对设备进行监控和检查,以预防安全事故的发生。抄表员定期对收集的数据进行上报,再由数据员对数据进行录入和分析,一来人工成本非常高,二来数据分析效率低、时延高,并且不能实时掌握各关键设备的状态,无法提前预见安全事件,防范事故。而边缘计算节点的加入可以通过温度、湿度、压力传感器芯片以及具备联网功能的摄像头等设备,实现对油气开采关键环节、关键设备的实时自动化数据收集和安全监控,将实时采集的原始数据首先汇集至边缘计算节点中进行初步计算和分析,对特定设备的健康状况进行监测并采取相关措施进行控制。此时需要与云端交互的数据仅为经过加工和分析后的高价值数据。这一方面极大地节省了网络带宽资源,另一方面也为云端后续进行大数据分析、数据挖掘提供了数据预加工服务,为云端规避了多种采集设备带来的多源异构数据问题。从传统模式到云边协同模式如图 8-6 所示。

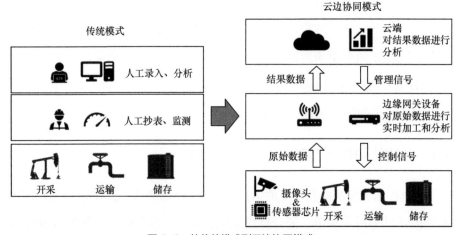

图 8-6　从传统模式到云边协同模式

云边协同中,要求终端设备或者传感器具备一定的计算能力,能够对采集到的数据进行实时处理,进行本地优化控制、故障自动处理、负荷识别和建模等操作,将加工并汇集后的高价值数据与云端进行交互。云端进行全网的安全和风险分析,以及大数据和人工智能的模式识别、节能和策略改进等操作。同时,如果遇到网络覆盖不到的地区,可以先在边缘侧进行数据处理,在有网络的情况下将数据上传到云端,在云端进行数据存储和分析。

8.3.5 "多站融合"开关站

福建厦门天湖开关站是国内首个在开关站增设 5G 基站和边缘计算站的"多站融合"配电站房,使开关站与 5G 基站、边缘计算站融为一体,不仅具备传统配电站房的供电功能,还实现了周边 5G 网络覆盖,并可提供边缘计算、物联网等技术服务。

"多站融合"开关站的创新点在于充分利用配电富余空间,打造配电 +5G+ 边缘计算节点的泛在电力物联网的重要基础设施,既可满足配电站智能化的需求,还可以为智慧城市、工业物联网、公众娱乐等提供边缘计算服务,实现泛在电力物联网与数字城市协同发展,通过优势互补、资源共享,降低城市 5G 基础设施和数据服务基础设施的建设成本,对泛在电力物联网的采集、传输、计算业务进行赋能。

首先,"多站融合"开关站自身的用电信息采集、配电自动化、机器人巡检等能获得 5G 技术支撑,实现物联技术在配电网络的有效应用,提高运行维护的精细化管理和智慧化决策水平。其次,工业物联网也将从中获益,边缘计算节点将满足其数字化、网络化、智能化需求,提供工业可视化分析、物联网数据分析、智能制造在线诊断和专家服务等综合服务。最后,边缘计算站可提供基于边缘计算的视频图像预处理服务,提高视频分析速度和效率,在城市治安、交通出行、应急管理等方面发挥重要作用,提高城市安全预警与治理效率。

第 9 章
边缘计算和智慧城市

9.1 智慧城市概述与发展趋势

9.1.1 智慧城市之起源

9.1.1.1 智慧城市发端于欧美

谈到智慧城市，不得不提到科技界"百年老字号"的"蓝色巨人"IBM。早期智慧城市的概念源于"智慧地球"。2008年全球爆发金融危机，为了使企业获得更高的利润，IBM做了战略转型与调整，将业务重点由硬件转向软件和咨询服务。在此背景下，IBM于2008年11月提出了"智慧地球"的概念。2009年1月，时任美国总统奥巴马公开肯定了IBM"智慧地球"的思路。智慧地球包括3个要素，即"3I"：物联化（Instrumentation）、互联化（Interconnectedness）、智能化（Intelligence），是指把新一代的IT、互联网技术充分运用到各行各业，把感应器嵌入全球的医院、电网、铁路、桥梁、隧道、公路、建筑、供水系统、大坝、油气管道等，通过互联网形成"物联网"；而后通过超级计算机和云计算，使得人类以更加精细、动态的方式生活，从而在世界范围内提升"智慧水平"，最终实现"互联网＋物联网＝智慧地球"。按照IBM的定义，"智慧地球"包括3个维度：第一，能够更透彻地感应和度量世界的本质和变化；第二，促进世界更全面地互联互通；第三，在上述基础上，所有事物、流程、运行方式都将实现更深入的智能化，企业也将获得更智能的洞察力。

智慧城市是在智慧地球的概念上演化而来的。我国正处于城镇化进程的快速发展期，从2008年的47%一路增长到2020年的63.89%，城镇化率首次超过60%，城镇人口达到9.01亿。这是我国社会结构的一个历史性变化，表明我国已经结束了以乡村型社会为主体的时代，开始进入以城市型社会为主体的新的时代。当时城镇化率按照常住人口统计为 63.89%，但按照户籍统计只有 45.4%，这就意味着大量农村人口已经常住在城镇，但还没有实现真正的城镇化。

随着城市人口的快速增长，尤其是城市人口多元化结构发展迅猛（农业人口激增），城市的规划发展与资源匹配跟不上人口增长的速度，这势必为城市治理、产业发展、公共服务等带来严峻的挑战。同时，2009 年在全球金融危机的大背景下，我国政府提出了 4 万亿产业投资计划。基于城镇化带来的问题和政府提出的产业振兴投资计划，智慧城市概念的出现可谓正当时，引发了国内社会各界的极大兴趣与热议。随后，IBM 公司在我国连续召开了 22 场智慧城市讨论会，智慧城市的理念得到了广泛的认同。值得一提的是，当时 IBM 为支持上海市政府举办世博会，于 2008 年 9 月与上海世博会事务协调局（简称上海世博局）签署协议，成为中国 2010 年上海世博会计算机系统与集成咨询服务高级赞助商。在随后近两年的时间里，IBM 整合全球资源，以"智慧地球"为核心理念，与世博局及相关客户和合作伙伴共同参与了世博会的建设工作。

我国的城镇化进程一方面使得城镇数量激增，另一方面超大规模城市出现，恰好成为智慧城市超级"试验田"。由此来看，智慧城市虽发端于欧美，但兴盛于中国。

9.1.1.2　我国智慧城市是城镇化进程与新一代信息技术发展时期高度重合与融合后的历史性选择和必然产物

城镇化进程加速了智慧城市的落地，实际上这只是其中一个要素。因为智慧城市要实现所谓的"智慧"，还需要有效的技术、工具和方法等。回顾我国城市进程的时间表，会发现一个奇特的现象，1999 年我国城镇化率为 30.89%，而且 1999 年以前我国城镇化率变化不算迅速，到了 2000 年迅速增长至 36.22%，城镇化率增幅超过了 1949 年以来的任何一年。而在 1999 年前后，正是我国乃至全球以互联网技术为引领潮流的信息技术快速发展的时期，一度出现了"互联网泡沫"，可见互联网技术发展的迅猛之势。这得益于当时固网通信的快速部署与发展。据国家统计局统计，2020 年末，我国城镇常住人口达到 9.01 亿，城镇化率达到 63.89%，首次突破 60%。同时，随着我国 ICT 的快速发展与迭代，从 20 世纪 90 年代的 2G 模仿，2000 年初的 3G 跟随，2010 年后的 4G 并行，再到目前的 5G 引领，新一代信息技术呈现"井喷"之势，如物联网、大数据、云计算、边缘计算和人工智能等，如图 9-1 所示。

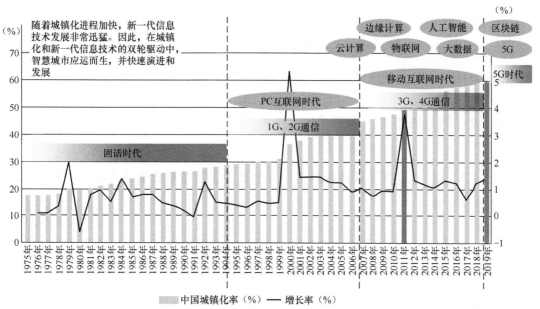

图 9-1　我国城镇化进程与新一代信息技术发展的关联规律

由此来看，在 20 多年里，我国城镇化进程竟然与新一代信息技术的发展高度重合。在这段高度重合的发展时期里，城镇化进程带来的各种城市治理问题、产业发展问题和公共服务问题，需要通过更先进的技术手段和方法来解决。因此，城镇化进程历史性地选择了新一代信息技术作为先进的技术手段和方法来解决城市的各种问题，使得城市治理更高效、更智能、更智慧。

城镇化是指随着一个国家或地区社会生产力的发展、科学技术的进步以及产业结构的调整，其社会由以农业为主的传统乡村型社会向以工业（第二产业）和服务业（第三产业）等非农产业为主的现代城市型社会逐渐转变的历史过程。关于智慧城市，IBM 将智慧城市定义为，能够充分运用信息和通信技术手段感测、分析、整合城市运行核心系统的各项关键信息，从而对包括民生、环保、公共安全、城市服务、工商业活动在内的各种需求做出智能的响应，为人类创造更美好的城市生活。

因此，不论从城镇化的内容或内涵上讲，还是从智慧城市的定义或理念上讲，智慧城市都是因为生产力的进步，尤其是以新一代信息技术为代表的新兴生产力的快速演进与发展催生出来的。反过来讲，城镇化进程中所产生城市治理等问题，恰好可以通过新一代信息技术所赋能并构建的智慧城市逐步解决。所以，城镇化进程与新一代信息技术的发展是一种相互依存、相互助力的闭环关系。从这个角度上定义，我国智慧城市是城镇化进程与新一代信息技术发展高度重合与融合后的历史性选择和必然产物。

9.1.2　智慧城市的发展动力

9.1.2.1　5G 与边缘计算融合应用，将全面浸润智慧城市的方方面面，助力智慧城市建设快速推进

2019 年我国 5G 牌照发放，因此业界也将 2019 年当作"5G 商用元年"。随着 5G 牌照的发放，中国 5G 建设也驶入了"快车道"。2020 年伊始，尽管受到疫情影响，但我国 5G 建设从未止步。截至 2020 年 9 月底，我国已建成开通 69 万个 5G 基站，提前完成全年 50 万个 5G 基站的建设目标。截至 2020 年 9 月，全球已建设超过 80 万个 5G 基站，我国已建设 69 万个基站，占比超过全球的 85%，这就意味着中国 5G 建设远超其他国家，稳居全球第一。

我国 5G 建设，不论是进度还是数量都遥遥领先，为何作为普通用户，却对 5G 并没有明显感知？这是因为，一方面 5G 基站建设数量和覆盖范围相较于 4G 还远远不够（截至目前中国 4G 基站数量超过 550 万个）。同时，5G 基站使用的载波频率高于 4G 基站，这就意味着频率越高波长越短，覆盖半径越小。因此，终端用户覆盖要达到与 4G 相当的水平，需要建设比 4G 更多的基站。有业界专家预测，5G 基站建设需求至少超过 1 000 万个。另一方面，基于 5G 技术的特性，早期的 5G 网络主要应用在工业、产业或特殊的行业领域，如自动驾驶、远程医疗、工业自动化、城市基础设施泛在连接等。

从这个角度来讲，5G 初期应用的着力点首先在行业和产业领域。截至 2020 年 9 月，

在我国，5G 已经赋能 20 多个行业，创新项目合计超过 5 000 个，运营商的商用 5G 服务合同超过 1 000 个。而智慧城市作为城市治理、产业发展和公共服务的数字化技术融合应用的重要载体，5G 技术在其中充当了核心角色。有人将除 5G 技术之外的新一代信息技术（如物联网、大数据、互联网、云计算和人工智能等）看作"高速列车"，将 5G 技术看作新一代信息技术高速飞驰的路基和轨道。5G 技术通过全新的技术特性(大带宽、低时延、海量连接）浸润到行业与产业的方方面面，以推动行业与产业的数字化转型。

如图 9-2 所示，5G 可以从以下角度影响或推动智慧城市建设。

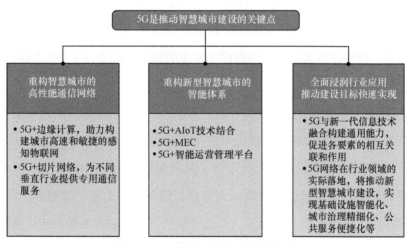

图 9-2　5G 推动智慧城市建设的关键点

首先，5G 以其优异的技术特性与独特的网络架构，重构智慧城市的高性能通信网络。随着城镇化进程加快，城市硬件基础设施大量部署，基于新型智慧城市建设的顶层设计与规划，基础设施智能将是智慧城市建设的第一步。物联网终端设备将在城市基础设施中广泛部署和应用，由此带来的海量终端连接需求、在连接基础上产生的海量数据传输需求，以及部分基础设施实时响应的低时延需求将大规模爆发，对于这些需求，5G 技术特性与能力均可以满足。同时，在这些需求的基础上，5G 核心网依托于 Cloud Native（云原生）核心思想，通过基于服务的网络架构、网络资源可切片、控制面 / 用户面分离，结合云化技术，实现了网络的定制化、开放性以及服务化。5G 核心网进行了重构，主要以网络功能的方式重新定义了网络实体，各个网络功能对外按独立的功能（服务）提供功能实现并可互相调用,从而实现了从传统的刚性网络(网元固定功能、网元间固定连接、固化信令交互等)向基于服务的柔性网络的转变。这将使得5G网络能够更灵活、更具弹性地适配智慧城市的各种应用场景需求,并且可以采用不同的切片技术和边缘技术使得服务更加贴近用户需求,实现灵活部署和应用。

总的来说,基于5G自身的技术特性和独特的网络架构,其将从两方面助力智慧城市的基础网络构建。一方面是"5G+边缘计算",即5G助力构建城市物联网,广泛采集智能终端数据,通过边缘计算有效降低数据传输量,实现本地化快速分析和处理,推动网络从连接管道向信息化服务智能平台的转型。另一方面是"5G+网络切片",实现公网专用,为智慧城市不同垂直行业提供5G智能化专网解决方案,如虚拟专网、融合专网及物理专网等,该解决方案将在远程医疗(专家会诊、实时手术)和自动驾驶等垂直细分领域发挥重要作用。

其次,5G基于其技术特性与"端、边、云"三大技术体系融合,全面重构新型智慧城市的智能体系,将成为智慧城市建设与应用创新的强大技术支撑。第一,5G与AIoT技术结合,一方面可以满足海量设备连接(海量连接能力)的需求,另一方面也可以满足边缘感知设备对高质量通信网络(大带宽和低时延能力等)的要求。第二,5G与MEC结合构建边缘智能,使得云端算力和处理能力下沉到端边系统,建立全新的边缘智能服务体系,贴近终端用户或设备,提供本地化的智能服务。第三,5G的服务化网络架构与云端大数据中心的智能运营管理平台结合,向下触达移动边缘,向上促进数据管理、应用与运营,并支撑开放的数据共享平台与应用服务体系,以构建智能应用体系。

最后,5G全面浸润行业应用,从不同层面和场景助力智慧城市系统建设,推动各个建设目标快速实现。其一,5G与移动互联网、物联网、大数据、云计算和人工智能等技术融合,构建面向智慧城市应用体系的通用能力,促进智慧城市架构中各要素的相互关联与作用,从城市物理空间、行业应用领域、数字虚拟空间等不同层面助力智慧城市系统建设。针对城市物理空间,5G将助力智慧城市应用场景下沉到不同空间,以人的活动属性来划分空间,分别为人们居住的社区、工作的产业园区、城市公共空间(如街区、公园等),这些空间是新型智慧城市建设的着力点。通过不同空间的智慧化建设(如智慧社区、智慧园区、智慧街区等）逐步打造智慧空间，每一个智慧空间都如同一个有机的"智慧细胞"，最终通过顶层设计与规划实现统一的智慧城市生命体。针对行业应用领域，5G 网络将赋能智慧治理、智慧产业和智慧民生等多领域，广泛应用并助力各垂直行业的创新应用，推动智慧化加速发展。针对数字虚拟空间，5G 技术的大规模连接能力能够为构建数字孪生城市推动城市部件的数字化和感知智能化，进而构建一体化边缘计算体系，这是数字虚拟空间实现的重要基础。其二，5G 网络在行业领域的实际落地将推动新型智慧城市建设，实现基础设施智能化、城市治理精细化、公共服务便捷化等。5G 网络建成将大幅提升公共基础设施和行业领域基础设施的智能化水平，从而实现基础设施精准化、协同化管理；在基础设施智能化的基础上，城市治理将更加精细化、敏捷化与科学化；5G 网络的弹性服务化网络架构，将在基础设施智能与城市治理精细化的基础上，为城市公共服务提供更多便捷的应用。

综合以上两点来看，在智慧城市的建设过程中，5G 起到了关键作用。同时，基于 5G 特性（如海量连接能力、低时延能力、大带宽能力等）的应用，将在多领域、多层次依托边缘计算，或与边缘技术融合以助力智慧城市建设。

9.1.2.2 新基建时代边缘计算成风口，构筑城市基础设施智慧生态，成为智慧城市茁壮成长的沃土

2020 年 3 月，我国提出要加快 5G 网络、大数据中心等新型基础设施建设（简称新基建）进度，并确定了新基建的七大领域：5G 基站建设、特高压、城际高速铁路和城际轨道交通、新能源汽车充电桩、大数据中心、人工智能和工业互联网。政策一经发布，新基建立即成为年度"网红"。关于新基建，各领域、各行业都进行了大量的分析和解读，直到 2020 年 4 月 20 日，发改委又给出了权威的解释与解读：经初步研究认为，新型基础设施是以新发展理念为引领，以技术创新为驱动，以信息网络为基础，面向高质量发展需要，提供数字转型、智能升级、融合创新等服务的基础设施体系。目前来看，新型基础设施主要包含 3 个方面的内容：一是信息基础设施，主要是指基于新一代信息技术演化生成的基础设施，如以 5G、物联网、工业互联网、卫星互联网为代表的通信

网络基础设施，以人工智能、云计算、区块链等为代表的新技术基础设施，以数据中心、智能计算中心为代表的算力基础设施等；二是融合基础设施，主要是指深度应用互联网、大数据、人工智能等技术，支撑传统基础设施转型升级，进而形成的融合基础设施，如智能交通基础设施、智慧能源基础设施等；三是创新基础设施，主要是指支撑科学研究、技术开发、产品研制的具有公益属性的基础设施，如重大科技基础设施、科教基础设施、产业技术创新基础设施等。

实际上，新基建"爆红"并非一日之功，其中有两方面的原因。

一方面，国家层面给予了高度重视，对"新基建"进行了理念规划、引导和创建。最早可追溯到 2018 年 12 月，中央经济工作会议在北京举行，会议重新定义了基础设施建设，把 5G、人工智能、工业互联网、物联网定义为"新型基础设施建设"。紧接着，"加强新一代信息基础设施建设"出现在 2019 年政府工作报告。随后，2020 年 2 月召开的中央全面深化改革委员会第十二次会议提到，基础设施是经济社会发展的重要支撑，要以整体优化、协同融合为导向，统筹存量和增量、传统和新型基础设施发展，打造集约高效、经济适用、智能绿色、安全可靠的现代化基础设施体系。

另一方面，这是城市精细化治理与产业高质量发展双重作用力推动下的结果。新基建本质上是智慧城市应用场景建设过程中的"供给侧改革"。2015 年 11 月，中央提出实施供给侧结构性改革，其目的是实现经济的新旧动能转换，旨在大力发展新经济、培育新动能，增强经济发展的内生动力。新基建的核心是数字基础建设，基于数字基建衍生出数字经济（《二十国集团数字经济发展与合作倡议》中提到，数字经济是指以使用数字化的知识和信息作为关键生产要素、以现代信息网络作为重要载体、以信息通信技术的有效使用作为效率提升和经济结构优化的重要推动力的一系列经济活动），在数字经济的基础上结合全球一体化发展浪潮，又形成了新经济。因此，无论是城市精细化治理，还是产业的高质量发展，其落脚点都是发展新经济，通过数字化基础设施构建培育新动能，进而增强经济发展的内生动力。

随着产业数字化的加速推进，智慧城市、智能制造等新兴行业带来的海量计算数据依靠传统的云计算架构已无法处理。基于此，在网络边缘部署节点，就近提供计算、存储和网络资源的边缘计算成为针对这一问题最有效的解决方案。在 5G 高速率、低时延、大连接的特性下，边缘计算应势站到了 5G 新基建时代的风口下。

总体来讲,新基建实施初期将主要聚焦在"信息技术设施"和"融合基础设施"领域,这两类基础设施建设将以 5G 技术为引领,打破传统的 IT 与云计算框架,构建云计算中心与海量终端协同的应用技术模型。面临海量终端的连接与运营控制需求,算力与控制去中心化成为必然趋势。由此,边缘计算作为联通云与端的桥梁,成为新基建时代的智慧城市行业应用领域的重要风口。事实上,新基建的提出从国家战略和新一代信息技术应用层面重构和规范了智慧城市的设计与建设逻辑,再基于智慧城市应用场景建设的"供给侧改革",将进一步推动城市基础设施智慧生态的形成。

9.1.2.3　城市精细化治理成为"战疫"取胜的关键,我国智慧城市建设在"战疫"中磨炼和成长

2020 年伊始,新冠肺炎疫情猝不及防,并在全球范围内迅速蔓延,其中不少国家疫情几近失控。而我国疫情则得到有效的遏制,并快速复工、复产和复学。这一方面得益于中国政府的规范引导和全民高度自律的防控意识和行为,另一方面,是城市精细化治理的理念与手段发挥了重要作用。

城市精细化治理要从"社区网格化管理"说起。早在 2013 年,党的十八届三中全会提出,创新社会治理体制,改进社会治理方式。《十八届三中全会关于全面深化改革若干重大问题的决定》提出,要改进社会治理方式,创新社会治理体制,以网格化管理、社会化服务为方向,健全基层综合服务管理平台。创新社会治理,必须着眼于维护最广大人民的根本利益,最大程度增加和谐因素,增强社会发展活力,提高社会治理水平,全面推进平安中国建设,维护国家安全,确保人民安居乐业、社会安定有序。社区网格化管理是城市治理的一种革命和创新。第一,它将过去被动应对问题的管理模式转变为主动发现问题和解决问题;第二,它将管理手段数字化,这主要体现在管理对象、过程和评价的数字化上,以保证管理的敏捷、精确和高效;第三,它是科学封闭的管理机制,不仅具有一整套规范统一的管理标准和流程,而且发现、立案、派遣、结

案 4 个步骤形成一个闭环，从而提升了管理的能力和水平。概括来讲，城市网格化管理是运用数字化、信息化手段，以街道、社区、网格为区域范围，以事件为管理内容，以处置单位为责任人，通过网格化管理信息平台，实现市区联动、资源共享的一种城市管理新模式。

从时间维度上来看，城市精细化治理早已埋下了伏笔。网格化社区与城市精细化治理都属于智慧城市建设的核心机制与重要组成部分。正是因为有这样具有前瞻性的顶层设计与部署，以及科学化、精细化治理理念的惯性，我国才能将洪水猛兽般的疫情，通过网格化管理化整为零、各个击破、精准防控、精细化处置，从而有效遏制疫情蔓延。因此，在疫情防控过程中，基于城市精细化治理，智慧城市建设从顶层设计、新兴技术手段运用到应用落地，都得到了有效的验证与评估。这将为今后的智慧城市建设提供实践案例与评价标准，让智慧城市在"战疫"中磨练和成长。

基于城市精细化治理，将视线聚焦在"科技抗疫"上，我们就会发现国家行政体系架构和信息化与数字化构建的技术架构相互融合，形成了无数个精细防控、精准发现、闭环处置，既能独立运行又能协同作战的"科技抗疫网格单元"，这完全符合边缘计算"物自主"与"物协同"的逻辑精髓。因此，运用新一代信息技术结合网格化城市管理，打造城市精细化治理系统的核心理念与逻辑和边缘计算不谋而合。

9.1.3　智慧城市的发展阶段

关于智慧城市的发展阶段，产业界有多种逻辑和版本，主流的有发展模式、数据应用、技术演进 3 种版本，其不同演进逻辑如图 9-3 所示。

从发展模式来看，中国智慧城市建设历经 3 个发展阶段：2008 年开始，智慧城市处于概念导入的分散建设阶段，各领域分别开展数字化改造工作，建设分散，缺乏统一规划；2012 年开始，国家各部委牵头开始试点探索，统筹建设和运营的意识逐渐提高，智慧城市进入试点探索的规范发展阶段；2016 年开始，智慧城市正式进入以人为本、成效导向、统筹集约、协同创新的新型智慧城市发展阶段。这一时期重视顶层设计、趋向以人为本的建设理念，大量市场力量开始进入，各种新兴技术融合应用。

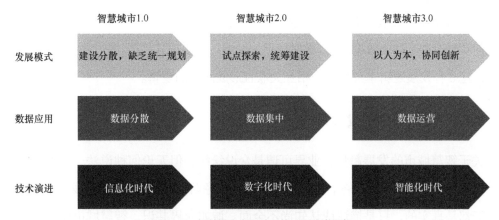

图9-3　智慧城市发展阶段的不同演进逻辑

　　从数据应用来看，智慧城市建设分为数据分散、数据集中和数据运营3个阶段。智慧城市的建设始终都是围绕数据治理与应用展开的。初期的智慧城市，各个行业和领域分散建设与规划，打造垂直应用，故而造成数据分散、割裂，形成各种数据孤岛；随后，智慧城市开始统筹规划，并进行顶层设计，为了满足互联互通与数据共享的需求，数据开始汇聚与集中；近年来，随着城市规划与技术融合越来越科学与成熟，以大数据运营为核心的理念和实施方法也越来越普遍，通过数据运营，城市治理效率大幅提升，产业生态发展越来越迅速、民生公共服务越来越智慧与便捷。

　　从技术演进来看，智慧城市建设可分为3个阶段（该版本适用于全球范围）。第一是信息化时代，这一阶段以互联网为主导的新兴技术应用最具代表性，各行各业纷纷加入信息化改造，如电子商务、电子政府的发展与应用。第二是数字化时代，这一阶段以大数据为代表的应用开始渗透各个领域。与此同时，移动互联网（3G、4G通信技术驱动）、物联网、云计算等技术也开始大规模应用，政府与企业数字化转型开始，并初步形成一体化设计与部署。第三是智能化时代，这一阶段在大数据治理与应用不断成熟的基础上，行业智能化开始出现。同时，5G技术、物联网、云计算、边缘计算、区块链等多种技术融合应用，技术生态越来越丰富，智慧城市建设开始回归初心"以人为本"，系统化的顶层设计理念越来越受到重视，数字孪生城市、城市生命体等概念和理念在业界也被广泛认同。

从云端到边缘：边缘计算的产业链与行业应用

上述智慧城市发展的3种逻辑是相互关联的，技术演进会推动发展模式创新，发展模式创新会促进不同的数据应用，数据应用"反哺"发展模式创新，并"拉动"技术演进。因此，这3种发展逻辑本身是一个相互关联且形成闭环的逻辑。

9.1.4　智慧城市的发展趋势

关于智慧城市的发展趋势，业界可谓是众说纷纭，但无论何种说法，都无法去判断对错，因为智慧城市发展至今，仍旧处于"盲人摸象阶段"，任何一种实践后的预测或预判可能都是真实的，只是描述或认知尚不全面。诚如业界共识，智慧城市作为一个复杂巨系统，其建设只有起点没有终点，智慧城市建设将成为城镇化进程或城市发展的必然路径与常态化手段。当然，尽管如此，为了确保智慧城市建设与发展可持续、可预见，做一些合理的预测将有助于智慧城市建设工作有序展开。

9.1.4.1　IDC 对智慧城市未来 5 年的十大预测

2020 年 5 月，国际权威的信息技术咨询公司 IDC 发布了《IDC FutureScape：全球智慧城市 2020 预测——中国启示》，对智慧城市未来 5 年的发展趋势进行预测和分析，旨在为智慧城市规划、建设、决策和管理的参与者提供参考。

数字化战略正在成为国家战略，数字中国、网络强国、智慧社会、新型基础设施、国家大数据战略等提及次数明显增加，而智慧城市和新型智慧城市既是这些核心国家数字战略的关键组成部分，也是 5G、人工智能、物联网、大数据等新技术的"试验场"。

互联网和移动互联网不断渗透，客户端对于线上支付、数字化服务、数字化营销等方式已经完全接受，而城市服务目前线上化占比相对较低，依然有大量的改进空间和市场机会存在，尤其在智慧交通、智慧园区、城市大数据平台等领域。

在我国智慧城市（2009—2019 年）的发展过程中，智慧城市建设投资规模大、政策驱动明显，但是建设效果并不理想，尤其是市民获得感并不强。这其中的一个关键点是连续运营能力差，投资更多的是项目制的，而不是长期运营型的；另一个关键点是不仅政府要进行智慧化投资，其他运营主体尤其是地产商等提供空间运营服务的角色还需要数字化转型。

在价值层面，"惠民、强政、兴业"的价值主张并没有变化，其中数字产业发展和传统产业数字化转型是智慧城市建设过程中政府更关注的重点。此外，在美丽中国的政策引导下，环保和生态价值将成为智慧城市项目建设另一个价值关注点。

从厂商视角来看，越来越多的非传统 ICT 解决方案提供商开始进入这个市场，尤其是具备科技输出能力的大型企业，如地产商、金融机构等。

基于上述新的发展环境与态势，IDC 对未来 5 年智慧城市的发展做了十大预测。

预测 1：在 2022 年，10% ～ 20% 的智慧城市物联网项目将难以推进，原因在于项目价值及 KPI（Key Performance Index，关键绩效指标）定义不清、不理解厂商交付内容、不充分了解投资和利益关键人。

预测 2：到 2020 年，20% 的城市将使用复合型指标来评估城市情况，如主动预警情况、移动即服务情况和个人关怀。

预测 3：到 2022 年，为应对市民和组织意见，50% 下一代的安全技术采购将被严格的政策规范预先限制。

预测 4：到 2022 年，50% 的城市将通过发布数据伦理政策来定义何种数据可以被收集、使用和共享。

预测 5：到 2022 年，30% 的智慧城市数字孪生平台将用以管理海量资产和产品。

预测 6：到 2022 年，10% 的安全事件将源于智慧城市物联网设备，驱动两位数的安全软件和员工培训的预算增加。

预测 7：到 2024 年，60% 的未开发城市和 10% 的现有城市将使用数字化空间规划能力和新的分区规则来助力分享经济的快速发展。

预测 8：到 2023 年，80% 的城市数据科学家无法被满足，将引起机器人流程自动化 /人工智能原生系统的投资增加，这些系统的数据处理能力将成倍地提高而不需要增加人数。

预测 9：到 2023 年，1/3 的智慧城市场景将被 5G 影响，70% 的一、二线城市将使用 5G 技术实现与车联网的连接和智慧场馆等规模化服务。

预测 10:到 2024 年,25% 的一线和二线城市使用 5G 车联网或专用短程通信(DSRC)标准来部署车联网基础设施 [1]。

此外,据 IDC 中国政府行业和智慧城市分析师介绍,近些年,受益于强政策驱动,我国在智慧城市领域的投资和建设一直呈现稳步增长趋势。建设内容上,一方面,技术平台化发展将带动智慧城市建设体系和商业生态的重构,另一方面,5G 等新技术的应用、数据资产的倍速增长以及对网络安全和数据隐私的重视将驱动车联网、数字孪生平台、城市安全运营中心等新的建设热点。在建设模式上,单一项目制的投资将逐渐向注重长期运营和可持续性的方向发展。

9.1.4.2 智慧城市建设过程中长期存在的五大发展方向和挑战

IDC 从智慧城市行业领域、产业发展、企业咨询等大量的信息中归纳并总结了智慧城市建设过程中面临的具体问题和相对可预见的趋势,但这不足以描述智慧城市整体的发展趋势或态势。基于 IDC 的预测,再结合智慧城市的发展阶段,以及智慧城市行业与产业界的各种共识或观点,尽可能从智慧城市自身属性、科学技术演进的固有逻辑、人类社会发展的自然规律等角度去认知或预测智慧城市的未来,将更可能从全局预见未来智慧城市的样子。这对于从更大的视角、更宏观的角度去做智慧城市顶层设计与规划,对智慧城市建设少走弯路、减少重复建设、杜绝资源浪费等有重大意义。以此为出发点,我们认为智慧城市发展与建设可以从以下 5 个维度来把握。

第一,智慧城市系统论,即智慧城市是复杂巨系统,这既是智慧城市的本身属性,也是智慧城市自身建设,以及向智慧社会演进必然面临的挑战。复杂巨系统定义:如果组成系统的元素不仅数量大,而且种类很多,它们之间的关系又很复杂,并有多种层次结构,这类系统称为复杂巨系统,如人体系统和生态系统。在人体系统和生态系统中,元素之间的关系虽然复杂,但还是有确定规律的。另一类复杂巨系统是社会系统,组成社会系统的元素是人。由于人的意识作用,系统元素之间的关系不仅复杂而且有很大的不确定性,这是迄今为止最复杂的系统之一。而智慧城市属于“社会系统”的范畴,因此是最复杂的巨系统之一。这必然导致智慧城市建设会持续出现各种系统协调、业务模式与技术发展相互匹配与融合应用的诸多问题与挑战。与此同时,智慧城市不断迭代升级,人类社会将进入智慧社会。基于智慧城市的发展趋势来看,智慧社会是一个正加速到来的社会形态,也是城市现代化与高阶文明的结合。新的社会形态将是更加复杂的巨系统,因此人们会面临更复杂、更多维的问题与挑战。这将成为智慧城市与智慧社会发展过程中的常态,并贯穿始终。

第二,智慧城市智能空间是数字孪生城市建设的目标,通过城市物理实体的数字化构建虚拟镜像的数字空间,是打造智能空间的关键步骤与基础。近年来,随着智慧城市进入"数据运营"时代,以及"数字孪生"概念引入智慧城市建设,打造更加智能的运行与管理空间成为各个领域部署的重点。例如 3D 可视化视图、VR/AR 技术实现的沉浸式和交互式的体验、自动化管理等,都是智能空间所要实现的目标。2018 年,Gartner发布了《Gartner 预测:2019 年十大战略性技术趋势》,提到智能空间是物理或数字环境、人类和技术支持的系统,可以在日益开放、连接、协调和智能的生态系统中相互作用。多个元素(包括人员、流程、服务和事物等)将汇集在智能空间中,为目标人群和行业场景打造更沉浸、更交互、更自动化的体验。智能空间最广泛的用例之一就是智慧城市,基于人的活动空间,可将智慧城市划分为居住区(智慧社区)、工作区(中央商务区与产业园区)、公共区(街区、开放式公园等),以及城市居民的室内生活与工作空间,如智能家居、数字化办公空间、数字化工厂等。

第三,智慧城市智能基础设施,即"基础设施智能化"是所有智慧城市建设的起点或第一步,越来越受到智慧城市建设相关领域的关注和重视。早期智慧城市建设只关注单体项目或垂直领域各种实体、要素和业务流程的信息化与在线化,接着在逐步规范和统筹的基础上,进行不同领域的横向业务打通与数据共享。这些过程大都停留在城市各种实体、要素、业务流程等信息化的层面。所有实体、要素和业务数据都是基于智慧城市具体项目建设的需要被动式地搜寻、获取与汇聚。而现在越来越多的智慧城市项目,在业务流程设计上更倾向于将被动式的管理或告警转为提前预测、智能发现和自动处置的智能模式。这种智能业务模式更依赖于智慧城市前端感知设备或终端的智能化水平与能力。因此,当下新型智慧城市项目在技术与系统的架构设计上,更加重视基础设施的智能化建设，大量边缘智能感知设备被预先设计和部署在城市的基础设施中。

第四，智慧城市的群体智慧，即智慧城市从以技术为主导转向以人为本的建设模式，同时智慧城市的"智慧"又源于"群体智慧"。智慧城市在经历了以新兴技术为主导的建设过程后发现，单纯依靠技术应用的叠加无法实现真正的智慧。所以，回归以人为本的建设理念就非常必要，将新兴技术着力于解决现实问题，而非"炫技"或一味地强调"先进"，才是智慧城市建设的初心所在。同时，通过技术手段汇聚城市群体智慧，解决城市居民生活与工作、产业发展和城市治理等所面临的具体问题，将成为一种"新型智慧"，且符合智慧城市作为一个基于群体意识构建的有机体的自然规律。

第五，智慧城市智能安全。这里所指的城市安全有两层含义，一是以人为本，基于城市居民安全需求的安全型城市设计；二是城市基础设施与系统的安全性需求。智慧城市系统论中提到，智慧城市是复杂巨系统。在这个系统里，多要素、多层次、多技术相互关联、融合应用。随着人类活动与交互空间（尤其是数字空间）的不断拓展，以及新一代信息技术不断迭代升级，城市系统的复杂度会越来越高。众所周知，系统越复杂就越难以洞察和管控，系统的稳定性与安全性风险也会成倍，甚至呈指数级增长。

9.2 智慧城市边缘计算现状

9.2.1 边缘计算在智慧城市中的定位与价值

通过前面对智慧城市的现状与发展趋势的讲述，我们对智慧城市（包括概念形成、环境驱动、发展阶段和演进规律与趋势等）有了大致的了解。关于边缘计算在智慧城市领域的发展现状与应用，本书将根据智慧城市的总体系统和通用架构，及智慧城市"智慧"产生的方式，与边缘计算的基本定义、参考架构与行业价值等进行梳理与匹配，进而探索边缘计算在智慧城市应用场景中的基本定位与应用价值。

回顾智慧城市的基本定义。智慧城市源于 IBM 的"智慧地球"。2012 年，美国国家情报委员会在《全球趋势 2030：可选择的世界》中提到：智慧城市，即利用先进的信息技术，以最小的资源消耗和环境退化为代价，为实现最大化的城市效率和最美好的生活品质而建立的城市环境。紧随其后，2012 年我国智慧城市进入规范试点阶段，住建部出台《国家智慧城市试点暂行管理办法》，在我国首次对智慧城市进行了官方定义，即智慧城市是通过综合运用现代科学技术、整合信息资源、统筹业务应用系统，加强城市规划、建设和管理的新模式。到了 2014 年，八部委（发改委、工信部、科技部、公安部、财政部、国土部、住建部、交通运输部）联合发布《关于促进智慧城市健康发展的指导意见》，对智慧城市又提出了新的定义，即智慧城市是运用物联网、云计算、大数据、空间地理信息集成等新一代信息技术，促进城市规划、建设、管理和服务智慧化的新理念和新模式。2015 年，中国智能城市建设与推进战略研究项目组（工程院院士等），再升级了智慧城市的定义，首次提出"统筹三元空间"的理论，即科学统筹城市三元空间（CPH：Cyber—信息世界、Physics—物理世界、Human Society—人类社会），巧妙汇聚城市市民、企业和政府智慧，深化调度城市综合资源，优化发展城市经济、建设和管理，持续提高城市发展与市民生活水平，更好地服务市民的当前与未来。这也是首次将市民、企业和政府的群体性智慧作为城市治理的综合资源进行利用。这与 IBM 较早时候发布的《智慧城市红皮书》中对智慧城市的定义有相似之处，即智慧城市是以新一代信息技术为支撑、知识社会创新 2.0 环境下的城市形态，强调通过互联网、云计算等新一代信息技术以及社交网络、Fab Lab、Living Lab、综合集成法等工具和方法的应用，实现全面而透彻的感知、宽带泛在的互联、智能融合的应用以及以用户创新、开放创新、大众创新为特征的可持续创新。大众创新与群体智慧资源的综合利用有异曲同工之妙。

根据智慧城市的概念和定义的演进，我们发现智慧城市的设计和建设理念越来越倾向于"以人为本"，一方面注重以人为本的城市智慧的感知与体验设计，另一方面不再单纯依靠先进技术的叠加构建智慧城市，开始将群体智慧或大众创新作为智慧城市建设可利用的综合资源，将科技推动的城市智慧与人类自身的创新智慧进行融合，形成新的"城市智慧"，这看起来将更符合智慧城市发展的科学规律和自然规律，通过科技与人文融合、人机协作等实现智慧城市的可持续发展。

基于以人为本的智慧城市设计和建设理念，将智慧城市看作一个拟态化的"生命体"，它便具有与人类相似的从感知到认知的智慧逻辑。将智慧城市分为 4 个层面：一是通过深层感知全方位地获取城市系统数据；二是通过广泛互联将孤立的数据关联起来，把数据变成信息；三是通过高度共享、智能分析将信息变成知识；四是把知识与信息技术融合起来应用到各行各业形成智慧。即这 4 个层面为数据（Data）——信息（Information）——知识（Knowledge）——智慧（Wisdom），如图 9-4 所示。

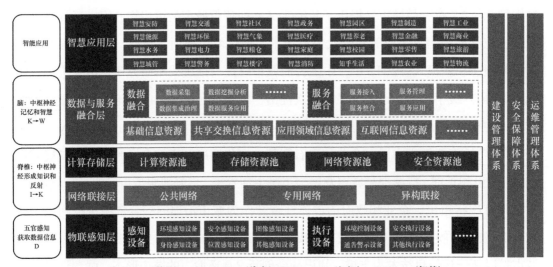

注：Data（数据）→Information（信息）→Knowlege（知识）→Wisdom（智慧）

图 9-4　智慧城市拟态化通用架构

智慧城市属于行业信息化或数字化转型 / 创新模式，只是智慧城市是多要素、多领域、多产业和多学科交叉融合的复杂巨系统，这样一个系统要进行信息化与数字化，势必比行业数字化面临的挑战更多，难度更大。但从智慧城市十几年的发展历程和实践经验来看，智慧城市的建设应从"大处规划，小处着手"，即要从更宏大的视角进行智慧城市的顶层设计与规划，而具体落地实施要以具体的问题与需求为导向，基于统筹规划分步建设、逐级推进。因此，智慧城市实际的落地建设与操作运营最终都回归到具体产业信息化与数字化的层面上。

当前行业或产业领域数字化转型的最直接目标就是通过最大限度地实现智能化，合理配置资源、提高生产或运营效率、降低生产或运营成本等。当然，这还远算不上智慧。

即便实现基于"简单智能"的"初级智慧",我们依然还有很长的路要走,而这段路正是"行业智能"面临的关键转变与巨大挑战。

具体来说,行业智能面临四大挑战,如图9-5所示。

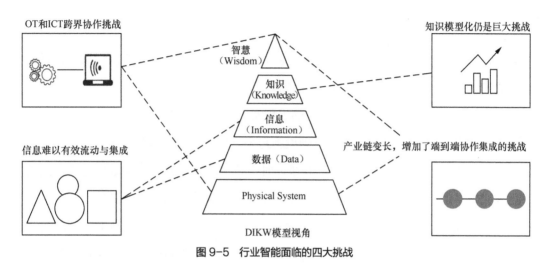

图9-5 行业智能面临的四大挑战

（1）OT 和 ICT 跨界协作挑战

OT 与 ICT 关注重点不同,OT 关注物理和商业约束、人身安全,ICT 关注商业约束、信息安全; OT 与 ICT 的行业语言、知识背景、文化背景存在较大差异,跨界理解困难; OT 体系碎片化、专用化与标准化、开放性的 ICT 体系集成协作存在挑战。OT 与 ICT 的融合协作也将带来安全方面的挑战。OT 与 ICT 的跨界协作需要建立物理世界和数字世界的连接与融合。

（2）信息难以有效流动与集成

目前业界有 6 种以上工业实时以太网技术,超过 40 种工业总线,缺少统一的信息与服务定义模型。烟囱化的系统导致出现数据孤岛,使信息难以有效流动与集成。信息有效流动与集成是支持数据创新、服务创新的基础,需要建立数据全生命周期管理。

（3）知识模型化仍是巨大挑战

知识模型（Knowledge Model）主要解决知识的表示、组织与交互关系,知识的有序化以及知识处理模型,对知识进行形式化和结构化的抽象。知识模型不是知识,是知识的抽象,以便计算机理解与处理。知识模型输入存在信息不完整、不准确和不充分的挑战;知识模型处理的算法与建模还需持续改进与优化;知识模型输出的应用场景有限,需要持续积累。知识模型化是高效、低成本实现行业智能的关键要素。

(4)产业链变长,增加了端到端协作集成挑战

实现行业智能需要物理世界和数字世界的产业链的协作,需要产品全生命周期的数据集成,需要价值链上的各产业角色建立起协作生态。这种多链条的协作与整合对数据端到端流动和全生命周期管理提出了更高的要求[2]。

行业智能面临的挑战,在智慧城市的工程实践中同样存在。

① 智慧城市的物理世界(物理基础设施与关键要素等)如何与数字世界(虚拟的数字化镜像)从割裂走向融合与协同,即通过时空感知的多源异质异构数据与城市大数据中心或应用平台关联,从而实现智慧城市 DIKW 系统架构(从物理层到信息层)下的信息流动与集成应用。基于物理层和信息层深度耦合的机理,建立不同行业或领域的智慧城市物理与信息之间的信息流动机制与融合集成模型,即"物信孪生",实现时空地理信息系统、信息物联系统、大数据使能系统三者的融合集成与应用。

② 智慧城市如何将不同领域与不同行业的复杂知识和决策经验模型化,构建知识模型和数字化决策模型等,再将这些模型赋能于智慧城市的总体系统、行业领域,以及基础设施建设等,既能实现城市的总体系统智能、行业智能,也能实现城市基础设施智能。例如通过行业知识模型与决策模型,基于物理—信息系统和复杂网络科学等,对智慧交通、智慧园区、工业自动化生产等进行建模。

③ 如何实现人与空间的动态交互与智能化的服务推送,即如何运用泛在时空感知、三维建模、城市仿真与人工智能等技术实现虚拟城市空间的实时构建与动态表达,是实现智慧城市系统中人与人、人与物、物与物之间动态交互可视化的关键。同时,对城市居民活动、基础设施运行、公共服务提供等进行精准描述与刻画。尤其智慧城市系统可对城市要素资源(如人口、交通、供水、土地和能源等)管理和各种空间危害事件(如洪水、火灾和污染等)快速做出决策,并为个人或社会关联机构提供实时动态的智能化推送服务与应用,以便人们做出快速响应和及时避险等。

④ 智慧城市如何从单点创新转变为基于产业生态的多边创新，即当前智慧城市已经进行了大量基于行业或领域的单点应用创新，单点应用创新往往源于个体或小型化组织，如何使这些单点应用创新形成横向关联，实现产业生态的拓展与延伸，以便激发更多行业创新或交叉融合式的应用创新。例如基于"群体智慧"的大众创新模式，为城市治理提供丰富的创新治理方法。

⑤ 智慧城市行业应用产业链随着更多新兴技术的导入和应用变得越来越长，势必增加了端到端解决方案集成的难度。尤其是从物理世界到数字世界生态的协作产业链融合，产业链变得越来越长和产业生态变得越来越广，物理世界与数字世界的稳定风险与安全风险随之加大。这就又带来了智慧城市安全管理挑战。

面对行业智能与智慧城市的共性问题与挑战，边缘计算可以通过四大关键能力去使能行业智能。边缘计算是推动城市智慧化的有效手段。

边缘计算使能行业智能的四大关键能力。

（1）建立物理世界和数字世界的连接与互动

通过数字孪生，在数字世界建立起对多样协议、海量设备和跨系统的物理资产的实时映像，了解事物或系统的状态，应对变化，改进操作和增加价值。在过去 10 年里，网络、计算和存储领域作为 ICT 产业的三大支柱，其技术可行性和经济可行性发生了指数级提升。网络领域变化：带宽提升千倍，而成本下降为原来的 1/40。计算领域变化：计算芯片的成本下降为原来的 1/60。存储领域变化：单硬盘容量增长万倍，而成本下降为原来的 1/17。正是连接成本的下降、计算力的提升、海量的数据，使得数字孪生可以在行业智能新时代发挥重要作用。

（2）构建模型驱动的智能分布式架构与平台

在网络边缘侧的智能分布式架构与平台上，通过知识模型驱动智能化能力，实现了物自主化和物协作化。智能分布式架构与平台如图 9-6 所示。

智能分布式架构需要把智能分布到如下要素中，如图 9-7 所示。

边缘控制器：通过融合网络、计算、存储等 ICT 能力，使其具有自主化和协作化能力。

边缘网关：通过网络连接、协议转换等功能连接物理和数字世界，提供轻量化的连接管理、实时数据分析及应用管理功能。

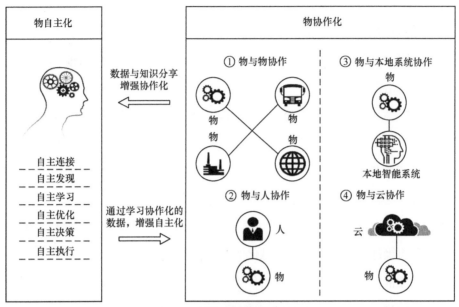

图9-6 智能分布式架构与平台

边缘云：基于多个分布式智能网关或服务器的协同构成智能系统，提供弹性扩展的网络、计算、存储能力。

智能服务：基于模型驱动的统一服务框架，面向系统运维人员、业务决策者、系统集成商、应用开发人员等多种角色，提供开发服务框架和部署运营服务框架。

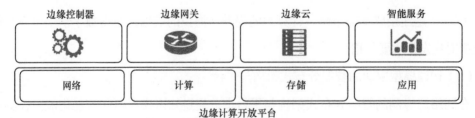

图9-7 边缘计算开放平台使能行业智能

（3）提供开发与部署运营的服务框架

开发服务框架主要包括方案的开发、集成、验证和发布等；部署运营服务框架主要包括方案的业务编排、应用部署和应用市场等。开发服务框架和部署运营服务框架需要紧密协同、无缝运作，支持方案快速且高效开发、自动部署和集中运营。

（4）实现边缘计算与云计算的协同

边缘侧需要支持多种网络接口、协议与拓扑，支持业务实时处理与确定性时延、数据处理与分析、分布式智能和安全与隐私保护。云端难以满足上述要求，需要边缘计算与云计算在网络、业务、应用和智能等方面进行协同[2]。

参考边缘计算对行业智能与智慧城市赋能的关键能力，结合智慧城市发展过程中长期存在的问题与挑战。后文将从五大角度去看待边缘计算在智慧城市中所发挥的价值或作用，包括系统论的角度、智能空间的角度、智能基础设施的角度、群体智慧的角度和智能安全的角度等。

9.2.2 系统论的角度

前文谈到了"智慧城市系统论"，即智慧城市是一个复杂巨系统。人脑、人体、生物、生态、地理环境等都属于复杂巨系统，而以人为主体要素的社会系统则是一种较为特殊的复杂巨系统，智慧城市也属于这类复杂巨系统。这种系统的特征是关系复杂、多种层次和具有不确定性（人的意识作用造成系统元素之间充满不确定性）。关于复杂巨系统，1990年我国的钱学森教授提出了"开放的复杂巨系统"，并认为复杂性问题实际上是开放复杂巨系统的动力学特性问题，与国外提出的复杂性科学/复杂系统有异曲同工之妙。"中心研讨厅"建立了一个既有广泛的远程研讨人参加的、又有专家群体在中心研讨厅进行最终研讨决策的、大范围、分布式、多层次、自下而上递进式、人机动态交互性的研讨、决策体系。而智慧城市的运作机制与决策体系，与"智慧城市系统论"和"中心研讨厅"的理念非常相近。

基于智慧城市复杂巨系统的属性，在智慧城市的建设过程中，必须具有系统化的全局思维，将物理世界与数字世界的复杂关系、逻辑层次和多种不确定性关联起来，并借助各种新兴技术和经验模型去打通物理世界与数字世界之间的阻隔，实现从感知到认知的关联，使得基于设备感知的信息与城市居民的群体智慧可以在系统中流动起来，让物理世界的感知数据与好的想法有效集成，进一步形成知识模型，并触达智慧城市的具体应用。

智慧城市的这种"智慧"生成逻辑与人类的智慧生成逻辑相似。因此,如果把智慧城市比作一个"有机生命体",要想让这个生命体产生智慧,就必须扫除从感知到认知的障碍。模仿人类的智慧生成逻辑,即通过感知信息获取多维数据,基于对多维数据的理解形成信息,通过对大量信息的融合形成知识,再通过对各种知识的预测和推理形成智慧。而在这个系统的构建中,边缘计算将发挥数据感知、汇聚和基础处理的关键作用。

目前,智慧城市自上而下的主流技术架构体系为智慧应用、云计算与大数据中心、高速网络、边缘计算、感知终端等。若把云计算与大数据中心当作人类的"大脑和神经中枢",那么边缘计算与感知终端组合起来就相当于人类的末梢神经系统和感知与认知系统,如眼、耳、口、鼻、舌,以及四肢与皮肤等基于DIKW仿生学认知系统的城市智慧生命体,如图9-8所示。

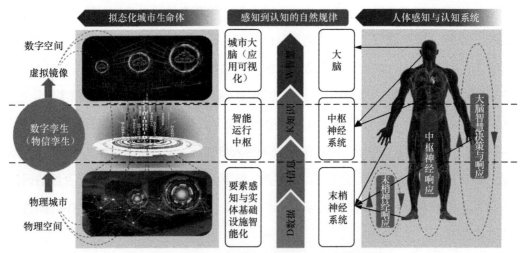

图 9-8 基于 DIKW 仿生学认知系统的城市智慧生命体

所以,从系统论的角度结合 DIKW 的拟态化仿生学认知原理来理解边缘计算在智慧城市中的定位与价值就比较容易了,即边缘计算就是智慧城市从感知到认知过程中的"感知系统"。

IBM 提出的"智慧城市"理念把城市本身看成一个生态系统,城市中的市民、交通、能源、商业、通信、水资源构成一个个子系统，这些子系统形成一个普遍联系、相互促进、彼此影响的整体。在过去的城市发展过程中，由于科技力量的不足，这些子系统之间无法为城市发展提供整合的信息支持。而当下，借助新一代的物联网、云计算、决策分析和优化等信息技术，通过感知化、物联化、智能化的方式，可以将城市中的物理基础设施、信息基础设施、社会基础设施和商业基础设施连接起来，构建新一代的智慧化基础设施，使城市中各领域、各子系统之间的关系显现出来，就好像为城市构建网络神经系统，使之成为可以做出决策、实时反应、协调运作的"系统之系统"。从这个意义上来讲，通过新兴技术构建的边缘网络、边缘终端与附着在这些技术设施上的分布式计算等，共同构建了城市的网络神经系统。

　　智慧城市就是通过"网络神经系统"对整个城市实现感知与连接的。因此，随着感知与连接技术的发展与演进，形成了 AIoT。AIoT 技术不是简单的 AI+IoT，而是 AI 与 IoT 技术的融合。若把智慧城市当作有机的生命体，那么 AIoT 就相当于人体的若干个感知"神经元"，每一个神经元都是独立的，且可以根据需求自动连接和组合。从这个意义上来理解，AIoT 技术既具有智能感知的能力，又具有智能连接的能力，即具有物自主化和物协作化的能力。AIoT 神经元感知系统与时空感知、数据认知的关系示意如图9-9所示。

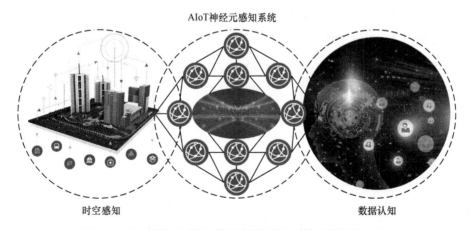

图 9-9　AIoT 神经元感知系统与从时空感知、数据认知的关系示意

　　因此，从智慧城市系统论和边缘计算体系统中演化出来的 AIoT 技术，本质上是关联时空与大数据的核心载体，也是实现感知到认知的关键桥梁。与此同时，通过 AIoT

技术将时空感知与大数据关联起来，就能够实现数字孪生城市或虚拟镜像城市。数字孪生城市的构建逻辑如图 9-10 所示。

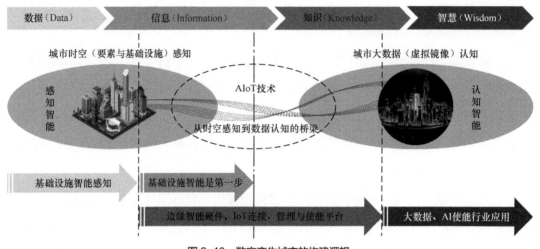

图 9-10　数字孪生城市的构建逻辑

构建数字孪生城市，本质上就是构建从城市物理空间到数字空间的"虚拟镜像"。让城市治理者可以通过虚拟镜像的数字城市，站在"上帝视角"对智慧城市全局进行掌控、精准研判、精细化治理与快速闭环处理。因此，数字孪生城市是智慧城市的进阶。

综上所述，从智慧城市到边缘计算，又从边缘计算衍生出城市神经元，由 AIoT 技术实现，再利用 AIoT 技术构建时空感知到数据认知的桥梁与载体，进而实现从城市物理空间到数字空间的"虚拟镜像"，即"数字孪生城市"。这一系列的系统组成与演进逻辑都以"系统论"为基础。

9.2.3　智能空间的角度

智能空间进入行业视野，是因为 2018 年 Gartner 发布的《2019 年十大战略性技术趋势》，其中一大战略性技术趋势就是"智能空间"。AI（表现为自动化设备和增强智能）与物联网、边缘计算和数字变化结合使用，提供高度集成的智能空间。这种通过多个趋势融合，从而带来新机会、推动新颠覆的组合效应正是 Gartner 2019 年十大战略性技术发展的一个特点。

AI与物联网、边缘计算和数字变化结合，正是边缘计算系统的组成要素与逻辑。因此，智能空间是智慧城市基于时空角度的另一种表达，也是数字孪生城市实现的目标。从系统论的角度来看，就是这些要素构建了城市神经元系统，再通过神经元系统与各种网络连接技术组成城市神经网络，构成城市的"感知系统"，并且基于AI的能力，如自动化设备与增强现实等，实现对服务主体周边的环境与空间状态的智能感知、提前预警、主动发现和自动自主处理等能力，相当于给整座城市安装了"智能传感器"，既可以感知，又可以在本地执行应用任务。从这个逻辑来讲，边缘计算之于智慧城市，通过与AI、物联网和多源感知数据融合组成高集成度的智能空间，助力智慧城市更透明、更敏捷、更智慧。

从智能空间的定义来看，智能空间的目标是提供人与空间之间的交互，同时基于具体的场景应用提供智能化的推送服务与应用服务等。在实际应用中，如前文所述，智能空间运用泛在时空感知、三维建模、边缘计算、城市仿真与人工智能等技术实现虚拟城市空间的实时构建与动态表达，成为智慧城市系统中人与人、人与物、物与物之间动态交互可视化的关键。同时，对城市居民活动、基础设施运行、公共服务提供等进行精准描述与刻画。尤其是为城市要素资源管理（人口、交通、供水、土地和能源等）和各种空间危险事件（洪水、火灾和污染等）的应急反应等快速做出决策，并为个人或社会关联机构实时动态的推送智能化服务与应用，以便做出快速响应和紧急避险等。这正是智能空间之于智慧城市最直观的价值体现。

此外，智能空间也是数字孪生城市的建设目标。关于数字孪生城市，从关键技术看，与传统智慧城市相比，其技术要素更复杂，不仅覆盖新型测绘、标识感知、协同计算、地理信息、全要素数字表达、语义建模、模拟仿真、智能控制、深度学习、虚拟现实等技术门类，而且对物联网、AI、边缘计算等技术提出新的要求，多技术集成创新需求更加旺盛。其中，新型测绘技术可快速采集地理信息进行城市建模，标识感知技术可实时"读写"真实物理城市，协同计算技术可高效处理城市海量运行数据，全要素数字表达技术可精准"描绘"城市的"前世今生"，模拟仿真技术可助力在数字空间刻画和推演城市系统运行态势，深度学习技术可使得城市具备自我学习和智慧生长的能力 [3]。因此，数字孪生城市是建立在多维技术集成创新基础上的，其目标是对城市进行信息化建模，精准描绘城市形态，推演城市系统运行态势和助力城市智慧生长。由此看来，数字孪生城市所要实现的目标，正是打造智能空间具有更沉浸、更交互、更自动化体验与服务的基础。

智能空间在智慧城市应用中最常见的应用包括智慧交通、智慧环保、智慧园区与社区、智能工厂、智慧消防等，这些应用与时空有很强的关联，无论是要素管理、运行监控，还是应急响应，都具有非常便捷的应用体验。

总体来讲，从数字孪生城市到智能空间，再到未来新型智慧城市，从空间建设与空间智能化层面上看，它们具有高度一致的目标。

9.2.4　智能基础设施的角度

从智慧城市系统论的角度看，智能空间是智慧城市的"感知系统"，是从物理世界进入数字世界的通道，智能基础设施则是智能空间的构成要素和基础。智能空间是由 AI、边缘计算、物联网和多源感知数据组成的。智能空间中的 AI 不是简单人工智能，它可以通过自主和自动化协作完成更多基于知识模型化的智慧城市应用服务与操作。其中，物自主化包括自主连接、自主发现、自主学习、自主优化、自主决策与自主执行；物协作化包括：物与物协作、物与人协作、物与本地系统协作、物与云协作等。因此，基础设施智能本质上就是将云端的"中心算力"分布下沉到基础设施层面，通过对边缘基础设施的赋能，让更多的应用和服务在本地实现快速响应、自主执行。

智能基础设施建设是智慧城市建设的第一步，现在越来越多的智慧城市建设从顶层设计开始就将智能基础设施建设作为泛在物联感知系统建设的重要内容去规划。这表明经过多年的智慧城市项目建设，业界已普遍意识到智能基础设施对智慧城市上层应用的价值。

有两大原因使得智能基础设施越来越受到关注和重视，其中一个原因是智慧城市项目上层业务应用需求倒逼。上层业务应用是以城市大数据运营提供的微服务为基础的，业务应用的智能化、智慧化水平往往受限于底层数据的完备性和丰富性。另一个原因是城市智慧"去中心化"的建设理念。因为"以人为本"的智慧城市建设目标是为城市居民提供更及时、更便捷的智慧服务和体验，那么"智慧"下沉到服务终端、业务系统边缘端就成为一种需要和趋势。故而,智能化基础设施将成为"智慧"下沉到边缘的最佳载体。由此看来,基础设施智能化是智慧城市业务应用"自上而下"和"去中心化"共同推动的结果。

为了推动智能生活和智能治理,政府领导人不应忽视优先实施智能基础设施的重要性,智能基础设施将支撑智能计划,同时能够适应未来进一步的技术增长。建设更智能的城市包括提供便利,通过技术提高生活水平,在不干扰公民日常生活的情况下实现更好的治理。创建这样的城市需要重新思考现有的基础设施,并用新的框架取而代之。新的框架需要通过现代技术的融合来构建,以形成智能基础设施,所有未来的发展都将围绕这一基础设施来构建。设想未来的城市、其组成部分以及基础设施在其中的作用,有助于强调对智能基础设施的需求。

智能基础设施是推动各种进程所必需的,这些进程将确保智慧城市按需运行。基础设施主要用于收集数据并对其进行处理,以生成智能来推动响应行动。基础设施有助于形成一个数据收集端点网络,该网络足够覆盖城市所有区域,并且足够密集,确保可以从多个来源收集数据。从不同来源收集数据不仅有利于收集各种各样的数据,提供更深入的见解,还可以确保收集数据的准确性,这在紧急情况下会对我们有所帮助。

智能基础设施还包括集成信息处理和存储系统,以确保智慧城市不同管理机构之间可轻松协作。拥有一个集成的系统有助于协调行动,并将公共服务的响应时间减至最少。在可能的情况下,智能基础设施也是实现和促进自动响应的必要条件,可使流程更加高效和灵活。

智能基础设施不仅能够支持所有现有系统和应用程序以进行增强操作,还能确保智慧城市应用的基础框架能在未来持续改进。确保目前的效率和效力至关重要,同样重要的是,为未来的变革提供所需的基础设施。这也确保了智慧城市在运行方式和建设方式上都是敏捷的。

我国对智能基础设施的布局与重视程度与日俱增。2020 年 10 月,全国首家市域物联网运营中心在上海启用,标志着上海的城市运行管理在全面数字化转型中迈入新阶段。围绕营造共享、开放、协作的生态系统,该运营中心致力于解决分散建设、运维管理不到位、数据非全量、共享不到位等问题,借政府和社会合力统筹全市物联感知基础设施的有序建设和智慧运维,实时感知城市生命体征数据,并推动物联数据与公共数据、社会数据的融合,丰富城市运行管理的神经元体系,更好地支撑"一网统管"、赋能城市运行管理。据统计,第一批共计有近百类、超过510万个可共享数据的物联感知设备纳入市域物联网运营中心,它们每日产生的数据超过3400万条,将进一步在市容管理、数字农业、防汛防台、水务管理等方面赋能城市运行管理。

同时,作为上海市城市运行管理中心的重要组成部分,市域物联网运营中心将建立三大机制,支撑全市城运体系的高效运行。一是建立城市治理数字化转型与数字孪生感知端建设的双向促进机制。未来城市治理离不开"人物动态"的全量数字孪生,通过打造市区两级物联网管理平台,实现全市感知端建设统一规划、分步建设、智能管理、多层共享。二是建立城运数据集成与产业高效应用相互带动机制。城运数据以实战应用场景需求为导向,涵盖公共安全、市场监管、卫生健康等实时、深度数据,可有效带动数据治理、分析、应用等相关产业的快速发展。三是建立新型基础设施建设与城市公共数字基座相互融合机制。通过布设千万级别的社会治理神经元感知节点,在更大范围、更宽领域、更深层次支撑城市治理全方位变革。

综上所述,智能基础设施通过边缘计算系统为智能空间的构建奠定了重要基础,逐步得到业界和政府的关注与重视,并开始付诸于具体的实施与部署,这将为智慧城市发展迈向新台阶提供重要支撑与关键动力。

9.2.5 群体智慧的角度

前文中提到,实现智慧城市的"智慧",关键是要扫除从感知到认知的障碍。实际上,在智慧城市十几年的发展和建设中,探索实现"智慧"的手法非常单一,人们几乎将所有精力都用在通过技术尝试和应用构建城市的"感知系统",并设法通过数据运营实现所谓的"智慧"。事实上,这种技术手段实现的"智慧"对于我们所设想的智慧城市是远远不够的。基于"系统论"的观点,如果将智慧城市当作一个"有机的生命体",那么构成这个有机生命体的所有要素都应该被视为"智慧"的来源。所以,"人"作为智慧城市的核心要素是不能被忽视的"智慧"源泉。这是因为,一方面,"以人为本",满足城市居民工作与生活的实际需求,让城市生活更便捷、更美好是智慧城市建设的初心;另一方面,"人类"本身参与城市的各种活动,可以视为"人体移动传感器",感知城市的各种信息。随着移动通信技术的进步和移动互联网技术的发展,手机和各种可穿戴设备等逐渐成为移动人体感知系统的"边缘终端",通过"人机协作",为智慧城市提供更多信息与数据反馈,通过数据汇聚与运营形成"群体智慧",助力城市治理创新、服务创新和产业发展创新等。

Jane Jacobs 在《美国大城市的死与生》一书中写道:"只有当城市是被所有人一起创造出来的时候,它才有能力为所有人提供些什么。"Jane Jacobs 是一位非常杰出的现代城市哲学家,她主张尊重实际城市居住者的意愿才能成就最完美的设计。但她不太认同规划机构的宏观设计,曾力劝规划者"从最深刻的意义上去尊重拥有自身奇特智慧的杂乱地带"。

William D. Eggers 在《让城市更智慧》中写道:"城市规划者不可能具备所有市民掌握的各种知识。利用居民偏好和本地性知识制订出的解决方案即使是最佳规划都无法比拟。同时,利用城市相关数据激发市民集体智慧时,他们还能做出更有效的决策。"

由此看来,在智慧城市规划和顶层设计阶段,将"群体智慧"作为重要的"智慧"来源,已逐渐成为当下智慧城市建设领域的主流趋势。同时,这也符合回归以人为本的智慧城市建设初心。

《智慧社会》一书中提到:"当下,城市数据最重要的产生器是一个我们熟悉的工具,无处不在的移动设备。"这些设备事实上是个人感知设备,并且随着产品的推陈出新功能会变得更强大,产品会变得更精致。除了可以得到用户位置和通话模式的信息,我们还可以绘制社会网络,甚至通过分析数字化聊天来分析人们的情绪,消费者也开始用手机扫描条形码完成购物,从而通过手机中的数据了解人们选择产品的信息等。随着智能手机不断升级为具有更强大的计算能力的个人信息集成器,它们将反映更多关于人类行为的信息。无线设备和网络一起组成了这一批进化中的数字神经系统的"眼睛"和"耳朵"。

而且，随着计算和交互技术的快速发展以及基本经济力的推动，这一进化过程也会持续加快。网络速度会变得更快，设备会带有更多的传感器，模拟人类行为的技术将变得更精细。

群体拥有组织智慧，并在很大程度上独立于个体参与者的智慧。这种群体的问题求解能力来自个体之间的联系，并优于个体的能力。尤为重要的是，这种集体智能的核心似乎在于一个有助于收集来自每个人的不同想法的互动模式与一个有效的筛选过程，两者相结合以达成共识[4]。

另外，对智慧城市的大多数讨论都集中在基础设施，利用大数据和信息技术能够更好地管理城市资产，如公共交通、污水系统、道路等。"智慧"一词通常是指通过传感技术与物联网连接的实物资产，其能生成具有价值的数据流，如智慧停车计时器、智慧路灯、智慧用水等。无论是从字面还是从更广泛的比喻意义来看，联网设备均有利于确保城市正常运行，构建更环保、更有效率的城市。但事实上，智慧城市必须包含的东西远不止基础设施和市政服务。真正的智慧城市能够充分利用技术激发市民的智慧。智慧城市中的市民并不比传统城市的更聪明，却能推动城市规划者、市民个人以及团体做出更明智的决策[5]。

基于上述的各方观点，一个共同的理念是"群体智慧"是智慧城市"智慧"的重要来源。随着移动终端设备越来越先进、网络越来越发达，通过移动终端或便携式可穿戴智能设备等汇聚人类的群体智慧，智慧城市将构建基于"人机协作与融合"的、最庞大的边缘感知系统，并通过人与人的关联和相互行为不断流动，逐步形成"群体智慧"，影响不同社会单元和组织的集体行为，进而助力城市变得更智能、更美好。

9.2.6 智能安全的角度

智慧城市通过导入越来越多的新兴技术开发出大量的创新应用。由此导致端到端创新应用的纵向产业链不断变长，横向产业生态不断拓展。加之智慧城市"复杂巨系统"的自身属性，使得智慧城市系统的稳定性与安全性面临双重挑战。

对于个体而言，信息越来越庞大与繁杂，信息获取出现了"信息过载"现象，这将加大信息处理和认知的难度；对于城市系统而言，因为技术融合与更新不断应用于城市建设，将带来越来越丰富、多源、异构的城市大数据，也为智慧城市的业务应用与安全管理带来巨大的挑战。这些系统性风险仅靠人类或简单逻辑来管理和应对将造成灾难性的局面。因此，智慧城市需要智能化的安全体系来保障智慧城市的可持续发展。

要将智能安全应用于智慧城市，就需要一种可以跨越云计算和边缘计算纵深的、可以实施端到端防护的安全系统。这是因为网络边缘侧更贴近万物互联的设备，所以访问控制与威胁防护的广度和难度大幅提升。边缘侧安全主要包含设备安全、网络安全、数据安全与应用安全。同时，关键数据的完整性、保密性，大量生产或人身隐私数据的保护也是安全领域需要重点关注的内容。另外，在基础设施智能、智能空间、群体性智慧应用的背景下，算力分散、系统去中心化、感知终端无限延展与增长，安全风险将更庞杂、更多维、更具有不确定性。

所以，智能安全将全面渗透到智慧城市的所有环节。尤其是通过边缘计算系统赋能智能安全，守护智慧城市的"数据出入口"安全。从某种意义上讲，智能安全将是和智慧城市并行建设的核心系统，其架构与模式几乎是智慧城市"镜像"，只有通过这种方式，智慧城市安全风险才能降到最低。

9.3 智慧城市中应用边缘计算的典型案例

从较广义的层面看，智慧城市包含城市治理、产业发展与公共服务等3个领域。前文已经就产业发展领域（如交通与车联网、安防、云游戏、工业、能源等领域）进行了阐述，同时第10章将讲述"边缘计算和智能家居"。本章关于智慧城市边缘计算的案例，将聚焦在城市基础治理与公共服务领域的部分典型应用案例。

9.3.1 智慧杆塔

关于智慧杆塔，中国通信学会发布的《中国智慧杆塔白皮书》中如此描述："智慧杆塔是综合承载多种设备和传感器并具备智慧能力的杆、塔等设施的总称，包括但不限于通信杆／塔、路灯杆和监控杆。智慧杆塔具备的功能由其挂载的设备和传感器决定。这些设备和传感器可通过各种通信技术接入网络和平台，并在互联网、人工智能、大数据的赋能下提供丰富的智慧应用。"实际上，智慧杆塔并不算一个新概念或新领域，早期的智慧路灯，以及加载少量城市传感器或电子广告牌的智慧灯杆等，都属于智慧杆塔的早期概念或雏形。智慧杆塔示意如图9-11所示。

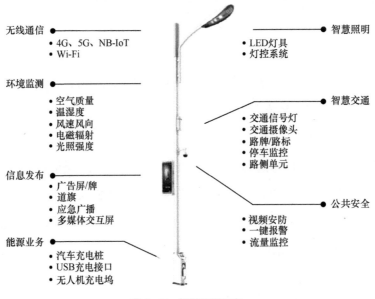

图9-11 智慧杆塔示意

智慧杆塔一般部署在城市公共区域或空间，且数量极其庞大。从智慧杆塔的描述来看，其是新型智慧城市边缘感知与智能基础设施的重要载体。

新型智慧城市的核心是"数据运营"，尤其是城市综合治理下的"城市体征"感知、监测与分析，这些城市公共空间的"时空数据"获取需要载体与抓手。而"智慧杆塔"集智慧照明、无线通信、环境监测、智慧交通、公共安全（视频、图像采集等）等于一身，可谓"天生优越"（在电力供应、物联感知、信息通信等方面），一方面可以为城市综合治理提供边缘感知数据，另一方面可以通过丰富的杆塔资源，作为新型智慧城市"云边协同""算力下沉"的重要载体（城市物联网的关键节点），真正实现城市基础设施智能。

由此可见，对于智慧城市公共区域或空间的治理，智慧杆塔可以助力构建边缘感知系统，并推动智慧城市基础设施智能化进程。

9.3.2　梯联网

边缘计算能够实现电梯故障的实时响应。"梯联网"一般采用电梯传感器数据——远端 App——云端这条数据传输链路，要求该链路一旦意外中断，传感器边缘部件要相对独立且具备计算能力。而边缘计算使得这一能力能够开放给专业的电梯解决方案供应商。梯联网边缘计算技术与功能架构如图 9-12 所示。

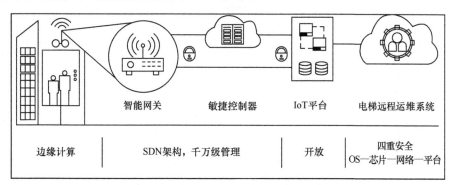

图 9-12　梯联网边缘计算技术与功能架构

边缘计算能够确保实时数据本地存活。"梯联网"中上云很重要，但与云的链路一旦中断，就需要边缘网关能够具备处理本地事务的机制，将数据实时存储在网关上，待网络恢复后再上传到云端。

边缘计算能够实现数据聚合。电梯传感器每天采集的信息量极其庞大，边缘计算能够确保部分数据及时聚合处理，无须与云端建立连接，上传云端。

9.3.3　智慧园区

智慧园区建设是利用新一代信息与通信技术来感知、监测、分析、控制、整合园区各个关键环节的资源，在此基础上对各种需求做出智慧的响应，使园区整体的运行具备自我组织、自我运行、自我优化的能力，为园区企业创造一个绿色、和谐的发展环境，提供高效、便捷、个性化的发展空间。基于边缘计算的智慧园区应用架构如图 9-13 所示。

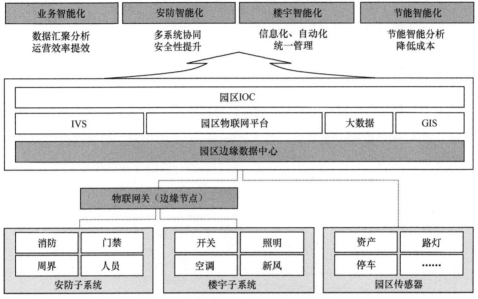

图 9-13　基于边缘计算的智慧园区应用架构

智慧园区场景中，基于边缘计算实现的主要功能如下。

海量网络连接与管理：包含各类传感器、仪器仪表、控制器等海量设备的网络接入与管理；接口包括 RS485、PLC 等，协议包括 Modbus、OPC 等；确保连接稳定、可靠，数据传输正确；可基于 SDN 实现网络管理与自动化运维。

实时感知与处理：如车牌识别、人脸识别、安防告警等智慧园区应用，要求实现实时数据采集与本地处理，快速响应。

本地业务自治（物自主化）：如楼宇智能自控、智能协同等应用要求在北向网络连接中断的情况下，能够实现本地业务自治，继续正常执行本地业务逻辑，并在网络连接恢复后，完成数据与状态同步。

第 10 章
边缘计算和智能家居

10.1 智能家居的发展趋势

智能家居是通过各种感知技术，接收探测信号并予以判断后给出指令，让家庭中各种与信息相关的通信设备、家用电器、家庭安防、照明等装置做出相应的反应，以便更加有效地服务用户并减少用户劳务量。在此基础上，综合利用计算机、网络通信、家电控制等技术，将家庭智能控制、信息交流及消费服务等家居生活有效地结合起来，保持这些家庭设施与住宅环境的和谐与协调，并创造安全、舒适、节能、高效、便捷的个性化家居生活。未来智能家居可以感知用户在家中做的任何事情，能够随时通过智能化的功能，给予用户生活上的支持，同时针对用户的及时性需求，提供智能化的服务[1]。

1994—1999 年是智能家居萌芽期，行业处在概念熟悉、产品认知阶段，还没有出现专业的智能家居生产厂商，只有个别代理销售进口产品的公司；2000—2005 年是智能家居开创期，国内先后成立了 50 多家智能家居企业，主要集中在深圳、上海、天津、北京、杭州、厦门等地，智能家居的市场营销、技术培训体系逐渐完善；2006—2010 年是智能家居低谷期，企业间恶性竞争导致行业发展受到影响；2011 年智能家居重新进入快速发展期，行业中的并购现象层出不穷。

10.1.1 智能家居的发展阶段

智能家居的发展经历 3 个阶段：以产品为中心的单品智能阶段，以场景为中心的场景智能阶段和以用户为中心的智慧家庭阶段。

10.1.1.1 单品智能阶段

单品智能包括智能照明中的智能开关、灯控模块、驱动器、智能空开、智能插座、智能灯具、智能继电器、无线开关等；智能安防中的智能门锁、智能摄像头、智能猫眼、智能门铃、防盗报警、可视对讲、紧急按钮等；智能控制中的中控主机、中控模块、网关、触控屏、遥控器、智能音箱、万能遥控、App、智能中继器等；智能影音中的背景音乐、激光电视、智能投影仪、矩阵设备、定制安装、播放器、智能功放、智能音响、影音辅材等；环境控制中的智能温控器、能源管理、空调开关、空调插座、新风控制系统等；智能家电中的智能白电、智能黑电、智能厨电、智能小家电等；智能遮晾中的智能窗帘、智能门、智能窗、智能遮阳棚、智能开窗器、控制面板、遥控器、智能晾衣机等；智能网络中的智能路由器、网络主机、智能面板、网络检测软件等；智能传感中的烟雾传感器、可燃气体传感器、水浸传感器、运动传感器、声光报警器、空气质量传感器、温湿度传感器、门/窗磁、风雨传感器、人体存在传感器、震动传感器、光照传感器等；智能设备中的智能扫地机、智能擦地机、智能擦窗机、智能机器人、智能床、智能集控箱、智能体脂秤、智能健康可穿戴设备、智能魔镜等。

其中智能音箱、智能门锁、智能摄像头、智能照明是当前最热门的智能家居产品，未来智能门铃、智能猫眼、智能晾衣机、智能传感器等可能变成热门产品。随着产品的演进，未来几乎家里的所有产品都可以"能听""会说""能懂"。

智能音箱是普通音箱升级的产物，是消费者用语音上网的一个工具，如点播歌曲、上网购物，或了解天气预报，也可以用智能音箱对其他智能家居设备进行控制，如打开窗帘、设置冰箱温度、提前让热水器升温等。

智能门锁是在传统机械锁的基础上改进的，在用户安全性、识别、管理性方面更加智能化、简便化的锁具，如智能指纹锁，实现了指纹、密码、刷卡、机械钥匙四合一的开锁方式，增加了联网功能，可实现远程操控。

智能摄像头可主动捕捉异常画面并自动发送警报，大大降低用户需投入的精力，可即时且随时随地进行监控。摄像头可通过手机 App 与手机相连，点开便可查看摄像头即时拍摄的画面；同时，当拍摄画面出现异常动态或声响时，摄像头除了可自动捕捉异常并启动云录像自动上传，还可通过短信或手机 App 向用户发送警报信息，从而实现全天候智能监控。

智能照明是指利用分布式无线遥测、遥控系统来实现对家居照明设备甚至家居生活设备的智能化控制，具有灯光亮度的强弱调节、灯光软启动、定时控制、场景设置等功能。随着物联网的崛起，LED 照明走向小型联网的数字照明。推进个性化、以人为本的智能照明正在成为未来产业的发展重点。

10.1.1.2　场景智能阶段

场景智能将智能家居以区域空间进行划分，涉及家庭居住空间的各个角落，如卧室场景、客厅场景、厨房场景、阳台场景、浴室场景、门廊场景、楼梯场景、花园场景等，每个空间都可以有相应的小区域场景匹配。而围绕用户生活需求的场景包括安全场景、健康场景、休息场景、娱乐场景、雨天场景、通风场景、节能场景、除湿场景、除甲醛场景、防雾霾场景、回家场景、离家场景、洗衣晾晒场景、洗浴场景等。

例如智能卧室中，床引入多种功能，如按摩功能、健康指标检测功能等；灯光可以自动调节，如设置为回家模式、离家模式、睡眠模式和阅读模式等；下雨天窗户会自动关闭。当用户晚上就寝时，所有灯光会自动关闭，窗帘闭合，智能床统计睡眠状态，家庭安防系统自动布防；用户早上起床，柔缓的背景音乐响起，窗帘缓慢打开。

例如安全场景中可以包括儿童看护场景、老人看护场景、智能布防等。在儿童看护场景中，摄像头或者传感器与智能窗户联动，儿童靠近直接关闭，防止其攀爬跌落，智能门锁童锁开启，防止儿童误锁或者开启房门；智能路由器开启健康模式，所有危险的家用电器与面板自动断电；智能水龙头开启儿童模式以防止小孩玩水，水浸传感器触发，立即关闭总阀，同时通知物业与业主，可以一键远程断水；一旦摄像头或者烟雾传感器监测到烟火，直接联系物业拨打 119；通过儿童可视玩具 / 儿童智能手表 / 智能摄像头可以远程看到孩子的实时情况，孩子爬向非安全区域，立即通报父母。在老人看护场景中，摄像头开启自动检测摔倒功能，全屋所有设备开启语音控制模式，老人房间配有一键呼救的紧急按钮。在智能布防场景中，家庭智能摄像头启动，智能猫眼感应与监测开启，扫地机器人 24 小时安全排查家庭隐患，门窗红外幕帘防止入室盗窃；利用家庭入户安全单元门口机与室内机实现可视云对讲，利用智能猫眼实现云对讲，利用 AI 通过人脸判断开门权限。

10.1.1.3　智慧家庭阶段

以用户为中心的智慧家庭是智能家居的终极发展目标，即为人们提供更舒适、安全、方便和高效的生活。家居生活中智能设备执行的所有操作都离不开与用户的互动，所有智能设备的运转也离不开为用户服务。AI 技术将在交互方式与执行决策两个维度对智能家居行业产生深刻影响。

在交互方式上，AI 对智能家居的交互方式产生了革命性影响。由按键 / 遥控器的物理控制，延伸到触摸面板与手机 App 控制，再到全面的语音控制、隔空的体感控制与视觉控制，最终实现系统自学习后的无感体验。2020 年是智能语音到智慧视觉的可视化人机交互元年，诞生了很多基于视觉的交互方式。视觉交互符合非接触式经济，是未来 10 年的主流趋势。

在执行决策上，AI 提供了机器自我学习、自主决策的实现路径。这将使得个人身份识别、用户数据收集、产品联动逐渐变成现实，未来家居生活场景将针对家庭成员提供个性化服务。

10.1.2　智能家居通信技术

智能家居还会用到其他新技术，其中通信技术必不可少，包括无线技术 ZigBee、Z-Wave、RF、蓝牙、Wi-Fi、EnOcean、UWB、NB-IoT、LoRa 等，以及有线技术 RS485、RS232、Modbus、KNX 等。

ZigBee 是一种无线通信技术，其特点是短距离、低复杂度、自组织、低功耗、低数据速率等。ZigBee 底层采用 IEEE 802.15.4 标准规范的媒体访问层与物理层，可以嵌入各种设备。ZigBee 的传输距离为 50m ～ 300m，网络传输速率为 250kbit/s，网络节点数最大可达 65 000 个。

Z-Wave 是一种基于基于射频的低成本、低功耗、高可靠、短距离的无线通信技术。在技术方面，Z-Wave 的网络传输速率从原本的 9.6Kbit/s 提升到 40Kbit/s。在节点数方面，一个 Z-Wave 网路可支持 232 个节点。

RFID 是一种非接触式的自动识别技术，相对于传统的磁卡及 IC 卡技术具有非接触、阅读速度快、无磨损、不受环境影响、寿命长、便于使用的特点和防冲突功能，能同时处理多张卡片。RFID 技术在阅读器和射频卡之间进行非接触双向数据传输，以达到目标识别和数据交换的目的。

蓝牙是一种无线技术标准，可实现固定设备、移动设备和楼宇个人域网之间的短距离数据交换。蓝牙传输距离为 2m ～ 30m，网络传输速率为 1Mbit/s，主要应用在一些小型的智能硬件产品上。

Wi-Fi 是目前应用最广泛的无线通信技术之一，传输距离为 100m ～ 300m，网络传输速率可达 300Mbit/s。

EnOcean 是世界上唯一使用能量采集技术的无线通信技术。EnOcean 能量采集模块能够采集周围环境产生的能量，以供给 EnOcean 超低功耗的无线通信模块。和同类技术相比，EnOcean 功耗最低，传输距离最远，具有可以组网并且支持中继等功能。EnOcean 无须电池，无线信号所需的电力是 ZigBee 的 1/100 ～ 1/30，主要应用在一些无线、无源智能家居和智能楼宇产品上。

UWB 利用纳秒至微秒级的非正弦波窄脉冲传输数据。通过在较宽的频谱上传输极低功率的信号，UWB 能在 10m 左右的范围内实现每秒数百 Mbit 至数 Gbit 的数据传输速率。

NB-IoT 构建于蜂窝网络，只消耗大约 180kHz 的带宽，可直接部署于 GSM 网络、UMTS 网络、LTE 网络或 5G 网络，以降低部署成本、实现平滑升级。NB-IoT 具备四大特点：一是广覆盖，在同样的频段下，NB-IoT 比 CTE 提升 20dB 增益，相当于提升了 100 倍覆盖区域的能力；二是具备支撑连接的能力，NB-IoT 一个扇区能够支持 10 万个连接，支持低时延敏感度、超低的设备成本、低设备功耗和优化的网络架构；三是更低的功耗，NB-IoT 终端模块的待机时间可长达 10 年；四是更低的模块成本。

LoRa（Long Range Radio）主要工作在免授权频段，包括 433、868、915 MHz 等。LoRa 网络构架由终端节点、网关、网络服务器和应用服务器 4 个部分组成，应用数据可双向传输。LoRa 具有功耗低、传输距离远、组网灵活等诸多特性，使其与物联网碎片化、低成本、大连接的需求十分契合。

RS485 又名 TIA-485-A、ANSI/TIA/EIA-485 或 TIA/EIA-485。RS485 有两线制和四线制两种接线方式，四线制只能实现点对点通信，很少采用，现在多采用两线制接线方式。这种接线方式为总线式拓扑结构，在同一总线上最多可以挂接 32 个节点。很多主流有线智能家居厂家采用的都是 RS485 协议。

RS232 是个人计算机上的通信接口之一，是由电子工业协会制定的异步传输标准接口，通常接口以 9 个引脚或 25 个引脚的形态出现。一般个人计算机上有两组 RS-232 接口，分别被称为 COM1 和 COM2。少数智能家居产品会采用这种协议。

Modbus 是一个工业通信系统，由带智能终端的可编程序控制器和计算机通过公用线路或局部专用线路连接而成，支持 247 个远程从属控制器。

KNX 总线是独立于制造商和应用领域的系统。其通过所有总线设备连接到 KNX 介质，这些介质包括双绞线、电力线等。总线设备可以用于控制楼宇管理装置，包括照明、遮光 / 百叶窗、保安系统、能源管理、供暖、通风、空调系统、信号和监控系统、服务界面及楼宇控制系统、大型家电等。这些均可通过一个统一的系统进行控制、监视和发送信号，不需要额外的控制中心。

10.2 智能家居边缘计算现状

10.2.1 智能家居网关

目前智能家居主要通过云平台来连接和控制家中的智能设备，很多家庭局域网内的设备互动也通过云平台来实现。但设备过度依赖云平台会带来很多问题，例如家里出现网络故障，很难控制设备。另外，云平台控制家中设备，有时设备响应速度慢，会带来很高的时延，并且随着智能家居单品品类的增加，这种不良体验会越来越多。

在智能家居中，边缘计算的应用越来越广泛。智能家居网关是家居智能化的"心脏"，通过它实现系统信息的采集、信息输入、信息输出、集中控制、远程控制、联动控制等功能,它是边缘计算的重要载体。

一方面,智能家居网关有边缘计算的支持,对智能家居设备的控制可以直接通过边缘计算进行。对于同一网关内的智能组件,网关可以处理这些组件收到的信息并根据用户设置或者习惯做出决策,控制执行组件执行相应动作。对于能够实现边缘计算的智能家居组件,当用户外网断开的时候,可以不受影响,这就避免了用户断网时造成的智能家居系统瘫痪问题。

另一方面,在智能家居不同产品的互动场景中,边缘计算也将充当网管或中控系统,通过云计算与边缘计算的协同来实现设备之间的互联互通、场景控制等需求。

智能家居网关,对内连接家庭内丰富的家居产品及传感器,对外连接云平台。智能家居网关提供计算、存储、网络、虚拟化等基础设施资源,同时提供设备自身配置、监控、维护、优化等生命周期 API。边缘计算要求支持即插即用、多 AP 自动配置连接、南向管理家庭中的摄像头、门禁、温湿度传感器等外设、多类型南向接口,如网线、电力线、同轴电缆、ZigBee、蓝牙、Wi-Fi 等,还可以对大量异构数据进行处理,再将处理后的数据统一上传到云平台。

用户不仅可以通过网络连接边缘计算节点对家庭智能终端进行控制,还可以通过访问云平台,实现边缘家庭网关全生命周期管理,包括利用网络大数据分析提供相关资源的优化建议,实现家庭网络的可管可运营。

用户可以选择智能化主动服务的家庭生活,或自己定制家居业务的编排,由智能网关统一进行管理和控制。在用户的授权下,云边协同的智能家居系统将主动学习用户的生活习惯,不断优化智能模型,更好地为用户提供智能化服务:客厅、卧室、卫浴、厨房内的家居产品根据用户的定制化需求,结合晨起、离家、下午归家、休闲、入睡等不同场景,自动帮助用户完成一系列的家庭事务。早晨,音乐可以自动播放唤醒主人、开窗,卫浴自动准备洗漱用具,厨房开始自动烤面包;离家时智能家居系统会自动关闭空调等电器,并根据天气选择是否关闭窗户等;下午回家时,智能家居系统会安全开门并激活回家模式,自动开灯、推荐食谱、烹饪教学、自动下单购买日常的生活必需品等;晚饭后机器人自动打扫卫生、自动开启电视并切换至相应节目等；睡觉前智能家居系统会自动检查并关闭门窗和电器[2]。

10.2.2　云边协同

智慧家居应用中包含大量的数据和场景，涉及各种传感器的数据、设备状态数据、用户行为数据、各种生活场景等。边缘计算架构的核心在于与云平台进行合理的分工（既可提高效率、保障隐私，又不会产生冗余问题）。表 10-1 涵盖了边缘计算和云平台最为核心的几大类数据和业务的交互逻辑。

表 10-1　边缘计算和云平台的交互逻辑

边缘计算	云平台
设备数据（基）	设备数据（同）
场景存储（基）	场景存储（同）
执行数据（独）	用户数据（基）
隐私数据（独）	通道数据（独）
用户权限（同）	隐私数据（无）

标有"（基）"的，表示该数据在此为基准数据。标有"（同）"的，表示该数据是通过同步得到的，用户在编辑应用或者设备数据发生变化后，首先更改的是基准数据，然后触发同步请求，使云平台获取正确的数据。此处云平台保持同步数据的目的主要有两个：第一，当用户终端异常或终端需更换时，可以在远端重新加载；第二，为人工智能奠定数据基础；标有"（独）"的，表示该数据只有在此端拥有。标有"（无）"的，表示不拥有该数据。

隐私数据在近端是独有的，这就避免了用户的隐私数据在云端泄露，对于用户来说非常重要。这样设计的好处是在远端无法更新隐私数据，只能在近端更新，这一点会增加用户的安全感。当然，用户可以自己设定哪些数据为隐私数据，哪些数据可以上传到云端。同时得益于数据独立在近端完成执行，涉及隐私数据的场景也不会因此而失效，它们在近端完成，远端无法获取隐私数据。

用户数据保存在远端，这与现在主流互联网行业的做法一致，并提供了数据与其他行业平台互通的可能性；边缘计算并不关心用户的数据，但是可以同步获取相关的权限，如不同的用户对应不同的操作权限，这些权限信息将会同步到边缘计算，以保障用户场景执行的有效性[3]。

10.2.3　人工智能应用

将边缘计算和人工智能深度结合，可以实现智能家居边缘智能，从全面的语音控制，到隔空的体感控制与视觉控制，到最终实现系统自学习后的无感体验。

10.2.3.1　语音控制

科技让生活更智能，语音让交互更便捷。不管技术多么先进，人机交互界面多么友善，都没有语音交互控制来得简便、直接。以苹果智能手机为代表的 Siri 率先提出了语音控制的概念，而后智能语音控制技术快速蓬勃发展，亚马逊 Echo 智能音箱设备成为除手机之外，让语音助理作用于智能家居设备的第一批装置。而以谷歌、微软等为代表的互联网巨头也相继跟进，探索语音控制技术在智能化家居设备的应用。一般的智能家居产品（例如电灯、电视、音乐播放器等设备）基本都能通过语音控制实现其功能。

但是语音控制依旧面临诸多挑战，例如用户能随意用语音控制智能家居的一个必要条件就是，无论你在客厅哪个角落发出指令，设备都能准确识别，语音识别技术必须突破距离的障碍。目前室内的语音交互受到背景噪音、其他人声干扰、回声、混响等多重复杂因素影响，导致识别率低甚至无法使用，只能在相对安静、近距离的环境下使用。

另外，我国真正掌握标准普通话的人群比例较低，口音现象纷繁复杂，甚至会出现同城市中人们有不同口音的情况。因此，当这些带有或轻或重口音的人群使用语音输入时，如果按通常的方法使用标准普通话数据进行模型的训练，就会产生很严重的适配问题，从而影响语音输入时的识别效果。

因此，智能家居语言控制必须更加智能，只会识别一些基本词句显然是远远不够的，它们必须要更懂人类，懂人类的口音、方言、口头禅以及时不时说出的专业词汇等。这就意味着智能家居语言控制要实现个性化识别，即语音识别系统要具备自动学习并适应用户使用习惯的能力，你用得越多，它越懂你。一般来说，个性化识别包括发音和语言两方面。其中发音个性化主要是指系统对用户口音、语速等发音习惯的学习，而语言个性化主要是指系统可以对用户的特定词汇（例如人名、地名、口头禅、专业词汇等）具备更好的辨识性。

10.2.3.2 体感控制

体感控制指人们可以直接使用肢体动作，与周边的装置或环境互动，而无须使用任何复杂的控制设备。例如人站在一台电视机前方，有某个体感设备可以检测到人手部的动作，此时若是人将手分别向上、向下、向左及向右挥动，就可以通过体感设备控制电视台的快转、倒转、暂停以及终止等。

依照体感方式与原理的不同，感测方式主要可分为两大类：惯性感测和光学感测。惯性感测主要以惯性传感器为主，例如用重力传感器、陀螺仪以及磁传感器等来感测使用者肢体动作的物理参数，分别为加速度、角速度以及磁场，再根据这些物理参数来求得使用者在空间中的各种动作。

光学感测使用激光及摄像头来获取人体影像信息，捕捉人体 3D 全身影像和动作。普通的 2D 视觉有视频通话、网络摄像头、2D 识别等初级应用。2D 识别只能让终端"看见"，在智能避障和识别方面能力不足。例如搭载 2D 视觉的扫地机器人不够"聪明"，无法识别前面是垃圾还是障碍，导致清扫效果和线路规划不能令人满意。3D 视觉技术的发展，打破了以往 2D 视觉的局限。3D 视觉技术可获取深度信息，捕捉物体 3D 数据，赋能智能终端活体检测识别、手势识别等能力，能够"看懂"世界。

应用 3D 视觉的门锁，比传统基于指纹识别和 2D 识别的门锁更为可靠。当然安防和控制仅仅是智能家居最基本层面的应用，随着未来智慧家庭对终端智能化程度的需求越来越高，3D 视觉技术亦可应用于更深层次的家庭生活当中。3D 视觉催生的骨骼识别技术可捕捉人物动态，实现 3D 体感游戏、3D 体感健身等，为用户带来更有品质的生活；结合 AR 帮助家长实现更沉浸的幼儿教育，真正做到寓教于乐。

10.2.3.3　无感体验

真正的智能家居可以根据用户的生活习惯进行自动调节，提供无感体验，也就是说，智能家居可融入人们的生活，但不会造成干扰。例如智能空调能够通过内置传感器，监测室内的温度、湿度、光线以及恒温器周围的环境变化，判断房间中是否有人，记录用户的温度调节习惯，并以此决定是否开启温度调节设备。不是用户告诉智能空调应该调节成多高的温度，而是让用户压根想不起来调节温度，因为温度已经由智能空调自动调节好了。又例如智能冰箱，要能告诉用户某样食物是哪天放进去的，冰箱里还有多少，什么时候会过期。智能冰箱具备"思想"和数据分析能力。这种智能家居的"思想"，是通过数据分析用户需求，并想方设法满足这些需求。

实现无感体验，一方面需要借助视觉＋温感＋嗅觉＋体感＋语音等的多模态融合应用，另一方面需要系统具备自学习能力。

10.3 智能家居中应用边缘计算的典型案例

10.3.1　小米 IoT 开发者平台

小米 IoT 开发者平台主要服务智能家居设备、智能家电设备、智能可穿戴设备、智能出行设备等消费类智能硬件或产品及其开发者。小米智能家居围绕小米手机、小米电视、小米路由器三大核心产品，由小米生态链企业的智能硬件产品形成完整的闭环。目前已构成智能家居网络中心小米路由器、家庭安防中心小米智能摄像机、影视娱乐中心小米盒子等产品矩阵，轻松实现智能设备互联。

小米智能家庭 App 米家统一设备连接入口，实现多设备互联互通，并可实现家庭组多人分享管理。同时集成设备商店，打通用户连接和购买的通路。深度集成 MIUI 系统，集成设备控制中心，简化操作流程，方便用户一键快连使用，MIUI 用户可直接购买、使用小米智能硬件设备。米家 App 不仅连接小米及生态链公司的智能产品，也开放接入第三方智能硬件,还有精品生活电商及新鲜酷玩资讯,为用户提供智能生活整体解决方案。

10.3.2 阿里云 AIoT

依托阿里云 IoT 的平台能力及渠道资源,可以打造方便、成熟的智能家居应用、智慧社区应用及市场解决方案,形成家庭设备连接、控制自动化、数据挖掘分析、健康医疗、社区服务、社区安全、新零售等 IoT 生态系统。

阿里云 IoT 可提供功能完善的云边端一体化使能平台,通过接入多品牌、多品类的智能家居设备,集成 AI、大数据、语音等技术能力,引入音乐、云食谱、地图等服务资源,支持开发者快速搭建自有的应用系统,构建智能生活开放平台。阿里云 IoT 可实现基于统一标准的设备的互联互通,加上云端算法和服务集成,能实现功能更强、体验更优、扩展性更优的智能场景解决方案[4]。阿里云 AIoT 综合应用服务系统架构如图 10-1 所示。

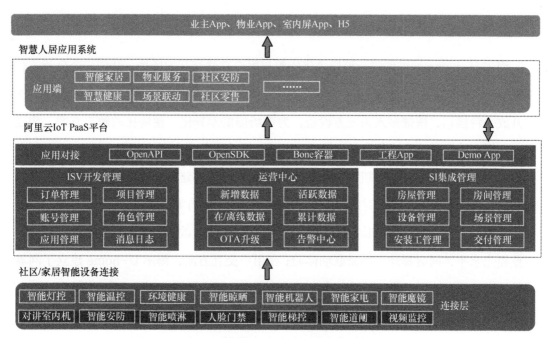

图 10-1 阿里云 AIoT 综合应用服务系统架构

通过阿里云 IoT 构建的智能生活开放平台,合作伙伴可以低成本实现智能化,单品设备可以联网，设备之间能够互相联通、协同工作，从而提供完整的场景化智能服务，如离家模式、睡眠模式等。智能家居厂商能通过平台实现产品数据的上下行传输和存储，也能在平台上管理智能设备的接入进程，以及售后、数据分析等管理功能。借助阿里云技术，平台强化了物联网安全能力并提供通信加密、防网络攻击、高并发支撑等能力。

10.3.3　华为 HiLink

HiLink 是华为面向消费领域的智能硬件开放生态，开发者可以通过硬件接入和云接入等方式加入该生态，成为华为全场景生态的重要部分。平台提供"云端边芯"的整体解决方案与多种开发、调试工具，为开发者提高接入效率。

借助华为 HiLink 智能家居开放互联平台，以智能路由、SDK、生态伙伴产品硬件为基础，由 HiLink 联盟认证，通过智能家居 App 实现智能操控，从而实现智慧家庭的体验，形成开放、互通、共建的智能家居生态。

10.3.4　海尔 U-home

海尔 U-home 通过创建一流模块化资源与用户并联交互的场景，开创一个全新的智能家居时代。海尔 U-home 从消费者的安防场景刚需切入，依托 U+ 智慧生活平台，提供开放平台接口，快捷接入第三方设备，为市场提供差异化、模块化的解决方案，构建系列智能家居场景，为消费者提供健康、舒适、安全的智慧体验。海尔 U-home 以用户社群为中心，通过自然的人机交互和分布式场景网器，搭建 U+ 智慧生活平台的物联云和云脑，为行业提供物联网时代智慧家庭全场景生态解决方案。

在电器网器化的用户体验方面，海尔 U-home 大幅度改善了网器的操作性能，达到行业领先水平，同时提升了场景联动体验；在用户交互方面，海尔 U-home 建立了网器场景社群，通过社群运营，激活和唤醒了价值用户，用户活跃度明显提升；海尔 U-home 搭建了生态平台——海尔 U+ 生态平台，实现了生态圈闭环的关键一环，实现了用户到网器再到生态的无缝衔接，以及集团内的生态资源共享，提高了用户体验及效率。海尔发布了智慧家庭操作系统——UHomeOS，搭载 UHomeOS 的智能冰箱成功上市。

10.3.5　美的 M-Smart

M-Smart 是基于美的智慧云构建的，融合全品类家电、智能单品和智能套装产品的一站式、全托管智能物联网平台，提供物接入、物解析、物管理、大数据等一系列物联网核心产品和服务。

美的 M-Smart 为用户打造了极具特色的"4 个智能家"，即安全的家、健康的家、个性的家，以及在此基础上探索机器人管家，可以为用户提供安全、健康、便捷、愉悦的智慧生活服务。在提供个性服务方面，美的大数据可以根据不同人的个性或家庭成员的情况，实现定制化的场景，提供相应的智慧生活服务。

美的 M-Smart 提供"一揽子"解决方案，是企业间物联网应用的桥梁，可帮助合作伙伴低成本实现智能化，加速智能产品在家庭空间成熟可用。

参考文献

【第 1 章】

[1] 吕华章，陈丹，王友祥. ETSI MEC 标准化工作进展分析 [J]. 自动化博览，2019（5）：48-52.

[2] 吕华章，陈丹，王友祥，等. 国际标准风起云涌，盘点 MEC 2018 新进展 [J]. 通信世界，2018（12）：35-38.

[3] 边缘计算产业联盟（ECC），工业互联网产业联盟（AII）. 边缘计算参考架构 3.0[R]. 2018.

[4] 中国移动边缘计算开放实验室. 中国移动边缘计算技术白皮书 [R]. 2019.

[5] 中银国际证券. 边缘计算与 5G 同行，开拓蓝海新市场 [R]. 2019.

[6] 东莞证券. 云计算体系新助力，拆解边缘计算寻找新机会 [R]. 2019.

[7] 边缘计算产业联盟（ECC），工业互联网产业联盟（AII）. 边缘计算与云计算协同白皮书 [R]. 2018.

[8] 中信建投证券. 移动边缘计算，站在 5G "中央" [R]. 2017.

[9] 云计算开源产业联盟. 云计算与边缘计算协同九大应用场景 [R]. 2019.

[10] 金准人工智能. 边缘智能白皮书 [R]. 2018.

[11] 刘玉书. 边缘计算融合区块链：物联网的下一个风口？ [J]. 财经，2018（10）：22-24.

[12] 中国移动 5G 联合创新中心. 区块链 + 边缘计算技术白皮书 [R]. 2020.

[13] 德勤. 全球人工智能发展白皮书 [R]. 2019.

[14] 王晓飞，韩溢文. 边缘智能计算与智能边缘计算 [J]. 张江科技评论，2019（2）：10-12.

【第 2 章】

[1] 边缘计算产业联盟（ECC），绿色计算产业联盟（GCC）. 边缘计算 IT 基础设施白皮书 1.0 [R]. 2019.

[2] 中国移动边缘计算开放实验室 . 中国移动边缘计算技术白皮书 [R]. 2019.

[3] 薛浩，英林海，王鹏，等 . 云边协同的 5G PaaS 平台关键技术研究 [J]. 电信科学 . 2019（S2）：89-97.

[4] 代兴宇，廖飞，陈捷 . 边缘计算安全防护体系研究 [J]. 通信技术 . 2020，53（1）：201-209.

[5] 马立川，裴庆祺，肖慧子 . 万物互联背景下的边缘计算安全需求与挑战 [J]. 中兴通信技术 . 2019，25（3）：37-42.

[6] 边缘计算产业联盟（ECC），工业互联网产业联盟（AII）. 边缘计算安全白皮书 [R]. 2019.

[7] 梁家越，刘斌，刘芳 . 边缘计算开源平台现状分析 [J]. 中兴通信技术 . 2019，25（3）：8-14.

【第 3 章】

[1] GSMA. 5G 时代的边缘计算：中国的技术和市场发展 [R]. 2020.

[2] 安信证券 . 边缘计算，5G 时代新风口 [R]. 2019.

[3] 中国移动 . 中国移动边缘计算技术白皮书 [R]. 2019.

[4] 中国联通 . 中国联通 5G MEC 边缘云平台架构及商用实践白皮书 [R]. 2020.

【第 4 章】

[1] 蔡文海，等 . 智慧城市实践系列之智慧交通实践 [M]. 北京：人民邮电出版社，2018.

[2] 3GPP. 3GPP TR 22.885 V14.0.0（2015-12）[S]. 2015.

[3] 3GPP. 3GPP TR 22.886 V15.1.0（2017-03）[S]. 2017.

[4] 中国汽车工程学会 . 合作式智能运输系统车用通信系统应用层及应用层数据交互标准 [S]. 2017.

[5] 中国汽车工程学会.合作式智能运输系统车用通信系统应用层及应用层数据交互标准第二阶段 [S]. 2019.

[6] 吴冬升,等.5G 与车联网技术 [M].北京:化学工业出版社,2021.

[7] 中国公路学会自动驾驶工作委员会,自动驾驶标准化工作委员会.智能网联道路系统分级定义与解读报告 [R]. 2019.

[8] 交通运输部.公路工程适应自动驾驶附属设施总体技术规范(征求意见稿)[R]. 2020.

[9] 工业和信息化部.汽车驾驶自动化分级 [S]. 2020.

[10] 董振江,古永承,梁健,等.C-V2X 车联网关键技术与方案概述 [J].电信科学,2020,36(4):3-14.

[11] IMT-2020(5G)推进组.面向 LTE-V2X 的多接入边缘计算业务架构和总体需求 [S]. 2020.

[12] IMT-2020(5G)推进组.MEC 与 C-V2X 融合应用场景白皮书 [R]. 2019.

【第 5 章】

[1] 贾晓千,陈刚,李白冰.边缘计算在视频侦查中的应用 [J].计算机工程与应用,2020(17):86-92.

[2] 何遥.2020 安防产品新趋势 [J].中国公共安全(综合版),2020(3):112-116.

[3] 许慕鸿,王星妍.MEC 技术在视频监控领域的应用 [J].信息通信技术与政策,2020(2):87-91.

[4] 徐型平.5G 技术在安防行业的应用浅析 [J].中国安防,2020(3):83-88.

[5] 粟杰.大数据融合应用探讨 [J].中国安防,2020(4):34-37.

[6] 罗文杰.大数据在安防中的应用与发展趋势分析 [J].中国新通信,2018(20):147.

[7] 魏一.公共安全视频大数据的发展与应用 [J].中国安防,2020(1-2):48-51.

[8] 许慕鸿,刘小红.视频监控行业智能化进程分析 [J].信息通信技术与政策,2018(11):61-67.

[9] 施清平,周大良.探讨 AIoT 技术在安防行业的发展［J］.中国安防,2020（8）：45–49.

[10] 崔兆蕾.边缘计算技术在安防行业的发展及应用［J］.中国安防,2018（4）：77–79.

[11] 潘三明,袁明强.基于边缘计算的视频监控系统及应用[J].电信科学,2020(6)：64–69.

[12] 裴朝科,等.安防产业中人工智能芯片技术的研究和应用［J］.中国安全防范技术与应用,2019（5）：28–33.

[13] AiRiA 研究院.智能安防急需适用于边缘计算且高性价比的 AI 芯片［J］.中国安防,2019（5）：75–78.

[14] 余莉亚,董梁.公安视频大数据数据治理初探［J］.中国安全防范技术与应用,2019（2）：8–11.

【第 6 章】

[1] 中国信通院.云游戏产业发展白皮书（2019 年）——5G 助力云游戏产业快速发展 [R]. 2019.

[2] 东北证券.5G 如何重构互联网传媒行业 [R]. 2019.

[3] 林鹏.5G 云游戏平台组网关键技术探讨 [J].互联网天地.2020（1）：34–39.

[4] 开源证券."5G+ 云"助云游戏爆发,充分必要条件相互促进 [R]. 2020.

[5] 信达证券.从蓝图到落地,云游戏发展驶入快车道 [R]. 2020.

【第 7 章】

[1] 中国信通院.工业互联网产业经济发展报告（2020 年）[R]. 2020.

[2] IIC, The Industrial Internet of Things Volume G1: Reference Architecture v1.9 [R]. 2019.

[3] 赵敏.基于 RAMI 4.0 解读新一代智能制造 [J]. 中国工程科学,2018, 20（4）:90–96.

[4] 德国电子与信息技术标准化委员会.德国工业 4.0 参考架构模型（RAMI4.0）[R].

2018.

[5] 工业互联网产业联盟 . 工业互联网体系架构（版本 2.0）[R]. 2020.

[6] GE. Predix 工业互联网白皮书 [R]. 2016.

[7] GE. Predix：The Industrial IoT Application Platform[R]. 2018.

[8] Siemens. MindSphere：助力世界工业实现数字化转型 [R]. 2019.

[9] 工业互联网产业联盟 . 工业互联网标准体系（版本 2.0）[R]. 2019.

[10] 宋纯贺，曾鹏，于海斌 . 工业互联网智能制造边缘计算：现状与挑战 [J]. 中兴通讯技术，2019，25（3）：50-57.

[11] 中国信通院，工业互联网产业联盟 . 离散制造业边缘计算解决方案白皮书 [R]. 2020.

【第 8 章】

[1] 国家能源局，清华大学能源互联网研究院，等 . 2020 年国家能源互联网发展年度报告 [R]. 2020.

[2] 沈沉，陈颖，黄少伟，等 . 当智能电网遇到数字孪生 [J]. 科技纵览 . 2019（11）：68-72.

[3] 邱曙光，庞成鑫，贾佳 . LPWAN 与边缘计算融合在电力物联网中的应用研究 [J]. 智能处理与应用，2019，9（7）：63-66.

[4] 张聪，樊小毅，刘晓腾，等 . 边缘计算使能智慧电网 [J]. 大数据，2019，5（2）：64-78.

[5] 云计算开源产业联盟 . 云计算与边缘计算协同九大应用场景 [R]. 2019.

【第 9 章】

[1] IDC 中国 . IDC FutureScape: 全球智慧城市 2020 预测——中国启示 [R].2020.

[2] 边缘计算产业联盟（ECC），工业互联网产业联盟（AII）. 边缘计算参考架构 3.0[R].2018.

[3] 中国信息通信研究院 . 2019 年数字孪生城市研究报告 [R].2019.

[4] Alex Pentland.《智慧社会·大数据与社会物理学》[M]2015.6

[5] Willian D.Eggers，Jim Guszcza 和 Michael Greene《让城市更智慧——如何利用市民的集体智慧做出最佳决策》[R].2018

【第 10 章】

[1] CSHIA . 2020 中国智能家居生态发展白皮书 [R]. 2020.

[2] 边缘计算产业联盟（ECC），工业互联网产业联盟（AII）. 边缘计算与云计算协同白皮书 [R]. 2018.

[3] 胡弟平，孔祥元 . 边缘计算在智慧家居的应用研究 [J]. 智能建筑电气技术 . 2019，13（1）：34-36.

[4] ICA 联盟，CSHIA，新浪家居，等 . 2019 中国智能家居发展白皮书——从智能单品到全屋智能 [R]. 2019.